高等职业教育汽车类专业"十三五"规划课改教材

汽车维修企业管理

主　编　陈昌建　王忠良

副主编　张庆良　鄢　玉　邵伟军

　　　　陈鸿兴　姜华皓

西安电子科技大学出版社

内 容 简 介

　　本书以最新颁布实施的有关汽车维修企业的法律法规为依据，针对我国汽车维修企业的特点，运用现代管理的理论和方法，对汽车维修企业的现状和发展以及各项管理活动进行了系统的论述。全书共分八个模块，包括汽车维修行业概况，汽车维修企业管理及经营策略，汽车维修企业的筹建及开业，汽车维修企业的人力资源管理、服务管理、生产现场和技术管理、质量管理，汽车维修设备及配件管理。本书有针对性地选择了部分案例，以培养读者运用专业知识解决生产实际问题的能力。

　　本书可作为高职高专汽车类专业的教材，也可作为成人高等教育、中等职业教育相关专业的教材和参考书，还可供汽车维修企业的员工及管理人员参考或用作培训教材。

图书在版编目(CIP)数据

汽车维修企业管理/陈昌建，王忠良主编. —西安：西安电子科技大学出版社，2014.6(2020.5 重印)
高等职业教育汽车类专业"十三五"规划课改教材
ISBN 978 - 7 - 5606 - 3357 - 2

Ⅰ. ① 汽…　Ⅱ. ① 陈…　② 王…　Ⅲ. ① 汽车—维修厂—工业企业管理—高等职业教育—教材　Ⅳ. ① F407.471.6

中国版本图书馆 CIP 数据核字(2014)第 098244 号

策划编辑　王　飞
责任编辑　阎　彬　王　涛
出版发行　西安电子科技大学出版社(西安市太白南路 2 号)
电　　话　(029)88242885　88201467　　邮　　编　710071
网　　址　www.xduph.com　　　　电子邮箱　xdupfxb001@163.com
经　　销　新华书店
印刷单位　陕西天意印务有限责任公司
版　　次　2014 年 6 月第 1 版　2020 年 5 月第 3 次印刷
开　　本　787 毫米×1092 毫米　1/16　印张　17.5
字　　数　408 千字
印　　数　5001～7000 册
定　　价　38.00 元
ISBN 978 - 7 - 5606 - 3357 - 2/F

XDUP　3649001 - 3

＊＊＊如有印装问题可调换＊＊＊

前　言

随着汽车产业的高速发展，汽车相关产业的价值链在不断延伸，汽车服务行业的地位变得越来越突出，维修行业的竞争也日趋激烈。生产经营管理者的经营理念和管理素质已成为企业发展的关键，而提高汽车维修企业的管理水平，完善售后服务现代化管理体系将是汽车维修企业发展的必由之路。为了培养汽车专业复合型、实用型的管理人才，使学生成为"懂管理的技术人员"和"懂技术的管理人员"，懂得汽车维修企业管理，掌握企业管理的基本思想和基本技巧，为其在今后的工作实践中参与汽车维修企业管理打好基础，编者编写了本书。本书的主要特色如下：

定位明确，体系完整。 本书以汽车类毕业生将来筹划创建一个汽车维修企业，并管理维修企业为线索来搭建教材框架，系统讲解了所需的知识和技能，为广大汽车类学生将来创业、走上工作或管理岗位提供理论支持，打下坚实基础，具有较强的操作性。

采用的数据新、资料新、内容新。 本书引用了最新的数据资料，加入了最新的《机动车强制报废标准》(2013 年 5 月 1 日实行)、《机动车维修服务规范》(2012 年 1 月 10 日实施)、《家用汽车产品修理、更换、退货责任规定》(2013 年 10 月 1 日实行)等，加入了"ERP"的理论知识。这些都是以前的同类教材中所没有的内容。

案例丰富，配套完整。 每个模块都有针对性地精选了一些汽车服务管理的案例，每个模块均有"知识拓展"，针对当前 90 后的学生习惯从网络获取知识，在每个模块后都附有与本模块内容相关的网络"学习资源"。本书配有电子课件、教学大纲、习题答案、标准试卷等，极大地方便了教学。

注重实用，校企合作开发教材。 本书作者深入维修企业，和企业人员一起做了大量调研、归纳、总结工作，在内容选取上从现代维修企业和各种业务流程出发，强调实用，注重理论紧密联系维修生产实际，能充分满足学习维修企业管理知识和管理技能的需要。

知识面广，综合性强。 本书共分八个模块，不仅涵盖了汽车维修企业的管理理论、经营管理理念、经营战略，维修企业的人力资源管理、服务管理、生产现场和技术管理、质量管理以及维修设备及配件管理等知识，而且还论述了从零开始的新厂调研、规划选址、开停业管理、组织机构设置、顾客关怀及满意度管理、客户群建立、顾客投诉的处理等维修企业管理的方方面面知识，同时简单介绍了 4S 店管理软件的功能，可以满足培养综合型人才的需要。

本书总学时在 50 个左右，各部分内容的学时安排如下，教师在授课时也可根据本校教学计划和培养目标做适当调整。

模块	学习任务	建议学时
模块一 汽车维修 行业概况	任务1　认识我国汽车维修行业 任务2　认识国外汽车维修行业 任务3　了解汽车维修行业的管理 任务4　掌握汽车维修企业的分类	1 1 1 1
模块二 汽车维修企业 管理及经营策略	任务1　了解现代汽车维修企业管理 任务2　初识汽车维修企业组织机构 任务3　学习现代维修企业的经营理念和经营战略 任务4　认识汽车维修企业资源计划(ERP) 任务5　现代汽车维修企业文化建设	1 1 1 1 2
模块三 汽车维修企业 的筹建及开业	任务1　筹建汽车维修企业 任务2　熟悉汽车维修企业开业条件 任务3　熟悉维修经营的相关程序	3 1 1
模块四 汽车维修企业的 人力资源管理	任务1　学习人力资源管理的基本知识 任务2　汽车维修企业岗位研究 任务3　员工招聘和培训 任务4　员工的绩效考核 任务5　报酬与激励	1 1 2 1 1
模块五 汽车维修企业 的服务管理	任务1　汽车维修合同管理 任务2　维修服务规范和服务流程管理 任务3　客户经营与管理	1 3 2
模块六 汽车维修企业 的生产现场和技术管理	任务1　生产现场管理及6S管理 任务2　汽车维修企业的生产管理 任务3　汽车维修收费管理 任务4　汽车维修工时定额与时间控制 任务5　汽车维护技术管理 任务6　汽车修理技术管理 任务7　汽车检测与诊断 任务8　技术责任事故及处理 任务9　汽车维修企业的科技管理	1 1 1 1 1 2 1 0.5 0.5
模块七 汽车维修企业 的质量管理	任务1　了解汽车维修质量管理 任务2　汽车维修企业的质量检验 任务3　熟悉汽车修竣出厂规定与验收标准 任务4　汽车维修质量检验管理实例 任务5　汽车索赔管理	1 2 1 1 2

模块	学习任务	建议学时
模块八 汽车维修设备 及配件管理	任务 1　设备管理 任务 2　汽车配件管理	2 4
	※企业调研，完成调研报告	※6
合计		49＋6

　　本书由河北工业职业技术学院陈昌建教授和河北师范大学职业技术学院王忠良教授任主编，由邯郸职业技术学院张庆良、河北工业职业技术学院鄢玉、杭州技师学院邵伟军和陈鸿兴、上海通用东岳汽车动力总成有限公司姜华皓任副主编，由陈昌建负责全书的统稿和定稿。

　　在本书编写过程中，编者参考了大量国内外有关的论著、教材和报刊，其中河北盛康汽车贸易有限公司的维修技师徐永飞提供了许多宝贵资料，在此向所有参考资料的作者表示衷心的感谢。由于编者水平有限，书中难免有不当之处，真诚地希望广大读者提出宝贵意见，以便再版时得到改进。

编　者

2014 年 1 月

目　录

模块一　汽车维修行业概况

知识目标：
　　了解我国汽车维修行业各方面的现状；
　　了解国外汽车维修行业的现状及发展趋势；
　　熟悉我国汽车维修行业存在的主要问题；
　　了解汽车维修行业管理的任务和内容。

能力目标：
　　能够对汽车维修企业进行正确的分类；
　　能够通过调研发现当地汽车维修企业存在的问题和发展瓶颈。

任务 1　认识我国汽车维修行业

　　导入：作为一名汽车专业的学生，将来要在汽车维修行业发展，你了解我国现在汽车维修行业的现状吗？你知道汽车维修行业的发展趋势吗？

　　随着我国经济的持续高速发展，汽车市场也随之呈现出高速增长的势头。2012 年，我国汽车产销量每月均超过 120 万辆，平均每月产销突破 150 万辆，全年累计生产汽车 1927.18 万辆，销售汽车 1930.64 万辆，产销同比增长率较 2011 年分别提高了 3.8 和 1.8 个百分点。从 2009 年开始，我国汽车产销量连续 4 年超越美国，稳居世界第一位。

　　汽车产业的高速发展使汽车相关产业的价值链在不断延伸，汽车服务行业的地位变得越来越突出。汽车维修行业作为汽车服务业的缩影更是蓬勃发展，其产业规划和利润比重均得到了不断的提高。我国正快速步入汽车时代，而汽车后市场这块"蛋糕"也越做越大。但是，我国的汽车后市场与发达国家的同行业相比，在高速发展的同时仍有很大差距，存在着许多问题需要进一步分析和研究。因此面对新的形势和未来发展的要求，深入分析和研究汽车维修行业的现状和对策具有重要的意义。

　　我国汽车维修市场是随着改革开放的深入而逐步对社会进行开放的。从 1983 年起，随着公路运输市场的开放，汽车维修市场也逐渐开放，出现了各行业、各部门、各单位及个体都可以投资汽车维修业的状况。当时的汽车维修主要靠手工操作，产值在 1000 万元～2000 万元。1983 至 1989 年的 6 年间，汽车维修业户飞速发展，由 2 万家增长到 10 万家；1989 年以后，每年汽车维修企业的数量都以较高的速度增长。到 2002 年底，全国共有汽车、摩托车维修业户约 32 万户，其中一类维修企业 8000 多家，二类维修企业近 5 万家，从业人员 240 多万人，全年完成整车大修 1850 万辆次，全国共建成汽车综合性能检测站 1309 个。

伴随着汽车产销量的增加，汽车维修企业的数量也在猛增。截止到 2011 年底，全国共有汽车、摩托车维修业户约 190 万户。其中一类整车维修企业 30 多万家，二类整车维修企业 60 多万家，汽车维修业户 100 多万户。2011 年，年汽车维修量首次突破 3 亿辆次，年维修产值达 600 多亿元。全国建立了 3400 多家汽车综合性能检测站，年完成检测量达到 5655 万辆次。一个以中心城市为依托，以一类维修企业为骨干、二类维修企业为基础、三类维修业户为补充，以汽车综合性能检测站作为质量保证，各种经济成分协调发展的汽车维修网络和市场格局已基本形成，较好地适应和满足了营运车辆和社会车辆的维修需求，为国民经济和社会发展做出了应有的贡献。

1.1.1　我国汽车维修行业的现状

1. 汽车维修行业管理的现状

1) 行业标准有待完善

汽车维修企业开业条件(见国家标准 GB/T 16739.1—2004 汽车维修企业开业条件 第 1 部分：汽车整车维修企业；GB/T16739.2—2004 汽车维修企业开业条件 第 2 部分：汽车专项维修企业)与当今汽车维修市场快速发展、深度养护已经不相适应，其规定的企业经营类别与市场新的经营模式(如快修连锁经营、汽车保养)已不相协调，在一定程度上阻碍了这些新型维修模式的发展。同时国家标准规定设备配置与大都市汽车维修需求不相适应，部分设备利用率低，检测诊断设备等跟不上现代化汽车高性能技术的发展要求。资金投入也不足，从事汽车维修专业互联网站的公司大多依靠自有资金、人才、技术进行发展，缺乏政府的政策扶持。

2) 汽车配件市场无序经营现象严重

从生产领域来说，整车生产企业认可的配件、配套零部件生产企业生产的剩余配件、仿制配件、假冒伪劣配件等一同流入市场；从经营业户来说，有人合法经营，但也有部分经营者有以假充真、以旧充新、以次充好等行为；从进口渠道来说，正规渠道进口的、未经国外汽车生产厂家认可的配件，非正规渠道进口的、未经国外汽车生产厂家认可的配件等均打着"原厂正宗"的旗号流进国内的汽车配件市场。少数维修点无证无照经营，不明码标价，漫天要价；有的维修厂将报废汽车回收后，拼装上市，给交通带来了极大隐患。这些现象的存在，搅乱了汽车配件市场的价格体系，使得汽车配件的质量参差不齐，影响了汽车维修质量，造成了运行安全隐患，也增加了维修费用。

3) 维修行业和相关管理部门监管力度小

对个体维修业户的管理没有统一领导，政府监管力度不够。主要表现在以下几个方面。

(1) 个体维修业户汽车维修设备不齐，技术落后，难以形成一定维修规模，无法保证车辆良好的技术状况。

(2) 个体维修技术人员水平较差，缺乏正规培训，而且设备陈旧，资金短缺，修理工艺有的仍停留在手工作业水平上，无法保证汽车的维修质量。

(3) 小修理厂收费标准不统一，乱收费现象时有发生。

(4) 个体维修业户检测设备不全或者没有检测设备。

2. 汽车维修制度的现状

1）现行维修制度

从全国范围来看，"定期检测、强制维护、视情修理"制度是我国现行的主要维修制度，这种制度的指导思想是"以预防为主"，是建立在"机件工作→产生磨损→导致故障→影响使用和安全"的认识上的，其基本做法为：根据机械零件的磨损规律，通过大量的试验数据，应用统计分析方法，求得各种零件或配合件的正常使用寿命。这种制度对保证机械技术状况完好起了积极的作用。

2）维修制度存在问题

（1）维修制度所依据的磨损规律具有局限性，它只能说明磨损机件经过磨损产生的故障，而对大量的非磨损机件产生的故障和疲劳破坏、变形、锈蚀、老化、人为差错等原因所造成的故障无法说明，致使维修不足而使许多机械尚未达到预定的修理期就出现了故障。

（2）维修观点停滞不前。随着汽车机械的技术水平和复杂程度越来越高，特别是汽车电子技术的使用越来越广泛，典型的故障曲线（如图 1-1 所示，该曲线是以使用时间为横坐标，以失效率为纵坐标的一条曲线，因该曲线两头高，中间低，有些像浴盆，所以也称为"浴盆曲线"），已经不能恰当地反映出现代机械和汽车机电产品的失效率随时间变化的规律。

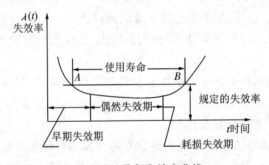

图 1-1　设备失效率曲线

（3）制定保修周期及作业内容所依据的磨损规律与当前汽车实际技术状况差距较大，容易造成维修过剩或维修不足。前者易造成人力、物力、财力、时间的巨大浪费，后者易给机械造成较大的故障隐患。

（4）配件计划不到位，使配件库存过多或过少，前者造成资金占用过度，后者可造成维修周期过长。

总之，对汽车维修来说，改革现行的维修制度是很有必要的。

3. 汽车维修从业人员的现状

与发达国家相比，我国的汽车后市场服务体系仍然处于初级阶段。汽车维修行业从业人员的整体状况不容乐观，从业人员法律意识、服务意识不强，专业知识匮乏，技术素质不高，这些已成为制约汽车维修业持续发展的主要"瓶颈"。目前，很多国内汽车维修企业的人力资源无法满足现代汽车维修的需要，具体表现在以下几个方面。

（1）从业人员整体学历偏低。尤其是从事钣金喷漆工种的人员，学历水平更低。

（2）高等级技能人才比例偏低。许多汽车维修从业人员不具备任何技术等级证书。

（3）接受过专业训练的人才比例低。

（4）工资待遇较低，难以留住人才。

4. 汽车维修方式的现状

1) 汽车维修方式的变化

近年来汽车维修方式发生了很大的变化，主要体现在以下两个方面。

（1）汽车新技术的发展促使汽车维修方式发生了变化。汽车工业的技术进步，汽车新结构、新材料、新工艺，特别是电子技术在汽车上得到广泛应用，使汽车成为机械与高新技术结合的产物，汽车零部件的平均故障间隔期大大延长，汽车新技术大量运用，使得传统的汽车维修方式已不能诊断和排除汽车故障。因此，现代汽车技术含量的增加促使了汽车维修方式的变化。

（2）汽车故障检测技术和设备的应用与发展为汽车维修方式发生变化提供了基础。现代汽车从结构上实现了机、电、液一体化，从控制上实现了微机控制自动化，因而修理现代汽车的设备与故障技术同过去修理传统汽车不同，已由原来的机械修理为主、附加一些简单电路检修的传统方式，转为依靠电子设备和信息数据进行诊断及维修的现代维修方式。

2) 汽车维修方式存在的问题

（1）未能摆脱原维修方式的周期结构制约。现在仍有不少维修企业不是以检测诊断为依据，参照机械运行记录，综合评定之后来确定修理方案，而是以简单的经验判断替代状态监测，仍然是按汽车运行时间分期进行项目检测，致使修理项目与汽车实际故障状况不相符。

（2）陈旧的维修方式与先进的检测技术和设备的应用脱节。有些汽车维修企业技术人员在素质和管理水平跟不上的情况下，盲目购买先进的检测设备和仪器，导致设备和仪器在故障诊断和维修中不能充分发挥作用。

（3）高素质维修技术人员短缺。现在进口车越来越多，而且车型复杂，种类繁多，很少有人能够熟悉所有车型的故障，甚至在单一的领域也不可能，修理工程师的经验在这种条件下显得捉襟见肘。

现代汽车新的维修方式应该是"免拆养护"加"换件修理"。

1.1.2　汽车维修行业的发展对策

1. 建立汽车维修业的信息管理中心

汽车维修企业要充分利用计算机网络，建立企业内部的信息管理中心。

（1）信息管理中心的建立可以加强企业内部的交流和协调各部门的工作。如企业的检测部门可以通过网络将检测结果及时通知修理部门，以便及时准备修理方案，而物流中心在收到修理部门的信息后，可以立刻为其配送所需的零部件，从而降低企业内部的协调和组织成本，减少资源浪费，提高工作效率和服务质量。

（2）企业通过自己内部的信息管理中心，收集各种车型资料、技术参数及故障表现等，实现信息资源共享。对发生在企业内部任何一个维修点的车辆故障，能够通过计算机网络进行查询，找出其故障的原因，必要时可以汇集维修专家进行会诊，以便及时判断故障原因，提出修理方案，克服由于受地理位置的限制所造成的信息交流不畅，在企业内部形成无形的市场，为顾客提供及时、满意的服务。

（3）顾客可以通过网络或电话，就自己所遇到的故障，向维修企业的信息管理中心求助。维修中心以最快的速度查出其故障原因，迅速反馈给顾客，帮助解决问题，维系企业与顾客间的良好关系。

2. 建立有效市场监管机制，规范经营行为

交通主管部门要规范汽车维修市场的价格，把工时定额和收费标准的执行情况列为日常检查监督的重要内容，对违反规定者要及时给予适当的行政和经济制裁。同时，要与当地物价部门积极配合，严格执行明码标价制度和价格备案制度，定期向社会公示汽车维修价格，引导企业合理收费。制定统一结算凭证规定，让有关规定更加透明化，让社会舆论、百姓参与到监督机制中来。

3. 加强维修技术人才的培养和培训

随着全球经济一体化进程的加快，国产车、进口车大量涌现，不仅种类繁多，而且低、中、高档车应有尽有，汽车上的高科技产品配置越来越多，这就要求每位汽车维修人员不断更新知识，掌握新的高科技维修技术，提高汽车维修技术水平。企业应比较市场要求的员工技能与本企业员工所具备的技能，从中找出差距，对员工进行重点培养。企业还应加强同高校汽车专业的联系，定期输送企业技术人员培训，不断更新企业员工的知识和技能水平，培养现代维修理念，以适应市场的需要。

4. 注重服务意识，树立服务品牌

汽车维修行业作为一种服务性行业，它的竞争力在于服务质量。汽车不仅要修好，而且还要让客户满意，只有这样汽车修理企业才有生命力。所以维修人员要培养这种服务意识，在维修时，对每一辆车要严格按照原厂技术要求进行修理，决不能偷工减料，测量、检验步骤要齐全，更换零部件一定要用正品，不能以次充好，要以科学的态度来修车，只有这样才能保证维修质量，让车主修得放心，走得满意。汽车维修企业要依靠自己过硬的维修技术、良好的服务态度和舒适的环境，为自己的服务树立形象，创自己的品牌。

5. 建立连锁化维修经营模式

建立以 4S 店为核心的连锁模式。4S 是一种整车销售（Sale）、零配件供应（Sparepart）、售后服务（Service）、信息反馈（Survey）"四位一体"的汽车经营方式，4S 店强调一种整体、规范、由汽车企业控制的服务。从目前来看，4S 店最大的功能是卖车，但从长远来看，其更大的功能则是信息服务。在整个 4S 店（企业）获利过程中，整车销售、配件、维修的比例结构为 2：1：4。维修服务获利是 4S 店获利的主要部分，对专卖店的重要性也是显而易见的。形成以 4S 店为核心的连锁售后服务体系，既可以发挥 4S 店的规模和技术优势，又可以发挥连锁分店灵活、便捷的长处。另外，可以以大型汽车维修企业为依托开展自营和加盟连锁，大型汽车维修企业具有较强的经济基础，可以承受暂时的经营亏损，也有实力进行广告宣传，用优质、价廉、方便、快捷的维修服务，良好的社会信誉，形成自身的服务品牌。

【案例 1-1】

上海，一个叫"养车无忧网"的网站正在走红。该网站通过向消费者、车主直接销售原厂级品质的保养配件，如博世、飞利浦、马勒、法雷奥、采埃孚、SKF 等国际原厂配套零部件生产商的产品，车主买好后再从"养车无忧网"在上海的 120 多家合作修理服务店选择任何一家进行更换。目前该模式已经初步在上海站稳脚跟，2013 年服务范围将拓展到江浙两省,稍后将向全国扩张。

"养车无忧网"提供的自助保养,最大优势是保养配件品质和保养便宜这两项。由于配件从原厂配套厂商处购买保障品质,直接卖给车主减少了中间沟通环节降低了成本。而其提供的签约维修站,又为消费者减少更换零部件的麻烦。(21 世纪经济报道 2013 - 02 - 26)

任务 2 认识国外汽车维修行业

1.2.1 国外汽车维修行业的现状

1. 美国汽车维修行业的现状

(1)小型化企业为主,数量多,分布广。2008 年时,美国约有 30 多万家营业性汽车维修企业,且明显呈现出小型化的特征。据调查,平均每家汽车维修企业管理人员为 4.5 人,专职维修技工为 24 人,维修工为 6 人。这些企业 62.7%属个人所有,6.2%为合伙经营,另 31.1%则为股份有限公司。基本有公路的地方沿途就有维修点,能够及时为顾客提供服务。

(2)连锁经营为主。在美国,汽车有故障或需要保养时,美国人的首选就是专业连锁维修店。许多人把它形象地比作汽车售后服务行业中的"麦当劳"。从 20 世纪 20 年代开始,美国汽车维修行业的连锁经营模式就已经开始了它的首航,其着眼于专业性和广泛性上,在美国的 50 个州随处可见这种连锁经营模式的汽车维修保养店,并且在美国主要的公路和高速路沿途都有这类连锁店。从某种意义上可以说,美国发展成为当今世界汽车大国和强国,除了一些大规模的汽车制造公司在汽车制造方面的巨大贡献外,汽车维修连锁业的逐渐完善也是功不可没的。

(3)形式多样,可选性强。美国汽车维修企业形式多样,顾客可根据自己爱好、汽车受损程度及所需维修的项目选择合适的厂家。美国汽车维修企业可分为以下三类。

① 汽车制造厂的专修店。其规模较大,设备精良,维修人员受过统一培训。维修服务对象主要是定点品牌车。

② 承接维护、调整、小修业务的大众化维修厂。生产规模较前类略小,但综合性较强,业务范围广泛,维修设备也很齐全,能承接各种专业技术要求不高的业务。

③ 分布在公路沿线的专业维修店。规模很小,业务较单一,但设备很先进,专业化程度很强,维修质量好。

(4)维修质量好,效率高。美国维修企业对技工要求很高,80%以上的诊断技工是经过正规学校培训的。在美国有一种汽车维修技工证书制度,若技工想在维修的某一领域获得证书,至少需有 2 年的实际操作经验或为期 2 年的技工培训并辅之以实际操作,同时还要通过每年春秋两季在全美约 250 个城市由"全美争取汽车维修质量优秀协会(NIASE)"举行的某一项统考。除 NIASE 外,大汽车公司、社区大学等也从事维修技工的专业培训。企业的人员因受过专业培训,素质都较高。另外,维修企业的设备配置率较高,早在 20 世纪 90 年代初,拥有发动机、底盘和电气系统检测诊断设备的企业已达到 50%以上,其专业化和机械化程度很高,能够为客户提供优质、高效的服务。

美国的汽车维修业非常注重信息工作,72%以上的维修企业和 92%以上的检测站拥有最新发表的维修资料。而且这些维修资料通常为电子读物，例如，维修光盘内容涵盖各种新车型的资料，小到螺栓扭紧力矩，大到整车电路图，用户通过光盘可得到总成及零部件图形、拆装程序、所需工具、维修建议、注意事项、配件价格及工时定额等信息。利用光盘，技工还可按图索骥般地进行故障诊断与排除。美国早已出现了借助检测诊断设备和光盘等进行汽车故障远距离诊断的"诊断热线"。

美国还拥有一个特别活跃的汽车零部件修复业，汽车配件修复协会（APRA）所属的旧件修复企业有2000家左右，每年在市场上销售的修复件占当年配件总销量的20％。而且在美国，无论是新件还是修复件，基本上都通过同样的配件供应渠道供应给消费者，按照有关规定，修复件或总成的使用寿命不低于甚至略高于新件或总成，而售价却大大降低，从而充分保障了客户的利益。

（5）行业管理严格。美国政府对企业实施了严格有效的管理制度，使维修市场经营环境井然有序。美国政府对汽车维修业的管理主要依靠各州政府直属部门——汽车维修管理局负责。汽车维修管理局主要职能：对汽车维修人员进行培训和考核；审核汽车维修企业业主的经营资格；受理消费者投诉，维护行业形象；对竣工汽车污染物排放进行监督。

2. 加拿大汽车维修行业的现状

加拿大的汽车维修已成为一个产业，专业的汽车技工要为车主提供汽车性能评估、汽车维修以及保养维护的服务。

为了规范汽车维修市场，加强驾车者和汽车服务商之间的联系，解决双方的纠纷和常见问题，加拿大在全国范围内成立了国有的非赢利性机构，即"驾车者安全担保计划（MAPC）"，为汽车驾驶员和服务商提供有关汽车维修养护方面的培训，并制定了严格的行业标准，监管全国的汽车零售商、销售公司团体和维修服务商。

加入"驾车者安全担保计划"的汽车维修厂都会悬挂醒目统一的MAPC标识，这个标识在加拿大如同"绿色环保标志"、"纯羊毛标志"等标识一样家喻户晓，也是车主选择汽车维修地点的根据。悬挂这个标志意味着汽车维修厂家是通过国家维修技术鉴定的服务商，它必须遵守"驾车者安全担保计划"规定的所有行业标准，履行对消费者的承诺，并接受该计划的监督。"驾车者安全担保计划"的成员资格只授予那些诚实可信、严守职业道德的服务商。在加拿大，要想获得这个资格，必须通过"驾车者安全担保计划"全方位的鉴定。

在"驾车者安全担保计划"的加盟维修厂里，消费者享有整个维修过程的控制权，服务商必须与顾客进行全面、真诚地沟通，不能对汽车状况和维修内容有所隐瞒或扭曲，必须为顾客提供最适当的维修方案，以提高车辆的可靠性能，保障车主的安全。服务商必须在店面的明显位置悬挂"驾车者安全担保计划"的服务标准和担保承诺，并严格遵守。

3. 日本汽车维修行业的现状

日本汽车市场已经进入成熟期，汽车维修行业经过多年的发展，也已形成了完善的服务体系和人性化的服务。

日本汽车售后服务系统很封闭，非独立的售后服务体系占重要地位。

在日本，部分大型汽车公司成了汽车维修厂的主要供应商。由于汽修领域存在巨大的经济利益，许多直营或加盟的特约维修站应运而生，这也为完善售后服务提供了条件。由于有配套的技术、品牌的质量保证、统一的标准等因素，再加上日本政府有严格的车检制度，许多日本人愿意将车送到特约维修站进行维修和保养。特约维修站有一整套专业的车辆技术资料支持,维修人员经验丰富。当汽车进行维修时,运用这些技术资料可以快速查找出故障原因,设计出最佳的排除故障方案。而且,由于大型汽车公司是维修站的主要供应商,在维修站里使用的都是与自己车型相匹配的原厂件,能够保证汽车维修的质量。

除了特约维修站,日本还有汽车服务超市。例如,AUTOBACS 是日本汽车独立售后服务的代表性企业,是日本最大的汽车用品超市,拥有 500 多家连锁店,在日本东京证券交易所和伦敦证券交易所上市,经营三大类产品:车轮产品、机油及化学用品、视听产品。AUTOBACS 的连锁店大都分布在高速公路两侧、居民社区周围和大型购物中心附近,方便车主就地享受服务。AUTOBACS 采用相同的店面设计,并有着统一的服务标识、服务标准、服务价格、管理规则及技术支持;品牌化以及网络化的经营,降低了成本,扩大了规模,服务水平、价格、品质保持同一标准,让消费者买得放心,修得安心。在 AUTOBACS 的连锁店里,从汽车的日常维护、维修、快修、美容到各种品牌零配件的销售,甚至对车辆进行改造等服务一应俱全,能够一次性满足车主的全部要求,而且在这里可以将自己的爱车随意修饰,彰显个性。同时,由于打破了纵向的垄断,连锁店里的各种品牌、各种价位的汽车零配件均可供车主选择,满足了不同消费者的需求。

无论是特约维修站还是 AUTOBACS 的连锁店,人性化服务、诚实可信的态度都是在激烈竞争中立于不败之地的法宝。当汽车送来维修时,如果发现是一时难以处理的大故障,那么车主到登记处填一张单子,将车型、送达日期、出现故障情况、联络方式等写清楚,就可以安心回家等电话了。如果是小故障,那么可以在休息区内边喝咖啡、欣赏精彩的电视节目边等待。修完车后,可以拿到一份详细的费用清单:维修部位及故障原因,是否更换零件及更换原因,更换零件类型、价格及工时费和服务费等一应俱全,让车主的钱花得放心,花得甘心。

在日本,通过机动车维护修理业制度对汽车维修企业加以界定,通过认证和指定方式,规定各类汽车维修企业应具备的技术力量和设备起码水平及其相应业务范围。为了保证汽车的使用性能、行驶安全性,防止环境污染,日本的汽车检查和维护制度详细规定了各类汽车的检查周期及相应的检查项目(见表 1-1),并在汽车检查法规中对相应的检查方法加以界定。早在 20 世纪 80 年代中期,日本就建立了汽车检验培训中心,开设了各种行之有效的培训课程,以提高检验人员的业务管理能力。这种培训注重的不是数量,而是培训质量。

表 1-1　日本汽车检查周期及检查项目表

适 用 车 型	检查周期/月	检查项目数量/个
私人用轿车等	6	16(20)
	12	60
	24	102
私人用货车等	6	41
	12	120
商用车(客车、出租车)等	1	42
	3	94
	12	149

日本汽车维修业有着严格的人员认证体系。维修企业工作人员一般都从专门的汽车维修学校毕业，经过正规的汽车维修培训。同时，应聘特约维修站或连锁店的维修人员，还要通过该店（站）的考试才能正式上岗。而具备诊断汽车故障能力、能够独立进行维修的人被称为"汽车整备士"，"汽车整备士"分为一级、二级、三级以及特殊级，一级为最高级别。国家每年进行一次考试，参加一级考试的人员必须具有 3 年以上的实际工作经验。参加工作后，这些人员也会不断接受一些新技术、新车型等方面的专业培训，提高业务水平，保证维修质量。

4. 德国汽车维修行业的现状

德国汽车维修企业大体分为以下三种类型。

（1）主要承接维护、调整、小修业务的大众化修理厂。这类企业综合性强，业务范围广泛，维修设备齐全，在数量上这类企业不是很多。

（2）汽车制造厂授予的特约维修站。其规模较大，生产设备精良，维修人员素质较高，技术上具有权威性，服务对象为生产厂家自身车型。

（3）公路沿线只从事一项业务的专业维修点。这类企业规模较小，随处可见，业务比较单一，一般只从事某一项业务，也具备从事该项服务的相应设备。

德国的汽车维修已从故障修理为主转向以定期维护、预防故障为主。除汽车维修外，具有一定规模的维修企业还兼营整车销售、配件供应、技术咨询、旧车交易、事故车维修等业务。汽车维修企业的服务意识和质量意识都非常强，"质量就是让顾客满意"、"质量就是零缺陷"、"质量就是我们的未来"、"以全心全意的卓越服务带给用户发自内心的愉悦"、"以心悦心"等服务和质量标语随处可见。由于车辆设计注重整体可靠性，汽车维修企业基本上以小修和维护为主，而且多为换件修理，一般不设大修工序。

德国汽车维修企业的维修与检测设备配备和使用水平较高，设备配备非常注重专业性，大多为某一车型的检测诊断设备，而且在维修生产过程中设备使用率非常高。维修企业大多数设有诊断车间，对进厂车辆进行故障检测和诊断，根据诊断结果提出维修方案，有效地指导汽车维修作业。

德国的汽车维修人员必须经过专业技术培训，经国家有关部门或生产厂家组成的考核委员会考核合格才能上岗，从业人员整体素质较高。在对从业人员开展培训工作时，非常注重专业性，根据维修工将从事的不同工种，制订不同的培训计划和内容。维修工可以从事两种以上工种的工作，但必须经过每一个工种的相应培训，并取得相应证书。经过培训的人员对汽车构造、故障诊断以及维修技术工艺都非常了解，特别是对设备非常熟悉，能够充分利用检测诊断设备来判断故障，并指导维修生产。

在德国，具有一定规模的汽车维修企业除了有诊断车间外，一般都有汽车检测站。汽车检测站是由德国政府交通部委托具有资质的汽车检测机构（主要有 TUV，Derka）派驻，但业务分离，其作用有对车辆进行定期检验，有根据国家法律规定对维修竣工车辆进行排放性能检测；同时对汽车交易市场的二手车进行各种性能检测，符合条件的才允许进入旧车交易。

值得一提的是，德国以及欧洲人的汽车文化朴实自然。在德国很难见到面积很大，以汽车美容、装具销售为主导的汽车服务网点。在欧洲，车辆一般保持新车的原貌，没有铺设地胶，也没有粘贴太阳膜，更没有增设真皮座椅、座套等售后的装饰，但是自己动手保养车辆的人也不在少数。这源于上百年的汽车普及进程，大众对车辆认知水平较高。另一方面，车辆维修的工时费十分昂贵。以德国为例，技工的工时收费约 70 欧元/小时～140 欧元/小时。欧洲人对于车只把钱花在不得不花的地方，因而维修是德国及欧洲汽车连锁企业的主要业务。

1.2.2　国外汽车维修行业的发展趋势

1. 从维修为主转向养护为主

20 世纪 80 年代，美国的汽车维修市场开始萎缩。1985—1995 年，汽车维修厂减少了 31.5 万家，新车特约经销店也减少了 5000 多家，但制动器、消声器等专业维修中心和换油中心反而增加了 1.7 万家。汽车快速养护中心迅速增加，在 1995 年时专业化的汽车养护中心就达 3.1 万家。目前美国的汽车养护业已经占到美国汽车保修行业的 80%。

2. 连锁、品牌化经营

在专业化的汽车养护业中，连锁经营成为主要发展形式。美国经营规模最大的 8 家连锁维修公司共有 5938 家维修店；美国汽配连锁经营的代表性企业 NAPA、AUTO ZONE 和 PEP BOYS 旗下的汽车养护中心就超过了 1.3 万家。这三家企业采取汽车连锁经营模式、品牌化经营，都获得了成功。

德国以 ATU 公司为代表的快修连锁经营模式，已经在德国城乡遍地开花，占据了德国大部分汽车维修市场。

3. 汽车快修连锁经营发展迅速

从欧美的汽车维修市场来看，美、德等国家的 3S、4S 店都在逐渐萎缩，代之而起的是汽车快修连锁经营。在美国，像换油、换"三滤"等快修业务点已深入社区。美国 NAPA 的特约汽车维修中心和养护中心有 9000 余家，像 AUTO ZONE 和 PEP BOYS 等品牌企业也在美国发展汽车快修连锁经营。

德国的汽车快修连锁经营发展也非常迅速。20 世纪 80 年代中期，德国汽车维修市场上主要是特约维修店和私人修理店，但自从 1986 年 ATU 公司建立第一家快修店开始，ATU 的快修连锁店遍及德国和周边国家，目前已有 520 家分店。大部分快修店设在离居民区不远的地方。

与传统的特约维修店相比，快修经营模式具备成本低、速度快、反应及时、适应性强、方便快捷以及技术信息资源和专用设备可共享等优点，市场前景广阔，发展空间巨大。

4. 电子化和信息化

随着汽车技术的发展，汽车的电子化水平越来越高，汽车维修越来越复杂，大批高科技设备用于汽车维修行业。例如，日本生产的新型电子调漆系统是目前世界上最先进的。过去各国的电子调漆设备都是通过汽车车架编号查找汽车油漆颜色和配方，而日本的新型电子调漆系统则用扫描仪在汽车的车身上扫描，扫描仪与计算机联网，通过计算机快速显示出车的厂牌、型号、油漆颜色及配方，并自动打印结果。

随着汽车维修网络技术的发展，随时可以在网上获得维修资料、电路图、修理流程等，缩小了不同规模企业在获取技术信息方面的差异。汽车维修连锁经营的发展也给技术信息资源共享创造了良好的条件。

5. 规模化经营和规范化经营

规模化经营是指汽车维修企业拥有大量的连锁和分支机构。例如，美国的 NAPA 以特许加盟的方式发展了汽车配件连锁店 6300 家，特约维修中心和养护中心 9000 余家；AUTO ZONE 以直营方式发展了汽配连锁店 2710 家；PEP BOYS 发展了汽配销售与汽车维修服务一体店 858 家。这些企业都形成了规模化经营。

规模化经营同规范化经营是密不可分的。在同一连锁系统中，采用相同的店面设计、人员培训、管理规则，统一服务标识、服务标准、服务价格、技术支持，中心采用物流配送，减少了物资存储和资金占用，有效地降低了运营成本。

任务3　了解汽车维修行业的管理

1.3.1　汽车维修行业管理的任务

随着轿车进入家庭的步伐加快，汽车维修市场也日益扩大，进入汽车维修市场的企业也千差万别。为了规范企业行为、保障汽车维修业的正常发展，必须加强对汽车维修服务行业的监督和管理，以便按照市场经济的客观要求，建立统一开放、竞争有序的维修市场，引导和促进全行业协调发展，争取最佳的经济效益，更好地为运输生产和人民生活服务，满足经济发展和社会发展需求。

汽车维修行业的管理工作由县级以上地方人民政府交通主管部门负责组织、领导，县级以上道路运输管理机构负责具体实施。汽车维修行业管理的任务如下。

1. 贯彻政策法规，做好监督检查

针对汽车维修行业具有技术性强、工艺复杂，且与安全密切相关的特点，国家先后出台了《汽车维修业开业条件》、《机动车维修管理规定》、《汽车维修术语和定义》、《汽车维修合同实施细则》、《汽车维修质量纠纷调解办法》、《中华人民共和国道路运输条例》、《道路运输车辆维护管理规定》等法规及标准规范性文件，逐步规范并促进了汽车维修行业的发展。

贯彻执行国家有关的方针、政策法规、规范包含两层含义。

（1）根据国民经济发展和管理的总方针、总任务，研究制定汽车维修行业的方针、政策，研究制定汽车维修行业的各级各类技术、经济标准和作业工艺规范，实现政令、管理内容、标准的统一。这项任务主要由中央和省级汽车维修行业管理机关承担。

（2）正确贯彻执行汽车维修行业的方针、政策法规、规范。这项工作主要由市（地）、县、乡级汽车维修管理机关承担。

监督检查汽车维修企业的业务许可范围、经营行为、维修质量和收费情况，对汽车维修市场秩序进行监督、考察、指导，可以保证国家有关汽车维修的方针、政策、法规、制度和标准等得到正确的贯彻执行。

2. 制定维修行业的发展规划

汽车维修行业管理要以道路运输业的发展现状以及社会需求为基础，根据本地区的汽车保有量、分布情况、车辆运行范围、条件、使用情况以及道路交通条件和今后的发展趋势等因素，制定本行业长、中、短期发展规划，逐步形成本地区种类齐全、科学布局、质量保证、经济快捷的汽车维修网，使汽车维修业的发展与道路运输和国民经济的发展相适应。鼓励汽车维修企业实行集约化、专业化、连锁经营，以促进汽车维修业的合理分工和协调发展。

3. 执行技术标准，提高维修质量

汽车维修业是技术很强的行业，在维修质量、工艺保证以及安全、环保等方面都有严格的国家标准和行业标准。汽车维修技术标准和相关标准是实施汽车维修质量统一管理的有效措施，汽车维修行业管理部门必须坚持质量第一的原则，贯彻执行技术标准，强化汽车维修质量的统一管理，建立健全汽车维修质量的监督体系，完善检验手段，严格保证汽车维修质量。

4. 做好协调服务工作

汽车维修行业管理的一个重要任务就是把管理和服务有机地结合起来，协调好各方面的关系。

（1）协调各维修业户间的关系，促进行业内的合理分工、正当竞争。既要按专业化分工的原则，使各种汽车维修业户合理分工，走专业化发展道路，提高其经济效益，也要按横向联合的原则，广泛开展技术、设备、人才、信息等合作，以充分挖掘行业潜力，促进行业协调发展。

（2）协调企业和用户间的关系。保持双方正常、融洽的合作状态，调解和处理合同纠纷，保护双方合法权益。

（3）协调维修业户和管理部门的关系。督促维修业户严格遵守各方面的管理法规，履行应尽义务；努力疏通渠道，方便及时反映情况和意见，为经营者创造良好的外部环境。

（4）开展技术培训和信息交流。随着汽车产销量和经济的高速增长，我国汽车保有量大幅提高，汽车维修企业及维修从业人员的数量也不断增加，汽车维修行业管理部门要采取各种措施，加强对汽车维修从业人员的培训，以满足各种车辆对维修技术的需求；鼓励推广汽车维修环保、节能、不解体检测和故障诊断技术。信息交流是行业发展的必要条件，是促进企业自我完善的重要措施。汽车维修行业管理部门要注意发挥信息的引导作用，推进行业信息化建设和救援、维修服务网络化建设，提高汽车维修行业整体素质，满足社会需要。

1.3.2　汽车维修行业管理的内容

汽车维修行业的管理面对所有从事汽车维修经营的各种经济实体，管理的内容如下。

（1）负责汽车维修企业许可证件管理。包括各类汽车维修企业和连锁经营服务网点的开业许可，有效期满的审核换证，汽车维修企业的名称、法定代表人、地址的变更或停业等方面的管理。

（2）负责汽车维修企业的维修经营管理。包括企业行为、车辆改装、安全作业、环境保护、费用结算、连锁经营的监管等方面的管理。

（3）负责汽车维修企业的质量监督管理。包括建立健全质量监督管理体系，监督管理汽车维修质量，调解和处理质量事故纠纷等。

（4）负责汽车维修企业的技术人员管理。如汽车维修技术工人、检验人员及工程技术人员的培训和考核等方面的管理。

（5）负责汽车维修合同管理。如规范汽车维修合同的签订和范围，调解和仲裁合同纠纷以及合同文本管理等。

（6）负责汽车维修技术的咨询服务。如为汽车制造业及汽车维修业提供技术咨询服务，组织信息交流，推广汽车维修新技术、新工艺、新设备、新材料等。

任务4　掌握汽车维修企业的分类

1.4.1　按汽车行业的管理规定分类

根据 2005 年交通部发布的《机动车维修管理规定》和国标 GB/T 16739—2004《汽车维修业开业条件》的规定，将汽车维修企业分为两大类别：整车维修企业和汽车专项维修业户。

1. 汽车整车维修企业

整车维修企业是指有能力对所维修车型的整车、各个总成及主要零件进行各级维护、修理及更换，使汽车的技术状况和运行性能完全（或接近完全）恢复到原车的技术要求，并符合相应国家标准和行业标准规定的汽车维修企业。整车维修企业按规模大小分为一类汽车整车维修企业和二类汽车整车维修企业。

（1）一类汽车整车维修企业既可从事整车修理和总成修理，也可从事汽车维护、汽车小修和汽车专项修理以及维修竣工检验工作。

（2）二类汽车整车维修企业可从事一类汽车维修经营除维修竣工检验工作以外的维修经营业务。另外，《机动车维修管理规定》中规定，获得危险货物运输车辆维修经营业务许可的，除可以从事危险货物运输车辆维修经营业务外，还可以从事一些普通汽车维修经营业务。

2. 汽车专项维修业户

汽车专项维修业户（三类维修企业）包括：从事汽车发动机、车身、电气系统、自动变速器、车身清洁维护、涂漆、轮胎动平衡及修补、四轮定位检测调整、供油系统维修及油品更换、喷油泵和喷油器维修、曲轴修磨、气缸镗磨、散热器（水箱）、空调维修、汽车装潢（蓬布、座垫及内装饰）、门窗玻璃安装等专项维修作业的业户。

1.4.2　按维修企业的经营模式分类

1. 4S 店或 3S 店

4S 店是一种以"四位一体"为核心的汽车特许经营模式，包括整车销售、零配件、售后服务、信息反馈等。它拥有统一的外观形象，统一的标识，统一的管理标准，只经营单一品牌的特点。它是一种个性突出的有形市场，具有渠道统一的文化理念，4S 店在提升汽车品牌、汽车生产企业形象上的优势是显而易见的。

3S 店指从事整车销售、零配件供应、售后服务的服务企业。不论汽车 3S 店还是 4S 店，它的售后服务（Service）功能是一样的。

2. 快修快保店（连锁经营店）

近些年，在汽车市场兴起了一种连锁化、规范化经营的快修快保店。连锁经营店与总部之间是一种经济协作关系，总部有义务对连锁（加盟）经营店在设备投资、经营管理、人员培训、技术服务方面提供全方位的支援。快修快保店有强势的品牌作依托，因此整体形象好，通常有统一的管理体系，统一的服务收费标准和服务质量承诺，连锁企业网点多，设备和零配件由总部统一提供，质量和配件渠道有保障，而且靠近车主活动区域。

例如，美国通用 AC 德科的代理商，特许加盟连锁店的投入是 30 万美元，最强有力的竞争优势就是享受配件供给的低价格，加盟店定期从 AC 德科设在上海的配件中心订货，AC 德科的配件是全球采购，价格比市场上同类产品要低 30% 以上。每个店的营业面积 200 平方米，都是采用相同的店面设计、人员培训、管理培训，统一服务标识，统一服务标准，统一服务价格，统一管理规则，统一技术支持，中心采用物流配送，既减少物资储存和资金占用，又降低运营成本。

3. 路边店

有的个体维修企业或部分汽车配件销售商是在公路或街道两边开设，俗称路边店。一般从事汽车的小修、部分易损件的更换及常规保养。路边店维修及时方便，价格低廉，因此在汽车维修保养市场占据了相当的份额。

路边店占地小，投资低，经营多为临时性质，往往不大注重整体形象，而且维修人员少，技术水平相对落后，维修设备不全，为了降低成本，多采购比较便宜的配件，维修质量难以保证。

4. 综合性维修厂

综合性维修厂不管大修、小修，也不论是什么品牌、什么类型的汽车，只要是汽车就可以维修。但随着客户对汽车维修质量要求的提高，必须引进各种专业的汽车检测维修设备才能进行汽车的维修保养，因此加大了企业运营的固定成本，造成收费过高。另外，这些维修厂一般设在郊区，交通不便，费时。

1.4.3　按经营项目分类

现代维修企业的经营项目很多，可以分为以下几类。

1. 专项维修

（1）发动机部分。发动机大修、更换正时皮带、更换发电机皮带、清洗喷油器、清洗进气管道、清洁节气门体、更换水泵、更换节温器、更换汽油泵、更换缸垫、更换传感器、更换散热器、更换冷凝器、曲轴修磨、气缸镗磨等。

（2）电气部分。修复蓄电池、加注制冷剂、更换鼓风机、更换仪表总成、检修电器控制系统、修理空调器和鼓风机等。

（3）底盘部分。自动变速器维修、手动变速器维修、ABS 维修、空气悬架维修、牵引控制系统维修、更换减振器、更换前后制动片、更换悬架胶套、更换车轮轴承、更换转向器、更换拉杆球头、更换转向助力泵、更换前悬架三角臂等。

（4）钣金喷漆。全车及局部钣金整形、喷漆等。

（5）汽车玻璃。更换、局部修复各部分汽车玻璃件等。

（6）轮毂、轮圈的修复。

（7）汽车内饰的修复。如修复仪表板、修复座椅等。

【案例 1-2】

香港的出租车多为丰田车或东风日产车，排量一般为 2.8 L 或 3.0 L，其中相当一部分为自动变速器车型，这样就出现了以维修自动变速器为主的企业。这些企业的维修车间装备了自动变速器综合性能实验台，将自动变速器安装上，前端接通动力，后端接通模拟负载，同时接通电路和油路，通过测试油压和读取数据流来诊断故障。这种专项维修企业维修质量好、速度快，特别受出租车司机的欢迎。

2．汽车养护

（1）常规保养。更换机油、防冻液，更换"四滤"（机油滤清器、汽油滤清器、空气滤清器、空调滤清器），蓄电池维护等。

（2）季节保养。夏季到来时进行空调制冷系统检测及加注制冷剂。

（3）深度保养。发动机不解体清洗、发动机维护、尾气排放检测保养、润滑系统免拆清洗、冷却系统免拆清洗、发动机舱线束的养护等。

3．汽车美容、护理

1）车表护理

车表护理包括无水洗车、泡沫精致洗车、全自动电脑洗车、底盘清洗、漆面污渍处理、漆面飞漆处理、新车开蜡、氧化层去除、漆面封蜡、漆面划痕处理、抛光翻新、金属件增亮、轮胎增亮防滑、玻璃抛光、轮毂清洁处理、外饰条清洗、发动机外部美容、划痕快速修复、汽车漆表的沥青、焦油的去除、汽车玻璃防雨防雾处理等。

2）内饰护理

顶篷去污翻新处理、车门衬板清洗、仪表盘清洗护理、桃木清洗、丝绒清洗、地毯除臭、塑料内饰清洗护理、真皮座椅清洗、全车皮革养护、内饰消毒等。

4．汽车装饰

（1）新车装饰。全车贴膜、铺地胶、安装挡泥板、加装扶手箱、桃木内饰、加装轮眉、更换铝合金圈、铺脚垫和坐垫、铺后备箱垫、加方向盘套等。

（2）高级装饰。加装真皮座椅等。

5．汽车改装

（1）外观改装。加装大包围、加装尾翼、加装鱼鳍天线等。

（2）性能提升。改装氙气灯、改四门电动窗、加装防盗遥控、加装一键启动等。

（3）影音系统。加装车载电视、加装 CD 或 DVD、加装喇叭、显示器等。

（4）先进电子装置。加装倒车雷达、倒车影像、车载电话、车载冰箱、轮胎气压监测系统、加装 GPS 导航、自动泊车系统等。

（5）防盗系统。防盗器、挡位锁、方向盘锁等。

6．轮胎服务

更换轮胎、轮胎动平衡、四轮定位、快速补胎、专业补胎、轮胎充氮气等。

7．汽车俱乐部

汽车俱乐部经办的业务主要包括：新车上牌、代办车辆证照、年检等；保险、理赔代理；协助处理本地或异地交通事故、交通违章等；维修代用车、汽车租赁等；为到外地旅游的顾客争取购物、住宿、娱乐、航空机票、接送、预定等方面的折让优惠；组织活动，如自驾游、试驾、大规模团购等。

8．二手车经营

二手车翻新处理、二手车交易及手续办理。

【知识拓展】

机动车强制报废标准规定

(2013 年 5 月 1 日施行)

第一条 为保障道路交通安全、鼓励技术进步、加快建设资源节约型、环境友好型社会,根据《中华人民共和国道路交通安全法》及其实施条例、《中华人民共和国大气污染防治法》、《中华人民共和国噪声污染防治法》,制定本规定。

第二条 根据机动车使用和安全技术、排放检验状况,国家对达到报废标准的机动车实施强制报废。

第三条 商务、公安、环境保护、发展改革等部门依据各自职责,负责报废机动车回收拆解监督管理、机动车强制报废标准执行有关工作。

第四条 已注册机动车有下列情形之一的应当强制报废,其所有人应当将机动车交售给报废机动车回收拆解企业,由报废机动车回收拆解企业按规定进行登记、拆解、销毁等处理,并将报废机动车登记证书、号牌、行驶证交公安机关交通管理部门注销:

(一)达到本规定第五条规定使用年限的;

(二)经修理和调整仍不符合机动车安全技术国家标准对在用车有关要求的;

(三)经修理和调整或者采用控制技术后,向大气排放污染物或者噪声仍不符合国家标准对在用车有关要求的;

(四)在检验有效期届满后连续 3 个机动车检验周期内未取得机动车检验合格标志的。

第五条 各类机动车使用年限分别如下:

(一)小、微型出租客运汽车使用 8 年,中型出租客运汽车使用 10 年,大型出租客运汽车使用 12 年;

(二)租赁载客汽车使用 15 年;

(三)小型教练载客汽车使用 10 年,中型教练载客汽车使用 12 年,大型教练载客汽车使用 15 年;

(四)公交客运汽车使用 13 年;

(五)其他小、微型营运载客汽车使用 10 年,大、中型营运载客汽车使用 15 年;

(六)专用校车使用 15 年;

(七)大、中型非营运载客汽车(大型轿车除外)使用 20 年;

(八)三轮汽车、装用单缸发动机的低速货车使用 9 年,装用多缸发动机的低速货车以及微型载货汽车使用 12 年,危险品运输载货汽车使用 10 年,其他载货汽车(包括半挂牵引车和全挂牵引车)使用 15 年;

(九)有载货功能的专项作业车使用 15 年,无载货功能的专项作业车使用 30 年;

(十)全挂车、危险品运输半挂车使用 10 年,集装箱半挂车 20 年,其他半挂车使用 15 年;

(十一)正三轮摩托车使用 12 年,其他摩托车使用 13 年。

对小、微型出租客运汽车(纯电动汽车除外)和摩托车,省、自治区、直辖市人民政府有关部门可结合本地实际情况，制定严于上述使用年限的规定，但小、微型出租客运汽车不得低于 6 年，正三轮摩托车不得低于 10 年，其他摩托车不得低于 11 年。

小、微型非营运载客汽车、大型非营运轿车、轮式专用机械车无使用年限限制。

机动车使用年限起始日期按照注册登记日期计算，但自出厂之日起超过 2 年未办理注册登记手续的，按照出厂日期计算。

第六条 变更使用性质或者转移登记的机动车应当按照下列有关要求确定使用年限和报废：

（一）营运载客汽车与非营运载客汽车相互转换的，按照营运载客汽车的规定报废，但小、微型非营运载客汽车和大型非营运轿车转为营运载客汽车的，应按照本规定附件 1 所列公式核算累计使用年限，且不得超过 15 年；

（二）不同类型的营运载客汽车相互转换，按照使用年限较严的规定报废；

（三）小、微型出租客运汽车和摩托车需要转出登记所属地省、自治区、直辖市范围的，按照使用年限较严的规定报废；

（四）危险品运输载货汽车、半挂车与其他载货汽车、半挂车相互转换的，按照危险品运输载货汽车、半挂车的规定报废。

距本规定要求使用年限 1 年以内（含 1 年）的机动车，不得变更使用性质、转移所有权或者转出登记地所属地市级行政区域。

第七条 国家对达到一定行驶里程的机动车引导报废。

达到下列行驶里程的机动车，其所有人可以将机动车交售给报废机动车回收拆解企业，由报废机动车回收拆解企业按规定进行登记、拆解、销毁等处理，并将报废的机动车登记证书、号牌、行驶证交公安机关交通管理部门注销：

（一）小、微型出租客运汽车行驶 60 万千米，中型出租客运汽车行驶 50 万千米，大型出租客运汽车行驶 60 万千米；

（二）租赁载客汽车行驶 60 万千米；

（三）小型和中型教练载客汽车行驶 50 万千米，大型教练载客汽车行驶 60 万千米；

（四）公交客运汽车行驶 40 万千米；

（五）其他小、微型营运载客汽车行驶 60 万千米，中型营运载客汽车行驶 50 万千米，大型营运载客汽车行驶 80 万千米；

（六）专用校车行驶 40 万千米；

（七）小、微型非营运载客汽车和大型非营运轿车行驶 60 万千米，中型非营运载客汽车行驶 50 万千米，大型非营运载客汽车行驶 60 万千米；

（八）微型载货汽车行驶 50 万千米，中、轻型载货汽车行驶 60 万千米，重型载货汽车（包括半挂牵引车和全挂牵引车）行驶 70 万千米，危险品运输载货汽车行驶 40 万千米，装用多缸发动机的低速货车行驶 30 万千米；

（九）专项作业车、轮式专用机械车行驶 50 万千米；

（十）正三轮摩托车行驶 10 万千米，其他摩托车行驶 12 万千米。

第八条 本规定所称机动车是指上道路行驶的汽车、挂车、摩托车和轮式专用机械车，非营运载客汽车是指个人或者单位不以获取利润为目的的自用载客汽车，危险品运输载货汽车是指专门用于运输剧毒化学品、爆炸品、放射性物品、腐蚀性物品等危险品的车辆；变更使用性质是指使用性质由营运转为非营运或者由非营运转为营运，小、微型出租、租赁、教练等不同类型的营运载客汽车之间的相互转换，以及危险品运输载货汽车转为其他载货汽车。本规定所称检验周期是指《中华人民共和国道路交通安全法实施条例》规定的机动车安全技术检验周期。

第九条　省、自治区、直辖市人民政府有关部门依据本规定第五条制定的小、微型出租客运汽车或者摩托车使用年限标准，应当及时向社会公布，并报国务院商务、公安、环境保护等部门备案。

第十条　上道路行驶拖拉机的报废标准规定另行制定。

第十一条　本规定自 2013 年 5 月 1 日起施行。2013 年 5 月 1 日前已达到本规定所列报废标准的，应当在 2014 年 4 月 30 日前予以报废。《关于发布〈汽车报废标准〉的通知》（国经贸经〔1997〕456 号）、《关于调整轻型载货汽车报废标准的通知》（国经贸经〔1998〕407 号）、《关于调整汽车报废标准若干规定的通知》（国经贸资源〔2000〕1202 号）、《关于印发〈农用运输车报废标准〉的通知》（国经贸资源〔2001〕234 号）、《摩托车报废标准暂行规定》（国家经贸委、发展计划委、公安部、环保总局令〔2002〕第 33 号）同时废止。

学习资源：

★中华人民共和国中央人民政府门户网站：http://www.gov.cn/

★中华人民共和国道路交通安全法实施条例网址：http://www.gov.cn/banshi/2005 -08/23/content_25579.htm

★《机动车交通事故责任强制保险条例》（2012 年修改版）全文网址：http://www.chinanews.com/gn/2012/04-30/3857068.shtml

★博世中国（汽车专业维修网络）：http://life.bosch.com.cn/cn/

模块一同步训练

一、判断题(打√或×)

1. 在美国，无论是新件还是修复件，有着相同的供应渠道，并规定，修复件或总成的使用寿命不低于甚至略高于新件或总成，而售价却大幅降低，从而充分保障了客户的利益。　　　　　　　　　　　　　　　　　　　　　　　　　　　　　　（　　）

2. 汽车快修连锁是国内汽车维修行业一个较好的发展方向。　　　　　　　　（　　）

3. 更换"三滤"(机滤、汽滤、空滤)属于季节性保养。　　　　　　　　　　（　　）

4. 汽车专项维修业户可以从事整车修理和总成修理。　　　　　　　　　　　（　　）

5. 国外先进的汽车维修企业都十分注重信息化。　　　　　　　　　　　　　（　　）

二、问答题

1. 论述我国维修企业的现状及发展对策。

2. 简述美国和日本的维修行业的各自现状。

3. 简述汽车维修行业的管理任务。

4. 简述汽车维修行业的管理内容。

5. 请给汽车维修企业进行分类。

三、能力训练

1. 对你所在城市中的汽车维修企业进行全方位的摸底调查，并且分别按照经营模式和经营项目进行分类，列出各种经营模式和各种经营项目的数量。

2. 假如你毕业后想自己创业，在学校附近开办一家小型的汽车维修企业，做专业维修或汽车养护，请对学校周边的各种维修企业的经营模式、人员、经营规模、同种企业的数量等情况进行市场调研，写出一个调研报告。

3. 针对一个小型维修企业进行调研，了解其客户群，寻找企业当前面临的问题，提出它的发展对策。

模块二　汽车维修企业管理及经营策略

知识目标：

　　了解现代汽车维修企业的管理职能；

　　了解企业组织机构设计的内容、步骤、方法，熟悉汽车维修企业常见组织机构形式；

　　清楚现代维修企业的经营理念和经营策略；

　　了解 ERP 管理思想和作用；

　　了解企业文化及构成要素，认识企业文化的价值，认识企业形象的特征与功能。

技能目标：

　　能够进行小型汽车维修企业组织机构设计；

　　能够思考并提出维修企业的经营策略；

　　能够对汽车维修企业进行企业文化与企业形象建设。

任务 1　了解现代汽车维修企业管理

2.1.1　现代汽车维修企业的管理职能

　　不同企业之间的各项业务内容千差万别，但从管理的角度分析，汽车维修企业管理的职能可以归纳为计划、组织、领导、激励、控制、协调和创新七项。

　　1. 计划职能

　　计划职能是企业管理的首要职能，是把企业的各种生产经营活动按照实现企业目标的要求，纳入统一的计划，对企业未来活动确定目标的途径与方法。广义的计划还包括研究和预测未来服务市场的变化，以及据此做出正确的决策，决定企业的经营目标和经营方针，并编制为实现企业目标服务的综合经营计划、各项专业活动的具体执行计划以及对计划执行情况进行的检查、分析、评价、修正等。计划职能在于确定企业的计划目标和制订计划，以便有计划地进行生产经营活动，保证企业经营目标的实现。计划为企业设计出一个行动蓝图，企业的一切工作都是围绕这一蓝图而展开的。计划的正确与否对企业活动的成败具有决定性的作用。

　　2. 组织职能

　　管理的组织职能是指按照制订的计划，把企业的劳动力、劳动资料和劳动对象，从生产分工协作的上下、左右关系、时间和空间的联结上合理地组织起来，组成一个协调一致的整体，使企业的人、财、物得到最合理有效的使用。

　　企业组织可分为管理机构组织、生产组织和劳动组织三部分。管理机构组织规定了企业管理的组织层次和组织系统，各个组织单位部门的职责分工以及相互关系。生产组织是对企业进行生产布局，将各个生产环节进行合理衔接。劳动组织规定了每个职工的职责分工及其相互关系。

3. 领导职能

为了保证企业的生产经营活动按计划、有组织地运转，企业的一切活动都必须服从统一的领导指挥，管理人员通过下达指示、命令和任务，使下属明确干什么、怎么干，这是现代社会化大生产的客观要求。领导的内容主要包括指导下属顺利地完成本职工作，与下属顺利地沟通信息，发挥下属的潜力，提高下属的素质和能力等。

领导的基本原则如下。

（1）目标协调原则。即指挥职工，使每个职工的工作都与企业的整体目标、计划要求相协调，为完成企业的任务而有效地工作。

（2）统一化原则。即领导要统一，命令要统一，避免多头领导。

领导的方式：强调运用管理权利，以命令、指示等进行指挥和领导的强制性方式；强调人际关系，反对强制性领导；强调以民主与行政命令相结合的方式进行指导、教育和激励，使被领导者产生自觉的工作热情、责任心和积极的思想政治工作。领导职能是各项职能中最富有挑战性和艺术性的职能。

4. 激励职能

激励职能是指激励和强化人们正确的动机，满足人们的合理需要，引导和改造人们的行为，使个人目标和企业目标趋向一致，从而使个人行为有利于企业目标的实现。

激励职能的有效实施：确定和研究激励的对象，坚持正确的激励原则，运用科学的激励方法和选择最佳的激励时机以充分发挥激励职能的作用。

5. 控制职能

管理的控制职能是指根据经营目标、计划、标准以及经济原则对企业的生产经营活动及其成果进行监督、检查，使之符合于计划以及为消除实际和计划之间的差异所进行的管理活动。控制的目的和要求在于把生产经营活动及其实际成果与计划、标准做比较，发现差异，找出问题并查明原因，及时采取纠正措施加以消除，防止再度发生。控制职能是一项规范性和政策性很强的职能。

控制过程包括制定控制标准、衡量实际结果、比较分析差异及采取措施纠正偏差。控制的目的在于保证企业的实际生产经营活动及其成果同预期的目标一致，使企业的活动过程始终处于良性运动状态。

6. 协调职能

管理的协调职能是指为完成企业计划任务而对企业内外各部门、各环节的活动加以统一调节。它的目的就是为了使各种活动不发生矛盾或相互重复，保证相互间建立良好的配合关系，以实现共同的目标。协调可分为垂直协调和水平协调，对内协调和对外协调。垂直协调是指各级领导人员和各职能部门之间的纵向协调；水平协调是指企业内各专业、各部门、各单位之间的横向协调。对内协调是指企业内部的协调活动；对外协调是指企业对外部环境的协调，如企业与国家、企业与其他生产经济单位之间的协调活动。

7. 创新职能

管理工作是一项创造性劳动，是对现代企业管理者的本职要求。创新职能的基本点在于提高管理者所从事的生产经营管理系统的效率。

上述几项管理职能是相互关联、相互制约的,其中计划职能是管理的首要职能,是组织、领导、激励、控制、协调和创新职能的依据和目标;组织、领导、激励、控制、协调和创新是企业有效管理的重要环节和必要手段,是计划及其目标得以实现的保障。只有统一协调管理的各项职能,使其前后关联、连续一致地形成整体管理活动,才能保证企业管理工作的顺利进行和组织目标的实现。

2.1.2　管理者的素质要求

企业管理者的素质要求具体体现在品德、知识、能力、身体与心理素质等几个方面。

1. 企业管理者的品德素质

企业管理者不仅要有强烈的事业心,更要具有崇高的品德。强烈的事业心是驱使企业家努力工作、追求企业不断发展的内在动力;在企业管理者道德方面,企业管理者必须正确对待环境保护、公共卫生、公共秩序等问题,必须对企业出资者、员工、消费者和社会负责;企业管理者必须具有良好的工作作风,尊重科学,重视民主,知人善任。

2. 企业管理者的知识素质

企业管理者的知识素质是企业管理者决策能力、创新能力和指挥能力的基础。现代企业的发展对企业管理者提出了很高的知识素质要求。

1) 专业基础知识

专业基础知识是指企业管理者所从事与行业和专业有关的基础知识。例如,一个汽车维修企业的经营者必须具备一定的汽车和机电知识,一个网络公司的经营者必须具备一定程度的网络专业知识。

2) 专业知识

企业管理者的专业知识主要有两部分:一是企业经营管理科学,包括生产管理、营销管理、财务管理、人力资源管理、会计、资本运营管理等方面的专业知识及全面质量管理、目标管理、价值管理、系统工程、网络技术等现代化管理方法;二是组织行为学,企业管理者应该掌握组织运行的一般规律和具体某一组织的特征,应具备一定的组织行为科学知识。

3) 经济学和法律学知识

掌握相关的经济学知识是对企业管理者素质的基本要求,主要包括投资、金融、税收、统计、对外贸易等方面的知识。

企业管理者应当掌握的经济法律知识主要包括公司法、税收法、合同法、证券法、银行法、会计法、统计法等方面的知识;相关的法律知识主要指计量法、专利法、商标法、知识产权法、环境保护法、劳动法等方面的知识。

3. 企业管理者的能力素质

1) 决策能力

决策能力是企业管理者能力的核心部分。市场经济是充满风险的经济,要求企业管理者能根据外部经营环境和内部经营实力的变化,适时、正确地做出各种战略性经营决策。决策能力是企业管理者观察能力、判断能力、分析能力以及决断能力的综合体现。企业管理者必须在平时的学习和工作过程中日积月累，提高决策能力。

2）组织能力

组织能力是指企业管理者在一定的内外部环境和条件下，有效组织和配置企业现存的各个生产要素，使之服务于企业经营目标的能力。企业管理者通过自身的特殊劳动，将其他生产要素加以有效地配置和组织，以充分发挥各种生产要素的潜能。组织能力具体包括组织设计能力、组织分析能力和组织变革能力。组织设计能力是指企业管理者能根据企业实际情况，设计出良好的组织管理模式框架；组织分析能力是指企业管理者能对现行的企业组织管理结构进行正确的分析、评价和判断；组织变革能力是指企业管理者能对现行组织结构进行革新的能力，包括组织方案的设计和方案的实施能力。

3）控制能力

控制能力是指企业管理者通过运用各种经济、行政、法律手段来保证企业经营目标如期实现的能力，包括差异发现能力和监控能力两个方面。差异发现能力是指企业管理者及时、充分地发现企业经营实际运行与预定目标之间差距的能力，差异发现能力是整个控制能力的基础。监控能力是企业管理者紧紧围绕企业经营目标，密切关注和监控各方面运行状况，将企业实际运行和预定目标之间的差异控制在最小范围内的能力。

4. 企业管理者的身体与心理素质

1）身体素质

身体素质主要包括体力、智力和精力。企业管理者的劳动是特殊性质的复杂劳动，需要支出比一般性劳动更多的体力、智力和精力，这就要求企业管理者要身体健壮、高智力、精力充沛。

2）心理素质

为了应对各种紧急突发事件、困难和挫折，要求企业管理者意志坚强、冷静处理、临危不乱，具有良好的心理素质和心理承受能力。

2.1.3 现代维修企业的管理要素

做好现代维修企业的管理，要重点管理好以下八个要素。

1. 管理

管理被称为企业的命脉，可见管理在企业中的重要性。管理的内容很多，现代汽车维修企业尤其应注意的是坚持管理制度化、管理程序规范化的原则，并注重细节，企业才能做大做强。

1）管理制度化

没有规矩不成方圆。汽车维修企业应有一系列管理制度，从劳动纪律、员工守则、配件采购制度到财务管理制度等，这些是企业的基础管理。

有了规章制度，企业所有员工均要按照规章制度办事。在有些企业里，管理者的文化素质偏低，他们也制定了一系列管理制度，但他们的管理不是依靠规章制度，而是局限于家族式管理，在制度面前讲人情，讲血缘关系，不能对员工一视同仁，影响了员工的积极性。

企业要做大做强，靠家族式管理、靠人情、靠讲血缘关系是行不通的。企业的管理制度是约束每个人的，包括企业老板。只有一切按制度办事，企业才能强盛。

2）管理程序规范化

管理要按照规范进行，管理规范化应贯穿于维修服务的全过程。企业的服务流程管理是企业最重要的管理内容之一，一个清晰、简练、规范的服务流程，带给顾客的是方便和快捷，带给员工的是效率和方向，带给企业的是形象和效益。

世界上一些著名的汽车生产商都十分注重服务流程的建设，大众公司推出了"服务核心流程"，丰田公司推出了"七步法服务程序"，通用公司提出了"卓越服务流程"。

3）细节决定成败

在市场竞争日益激烈的今天，企业间的维修水平、服务水平和价格差异越来越小，这时细节就显得尤为重要。现在很多企业十分重视细节，"天下难事，必作于易；天下大事，必作于细"。很多汽车维修企业墙上都挂有"100−1＝0"之类的标语。一个细节没处理好会影响整个维修工作，影响客户满意度。

2. 人力资源

人力资源被称为企业的心脏。在市场经济条件下，人力资源管理呈现出了新的特点，给管理带来了新的问题。

1）企业劳动力素质发生了根本变化

汽车维修的高科技化要求企业劳动力素质也应提高，而目前我国既懂维修企业管理又懂技术的人才不多，导致了企业之间相互出高价争夺高素质人才。传统的维修管理和技术人才由于知识老化、技术落后，已不能适应现代汽车维修的需要。他们中的一部分将被淘汰，一部分将加快知识和技术更新，跟上企业发展的需要。另外陆续地有经过专业培训、掌握先进维修诊断技术的高等职业院校的毕业生充实到维修队伍中来，他们中的一部分人经过一段时间的实践，有的已成为企业优秀的管理人才和技术人才，从而使企业劳动力素质发生了根本变化。

2）人际关系将发生新的变化

现代企业内部的人际关系是一种沟通关系，老板和员工之间应是沟通、合作的关系。员工通过企业发挥自己的才能，实现自己的价值。老板要通过自己的投资与员工的劳动获得企业利润，员工和老板是一种新型的双赢关系。目前在很多地方的汽车维修企业中出现了老板让出部分股份给员工的现象。

3）人力资源管理需要人性化

人具有自然属性和社会属性，企业要建立符合人性化的管理，创造适合人性的工作氛围，培植满足人性发展的土壤。企业管理者要开诚布公、互相理解、倾听意见、关心生活、加强沟通，使企业成为富有人情味的机构，让员工发挥他们最大的潜能。

3. 市场

汽车售后市场一向被经济学家称为汽车产业链上最大的利润"奶酪"，很多人对此虎视眈眈。汽车维修企业需要在管理和服务上下工夫，努力达到一流水平，才能在售后市场竞争中立于不败之地。在市场经济下，汽车维修企业要树立以下新观念：

1）市场观念

树立一切以市场为导向、为市场提供服务、向市场要效益的观念。目前的汽车维修市场经营范围广阔，现代汽车维修企业已不是传统意义上的汽车修理厂了，它又被赋予了新的内涵，它的业务范围又有了新的拓展，汽车售后市场所涉及的内容应是现代汽车维修企业经营的项目，这些经营项目就是我们的市场。

2）竞争观念

汽车维修市场经营范围广阔，利润可观，越来越多的人从事到这一行业中来，汽车维修进入了一个更新换代的时代，市场竞争日益激烈，企业要在竞争中生存必须按照市场规律去运行，用市场规律来指导日常经营活动。

3）风险观念

市场经济下要承受风险，企业的经营过程事实上就是风险管理的过程。企业在日常生产经营过程中主要受到市场风险、社会风险、自然风险的干扰，这些风险因素都会对企业的经营活动造成很大的影响。企业管理的一项重要功能就是分析风险可能的干扰程度，采取积极的避险措施，去追求风险收益。树立风险意识就是要求企业管理者具有危机意识，能够认识风险，合理回避风险。

4. 资金

资金是企业的血液，离开了资金企业无法生存。企业的资金组成呈现多元化，国有、集体、民营、股份制、中外合资、外资等多种形式并存。

5. 技术

技术是企业的大脑，一个优秀的企业应是一个技术领先的企业。企业的技术领先主要表现在以下两个方面。

1）掌握先进的汽车维修技术

目前我们维修的汽车已发展成为由几十个计算机、传感器组成，集电子计算机技术、光纤传导技术、新材料技术等先进技术为一体的高科技集成物，现代汽车维修有大量故障是要处理计算机控制方面的问题，世界上的车型有几千种，计算机控制形式有几百种，控制计算机有发动机计算机、自动变速器计算机、ABS计算机、牵引力控制计算机、安全气囊计算机、防盗计算机、空调计算机，其他如卫星导航系统、车载电话等高科技产品也已经或正在成为标配。这些高端产品需要掌握先进技术的人才来诊断和维修，这种人才要有文化、懂英语、通原理、会仪器、明白计算机，还要有一定的实践经验，国外把这种人才称为汽车维修工程师和汽车维修技师。

2）具有先进的维修体制

汽车可以说是机电一体化的产品，现代汽车维修要求维修体制跟上汽车技术发展的需要，现在需要的是机电一体化的维修作业组织。只掌握机修或只掌握电工，已不能满足现代新技术发展的需要。

6. 设备

汽车技术的发展日新月异，汽车维修也从过去传统的机械维修、经验判断，转变为电控技术维修和以仪器检测诊断为主的高科技维修，设备在现代汽车维修中发挥着越来越重要的作用。设备的选择、使用呈现以下特点。

1）重视使用先进的仪器

大多数企业已经认识到现代维修是高科技的维修，应借助先进的检测仪器进行诊断。

企业也愿意在仪器设备上投资。

2）不再贪大求全，耗费巨资

先进的检测仪器、维修资料价值很高，需要企业用科学的方法来选型、购置、管理、使用。过去一些新建的修理厂在设备选购上，为了在设备规模上压倒本地同行，不惜花巨资购置大量设备，贪大求全，结果很多设备束之高阁，造成物资积压、资金周转困难。现在很多企业已认识到设备最关键的作用是为客户解决问题，否则设备投资再大也是徒劳。

3）高科技设备需要高技术人才

维修高科技设备需要掌握先进技术的技师来诊断和维修，借助的工具是先进的检测仪器、维修资料等。掌握先进技术的技师需要科学使用，以发挥其最大作用，并利用他们为企业带起一批优秀的员工。

4）使用计算机管理系统

企业运用计算机进行管理，可以节约人力，提高效率，堵塞漏洞，提高企业形象，在客户面前展现一个依靠科技进行管理的形象。

7. 配件

由于汽车质量的不断提高及汽车上使用的电子产品不断增多，传统的维修项目如水泵修理、刮水器电动机修理等将逐步减少或消失，取而代之的将是以换件为主的修理模式。客户对汽车维修质量要求的提高及现代高效率、快节奏的时间要求，促使配件管理也必须跟上汽车维修发展的步伐。

对汽车维修企业来说，零配件销售在汽车维修产值中占 60%～70%，是企业获利的主要来源。零配件的备料速度、采购快慢、准确与否，直接关系到车辆维修工期，影响客户满意度和企业的效益。而目前随着维修市场车型的不断增多，各种车型的配件数量不计其数，任何一个企业都不可能拥有所有的配件，即使是单一车型的配件也很难做到。这样在客户满意度、企业的效益和配件库存之间将产生矛盾，科学的配件管理是解决这一矛盾的关键。

8. 信息

信息是企业的神经，市场信息瞬息万变，企业管理者必须牢固树立信息观念，重视信息的及时性、充分性和有效性，将信息管理放在企业经营管理的重要位置。只有紧盯市场信息，不放过任何一个可供利用的市场机会，才能在市场竞争中立于不败之地。

信息对企业管理者决策有极其重要的作用。海尔集团的张瑞敏曾说过：厂长要有三只眼，一只眼看外，一只眼看内，一只眼看政府。说得就是信息的重要性，一只眼看外是看外部信息，一只眼看政府是看政府的政策法规信息。

随着现代电子信息技术在各个行业的广泛应用，汽车维修企业管理也有了很大的提高，商务信息、互联网技术已成为汽车维修业管理者的强大助手，车辆的进出厂记录、维修过程、客户档案、材料管理、生产现场管理、财务管理、人事管理逐步实现微机化，不断提高了管理水平。通过管理可以提高客户满意度，降低内部费用，激励员工工作积极性，实现企业利润最大化。

任务2　初识汽车维修企业组织机构

企业的组织机构就像人体的骨骼系统，是企业实现战略目标和构造核心竞争力的载体，也是企业员工发挥各自优势获得自身发展的平台。

一个好的组织机构可以让企业员工步调一致，同心协力向着一个目标迈进。一个不合理的组织机构能使企业组织效率降低，内耗增加，影响企业的成功和发展目标的实现。

组织机构设置要遵循以下三条原则。

（1）组织机构目标要明确。

（2）组织机构的各功能模块要清晰。

（3）组织机构分工要明确。

2.2.1　企业组织机构设计

1. 企业组织机构设计的具体内容

（1）根据企业的目标要求，建立一个合理的组织结构。

（2）按照专业性质进行分工，赋予各部门及人员的职责范围。

（3）按照规定的责任，赋予各部门及人员以相应的职权。

（4）规定上下级、同级、不同部门的人员之间纵横的领导或协作关系，建立信息沟通的正常渠道。

（5）为各岗位分配、选用适合岗位要求的人员。

（6）对各类人员进行培训，建立奖惩的办法，激励其工作积极性，使组织正常运行，并发挥预定的效能。

2. 企业组织机构设计的具体步骤

一个汽车维修企业的组织机构设计，必须按照一定的程序才能高效地运行。现在我国汽车维修企业经营方式具有多样性，经营规模大小不一，但每一个企业的组织设计步骤大致相同。

（1）根据企业物流的流程，确定最优化的总体业务流程。目前我国流行的四位一体的汽车品牌维修站中，企业物流的过程包括整车销售、配件供应、汽车的定期维护与修理、信息反馈。可见，企业的业务流程是整车销售和服务维修两大部分。

（2）按照总体业务流程，本着优化的原则，设计各个岗位。汽车服务维修可采用团队模式，以达到使客户满意的目的。团队中设置汽车维修工、电工、技术顾问等岗位，以便能解决现代汽车的维修技术问题。在维修站中，还应设置钣金、汽车美容等特殊岗位。

（3）规定各岗位人员的素质要求，确定各岗位所需员工的数量。

（4）设计控制业务流程的组织机构。该机构与主体业务配套，设置前台服务、财务、配件工具库机构。

3. 企业组织机构设置的方法

（1）按工作划分工作部门。首先根据分工协作和效率优先的原则，将汽车维修企业划分为业务接待、维修、质量检验、配件采购管理、会计结算、生活接待等。

（2）建立部门。把相近的工作归在一起，在此基础上建立相应部门。根据生产规模的大小，一些部门可以合并，也可以分开。汽车维修企业常见的部门有业务接待部、配件部、维修车间、技术部、办公室、财务部等。

（3）确定管理层次。即确定一个上级直接指挥的下级部门的数目。

（4）确定职权关系。确定各级部门管理者的职务、责任和权力范围。

2.2.2 汽车维修企业常见组织机构形式

1. 一般汽车维修企业常见组织机构形式

1）一类整车维修企业

一类整车维修企业规模较大、人员较多、专业化程度较高，其组织机构如图2-1所示。

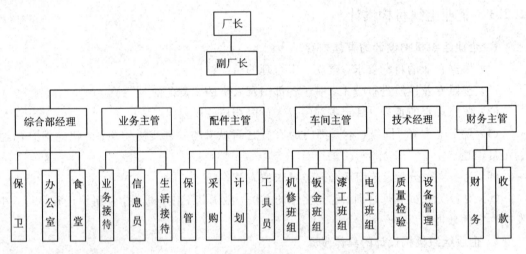

图2-1 一类整车维修企业组织机构图

2）二类整车维修企业

二类整车维修企业组织机构如图2-2所示。

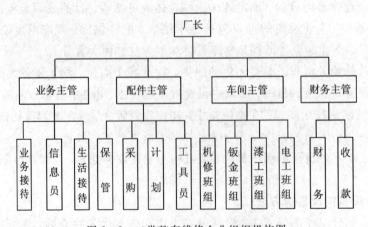

图2-2 二类整车维修企业组织机构图

3）汽车专项维修业户

汽车专项维修业户是主要从事专项修理或维护的企业，一些岗位可以兼职，其组织机构比较简单，如图2-3所示。

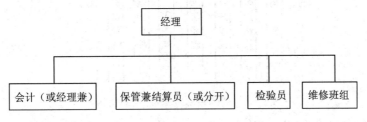

图2-3　汽车专项维修业户组织机构图

2. 3S特约服务站常见组织机构形式

3S特约服务站常见组织机构如图2-4所示。

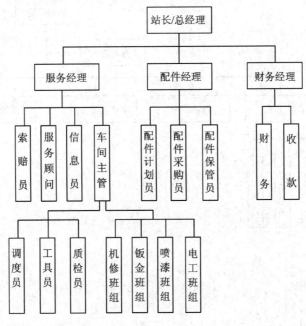

图2-4　3S特约服务站常见组织机构图

3. 4S特约服务站常见组织机构形式

一般的4S特约服务站组织机构形式大同小异，下面以一个通用雪佛兰4S店的组织机构为例进行说明。如图2-5所示为通用雪佛兰4S店组织机构图。一般划分为八个业务部门，各部门经理直接向总经理汇报。

总经理岗位描述：总经理负责公司整体规划及运营，负责公司资金的合理调配。负责公司销售，是售后工作的高层管理者，领导并协调各部门完成绩效目标，负责完成公司董事会目标。负责建立和实施人员激励机制，提高员工忠诚度，创建高素质、高效率的团队。负责处理重大突发性事件。

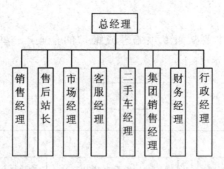

图 2-5 通用雪佛兰 4S 店组织机构图

（1）销售部组织机构（关键部门）如图 2-6 所示。销售部是经销商获得利润的核心部门。销售经理是销售部的管理者，是销售部全部工作的直接责任人，负责培养、激励和考核团队成员，并带领团队完成利润、销售、客户满意度等各项指标。

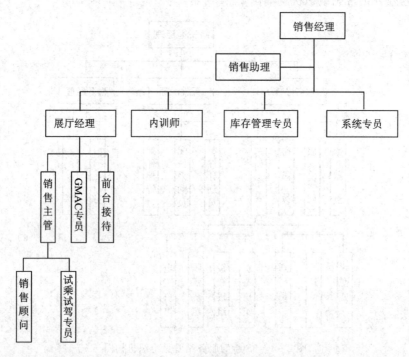

图 2-6 销售部组织机构

（2）售后服务中心组织机构（关键部门）如图 2-7 所示。售后服务中心是经销商获得长期稳定利润的部门，售后站长是售后服务中心日常管理工作的最高负责人，对售后服务中心整体运营、管理、服务运作情况负责，领导并协调各相关职能部门完成各项业绩目标，建立、培养和完善一支高素质、高效率的团队。

从图 2-7 可以看出，配件部组织机构隶属于售后服务中心。配件业务是特约售后服务中心日常运作的重要环节，配件部门也是为企业创造利润的主要部门，为了保证配件运作管理体系的良性发展，各特约售后服务中心需要设置配件部门并配备合格人员，以支撑售后服务中心的正常运转。

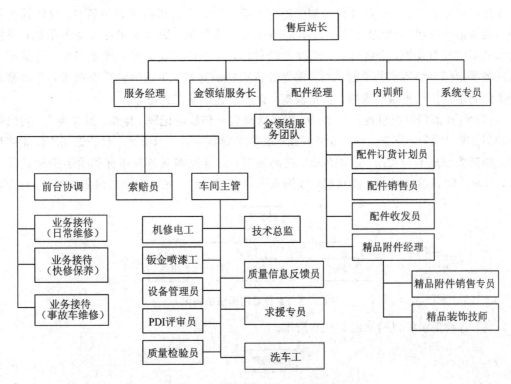

图 2-7　售后服务中心组织机构

(3) 市场部组织机构(关键部门)比较简单,市场经理岗位下设一个市场专员岗位。市场部是经销商当地市场传播和推广的策划和执行部门,是当地公共关系、品牌良好口碑维护的部门。

(4) 客户服务部组织机构(关键部门)如图 2-8 所示。客户服务部的职能主要包括客户回访、客户意见反馈(含投诉处理)、客户服务信息传递(含业务活动推广、提醒服务等)、客户拓展业务办理(含客户保险续保、客户车辆年审等)以及客户关系维护等。该部门是客户关系管理中心,是公司贯彻客户关系管理理念、进行客户生命周期管理、维护良好客户体验的部门。

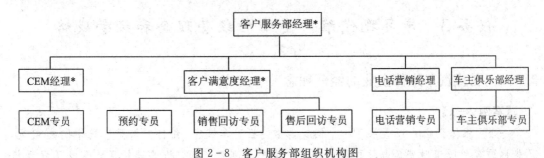

图 2-8　客户服务部组织机构图

(5) 二手车经营部。二手车经营部主要负责二手车的业务(收购、认证、销售)和置换业务(以旧换新、以旧换旧)。二手车经营部主要负责人是二手车经理。基本岗位由 4 个全职岗位组成:二手车经理、评估师、销售顾问、销售助理。

(6) 集团销售部。根据当地需要设置,有的雪佛兰 4S 店没有设置。该部门开展集团销售业务,主要是为了增强品牌在当地的辐射效应,提升产品和品牌的知名度。集团销售经理负责协助品牌经理/副总经理制订本部门年度销售目标、满意度指标等业务指标;根据公司的年度经营计划,分解月度、季度经营目标,并制订完成标准和实施考核;将品牌下达的各项指标分解落实并贯彻执行,确保经营指标的达成;主动研究厂家政策,并根据品牌实际制定集团销售营销策略、价格政策,提升品牌市场占有份额。

(7)财务部门组织机构见图 2-9。财务管理要从传统的记账、算账、报表为主,转向财务控制、项目预算、资金运作、业务开拓、决策支持等主动运营上来。财务管理不仅能够帮助经销商控制成本与费用、控制风险、提高利润,而且能够对盈利指标和营运指标进行分析,全面反映目前的财务运营状况,预测未来的发展趋势,在管理中起到非常重要的作用。

图 2-9　财务部门组织机构图

(8)行政部组织机构如图 2-10 所示。

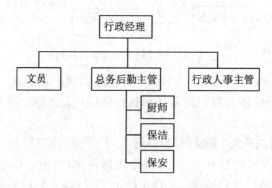

图 2-10　行政部组织机构图

连锁加盟店组织机构的设置可参考整车维修二类维修企业的组织机构进行设置。

任务3　学习现代维修企业的经营理念和经营战略

2.3.1　现代汽车维修企业的经营理念

【案例 2-1】

一小型维修企业用 15 元买了一个假冒伪劣的三菱车机滤,维修时按原厂配件收费 80 元,还告诉顾客免收工时费。当时顾客很高兴。结果车刚跑几天,机滤就堵了,造成了发动机烧瓦。后来经维修管理部门鉴定,修理厂赔偿了客户 2 万多元,从此该厂的信誉扫地。

1. 诚信经营

人无信不立,国无信不威。同样,诚信是企业的立身之本,企业不诚实守信,就不能在社会上立足和发展。

富兰克林有句至理名言："信誉也是金钱"。信誉从诚信而来，诚信是企业的无形资产，有诚信才能树立企业形象，提升企业竞争力，为企业带来实实在在的长远利益。

一些维修企业受眼前利益驱动，采用配件以次充好、小故障大修理、乱收费等欺诈手段坑骗消费者，从中谋取暴利，侵害消费者权益。其实从长远看这些维修企业的做法既损害了企业自身利益，同时也损害了整个汽车维修企业的声誉。现在汽车维修市场竞争日益激烈，消费者自我保护意识不断加强，欺诈手段等于是自掘坟墓。

守信更是市场经济的必要条件和内在要求，它从某种意义上说也是契约经济。在市场经济的运转链条中，无论是生产、交换，还是分配、消费，哪一个环节都离不开信用。

【案例 2-2】

"小拇指"再次被认定为浙江省知名商号

2013 年 2 月 1 日 千龙网

2013 年 1 月 15 日，"小拇指"品牌被浙江省工商行政管理局认定为 2012 年度浙江省知名商号。"小拇指"自 2004 年成立以来，就一直坚持"诚信从小开始、品质源自细节、伙伴分享快乐"的企业文化，为当时羸弱混乱的汽车后市场注入了诚信的价值理念，并成为首家提出"终身质保、全国联保"的汽车维修连锁企业，建立了整个汽车后市场的服务标杆。完善的加盟服务体系以及品牌管理体系，正在持续提升"小拇指"的品牌号召力，品牌影响力日益凸显。

杭州小拇指汽车维修科技股份有限公司是一家拥有 500 多家加盟商的连锁经营企业，是中国特许连锁百强企业，以 49 道工序的漆面修补技术领跑汽车后服务市场，首创汽车微修理念，连续两届被评为最具成长特许经营 50 强的连锁品牌，蝉联三届中国优秀特许加盟品牌，也是唯一入选杭州市高新技术企业称号的汽车维修连锁企业。自 2004 年创办以来，"小拇指"一直是品质和效率的代名词，赢得了加盟商一致好评，开二店（即原加盟商择地再开新店）的加盟商比例高达 35% 左右，高出行业平均水平 20 多个百分点，每天为 3000 多部车辆提供"多快好省"的特色服务，维修记录已达 180 万辆次，消费者满意度一直保持在 98% 以上。

2. 以顾客满意为中心

没有客户，企业就没有了利益，这是谁都明白的道理。企业要想有效益，企业的一切工作必须以客户满意为中心。目前维修企业的服务对象已从原来低文化、低素质、好糊弄的客户，转变为高素质、高文化、自我保护意识逐步提高的客户，需要用优质服务面对这样的客户。然而，现实不是这样简单，客户越来越多地将更多的东西看作是理所当然。因此，成功的服务不仅仅是优质服务，而是包括更多的内容，如现代化的经营理念、管理思想、服务理念和服务流程等，这一切都要以客户满意为中心。

显而易见，维修企业的服务宗旨是让客户满意。提高客户的满意不仅有利于公司的兴旺发达，而且有利于提高员工的满意度，因为员工也希望有一个和谐、愉快的工作环境，因此提高客户满意获利的是客户、企业和员工。

【案例 2-3】

美国有一家维修厂，他们有一条服务理念非常有意思，叫做"先修理人，再修理车"。

客户的车坏了，他的心情会非常不好，应该先关心这个人的心情，然后再关心车的维修，不能只修理车，而不关心人的感受。

3. 以人为本

要办好企业就要全心全意依靠员工，企业老板和员工之间不应仅是雇用与被雇用的关系，员工与老板之间应该是一种沟通和合作的关系，老板投资金钱和有形资产，员工投资智慧等无形资产，老板与员工组成了企业的总资产，共同创造财富，实现双赢的目的。

4. 管理创新

管理创新是指企业把新的管理要素（如新的管理方法、新的管理手段、新的管理模式等）或要素组合引入企业管理系统，以更有效地实现组织目标的创新活动。

根据一个完整的管理创新过程中创新重点的不同，可将管理创新划分为管理观念创新、管理手段创新和管理技巧创新。

（1）管理观念创新是指形成能够比以前更好地适应环境的变化并更有效地利用资源的新概念或新构想的活动。

（2）管理手段创新是指创建能够比以前更好地利用资源的各种组织形式和工具的活动。

（3）管理技巧创新是指在管理过程中为了更好地实施、调整观念、修改制度、重组机构，或更好地进行制度培训和贯彻落实员工思想教育等活动所进行的创新。

通过管理创新，建立新的管理制度，形成新的组织模式，实现新的资源整合，从而建立起企业效益增长的长效机制。

5. 塑造品牌

在竞争日益激烈的汽车维修市场中，企业要生存发展只靠技术、质量、价格是不行的，更重要的是靠品牌。同样的价格、同样的服务，有的企业生意兴隆，有的企业门庭冷落，这就是品牌的价值。

品牌是一种无形资产，会给企业带来持久的效益。当新客户对企业不了解，在需要维修汽车时，会认定品牌来维修，当其认定品牌后，会帮助企业宣传，给企业带来新客户。品牌的形成不是"一日之功"，也不是"一寸之功"，更不是"一嘴之功"，品牌的形成是一个循序渐进的过程、一个创造过程，包括构思、设计、塑造、传播和保护等内容。品牌的塑造需要企业管理者具有高水平的现代经营理念和文化素质，需要全体员工的忠诚、关心、呵护和共同塑造。品牌的塑造需要持久的诚信服务、持久的质量、持久的优质服务、良好的企业形象以及企业文化来支持。

【案例 2-4】

2005 年"十一"长假之际，一汽大众再次推出某车型"永久关爱"服务，遵循某车型全球同步的服务标准，为客户进行免费检测，并将已进行了两次的某车型服务固定为一汽大众某车型的服务项目，通过统一标识和平面广告将此服务品牌化，提升了维修企业及经销商的品牌形象。

6. 超越竞争

竞争是市场经济贯彻优胜劣汰法则的主要手段，成功的企业和优秀的管理者本身就是竞争的产物。在竞争日趋激烈的市场上，寻求持久、稳定性的增长是一件非常困难的事情。当我们身陷激烈的竞争中时，企业的管理者要制定一整套应对市场的竞争策略。

但也要注意，未来的时代是一个高度竞争、合作的时代，因此不要轻易树立敌人互相攻击、降低价格，否则受损害的是竞争双方。企业要从客户端来做，让客户感动，让客户享受的是信誉而不是口头承诺，接受的是价值而不是价格。一味地恶性竞争而不提高企业综合水平的企业终将被客户抛弃，打败它的不是竞争对手，而是企业自己。

2.3.2 经营战略形式

目前的社会是市场经济社会，依市场开拓方式划分的战略形式有以下几种。

1. 市场渗透战略

市场渗透战略是企业在原有市场的基础上采取各种改进措施，逐渐扩大经营业务，以取得更大的市场份额。这种战略的核心是提高原有的市场占有率。其中具体的实施方法如下：

（1）通过扩大广告宣传等促销活动，增加产品的知名度，使客户对本企业有更多的了解。让老客户享受企业更多的服务，并不断增加新客户。

（2）通过降低生产成本，采取降价的办法吸引新客户，刺激老客户更多的消费。这种战略一般适用于市场需求较稳定、产品处于成长或刚进入成熟阶段的企业。

2. 市场开发战略

市场开发战略是企业利用原有产品来争取新的市场和消费者群体，以达到发展的目的。这一战略的目的是在保持现有产品及销售的前提下，另辟蹊径，为现有产品寻找新市场、潜在用户。具体实施方法如下。

（1）寻找新市场。将原有的产品投放到更广阔的地区，如开辟新的销售网点与渠道，将维修企业连锁店由一线城市开到二线或三线城市，由北方推向南方等措施。

（2）寻找潜在客户。通过建立客户群并进行研究分析，寻找可能成为消费者的群体，并针对此群体制定相应的营销策略。

3. 产品开发战略

产品开发战略是以不断改进原有产品或开发新产品的方法扩大企业原有的市场销售量。其战略主要方法如下：

（1）改善老产品。随着经济发展，人们需求层次不断提高，产品的需求日益多样化，产品更新速度加快。维修企业需要不断改进服务产品的形式，使维修服务更能满足客户的需要。如许多维修企业为了提高客户的满意度而规范维修服务流程，制定标准服务规范等。

（2）开发新产品。企业通过自己的研发能力或引进新技术开发新产品，然后运用老产品的销售网和渠道及老产品的品牌效应进入市场。维修企业通过自己的实力及市场的需要，开展新的服务项目或服务形式。如维修企业为维修客户提供上门取车和送车服务，有的4S店开展二手车置换、汽车租赁、保险理赔、一站式服务等新的服务项目。

4. 多样化经营战略

多样化经营是指企业同时提供两种以上的服务，以求达到最佳经济效益的一种经营战略。汽车维修行业的经营项目很多，有汽车专项维修、汽车养护、汽车美容护理、汽车装饰、汽车改装等，与汽车维修相关的行业有汽车销售、汽车俱乐部、汽车租赁、二手车经营等，这些都是维修企业可以涉足的。

2.3.3 适合汽车维修企业的五种经营战略模式

综观世界范围内的维修企业，绝大多数是中小型企业。同大型企业相比，中小型企业具有资金少、筹资能力弱、经营范围小等特点，在人才、技术、管理上缺乏优势，较难抗击风险。但是中小型企业组织规模简单，决策较快，生产经营动机灵活，企业的经营成败更多地取决于经营者个人的能力。根据以上特点，中小型企业宜采用的战略大致有以下几种。

1. "精、专"的经营战略

所谓"精、专"的经营战略是指企业的专业化经营，也就是单一产品经营战略。对于资金实力、生产能力较弱的中小型企业来说，将有限的资源投入到"精、专"业务上，集中精力于目标市场的经营，可以更好地在市场竞争中站稳脚跟。具体地讲，企业可以集中人力、物力、财力将某种业务做精、做好、做细。通过采用新技术、新工艺、新方法、新材料、新设备等方式，不断进行管理、技术创新，在同行业中始终处于管理、技术、服务领先水平。

"精、专"的经营战略就是"小而专"、"小而精"战略，不搞小而全，但求精与专，力争产品的精尖化、专业化。采用这种战略的关键是首先选准产品和目标市场，其次要致力于提高维修质量和技术创新。

【案例 2 - 5】

老李原来在一家维修厂（国企）做了 20 多年的变速器维修，企业一改制，老李下岗了。对于以后的发展老李琢磨了好多天，觉得自己干了这么多年的变速器维修，在本地维修行业内也算小有名气。于是他筹集资金，买了设备，招了几名工人，成立了一家"变速器维修公司"。凭借老李在当地维修行业内的影响力及其精专的维修水平，不到两年，企业便发展壮大，年收入达 100 万元，成为当地有名的变速器专项维修业户。老李靠其精而专的技术最终取得了成功。

2. 寻找市场空隙战略

寻找市场空隙战略就是采取机动灵活的经营方式，进入那些市场容量小、其他企业不愿意、不便于或尚未进入的行业或地区进行发展。这种经营方式非常适合中小企业，在自身实力较弱、资源有限的情况下，在开辟市场领域时，应在被大企业忽略的市场空隙和边缘地带寻觅商机，对客户确实需要的产品和项目，利用灵活的机制去占领市场，赢得用户。进入市场空隙后，可视具体情况而定，或是扩大生产，向集中化、专业化发展或是在别的企业随之进入后迅速撤离，另寻新的市场空隙。

【案例 2 - 6】

山东某地以盛产蓝宝石闻名于世，20 世纪 90 年代初的时候，很多人纷至沓来，投资兴建蓝宝石采集厂。有一位干过几年维修工的外地人来到当地打工，看到好多采矿的矿主都开着高档轿车，而当时当地却无高档汽车修理厂，车主只能到几百公里以外的城市维修。他经过反复思考分析后，决定干自己的老本行——修车。于是找了一位合伙人，在房租价格极其便宜的县城租了一间房进行高档汽车维修。县城消费较低，各方面成本低，加上经营有方，短短几年，靠给矿主修车，企业迅速发展了起来，于是他又在当地买了地，扩大了经营规模，成了当地最大、最有名的维修厂。该老板就是看准了偏远山区的市场空隙及需求，利用当地资源将自己的企业做大做强的。

3. 联合经营战略

联合经营战略是企业间实现多种形式合作的战略，适用于实力弱、技术水平差、难以形成大企业规模优势的中小型企业。联合经营的企业可在平等互利的基础上联合起来，取长补短，共同开发市场，以求得生存与发展。

4. 经营特色战略

经营特色战略是指企业所经营的产品或服务具有与众不同的特色。中小型企业利用其离市场近、较易接近顾客的特点，可以在产品的设计、性能、质量、售后服务、销售方式等方面突出特色。具有某种经营特色能使企业在竞争中处于有利地位，使同行业的现有企业、新进入者和替代产品都难以在这个特定领域与之抗衡。特色产品(服务)有较高的利润率，但往往要以提高成本为代价，因为要增加设计和特色产品(服务)以吸引客户。

5. 特许经营战略

所谓特许经营战略是指大企业向小企业提供产品、服务或品牌在特定范围内的经营权。

特许经营战略已成为大型企业与小企业之间合作的一种主要形式。在特许经营中，大企业按照合同对小企业进行监督和指导，有时给予必要的资金援助。小企业也应按合同规定经营，不任意改变经营项目。

特许经营的最大优点是将灵活性与规模经营统一起来，将小企业的优势与大企业的专业能力和资源结合在一起。小企业可以和大企业共享品牌、信息和客户资源，共同获得并扩张同一品牌的知名度。通过特许经营，小企业的经营者得到了培训，熟悉了市场，获得了业务知识和技术诀窍，从而使经营战略风险降低。特许经营的缺点在于企业自由发挥的经营余地不大，利润水平低。

目前我们熟悉的汽车特约维修服务站(4S店)、汽车维修连锁店就属于特许经营。汽车特约维修服务站是汽车生产厂商低成本扩张的有效途径之一，经营模式包含服务品牌的特许、经营模式的特许、修理技术的特许和原厂配件的特许。汽车维修连锁店是大企业许可小企业在一定时期内以大企业的名义设立企业，并采用大企业的经营模式。

任务4 认识汽车维修企业资源计划(ERP)

企业资源计划ERP是以软件为载体融入价值链、供应链、全面质量管理和准时制造等先进的管理思想，以潜变手段促进机制演进，对企业业务流程进行重组优化，形成计划、作业和反馈三环相扣的闭环控制系统。

今天的ERP已不仅是一种软件产品的名称，更是一种现代化的经营管理模式和理念，不仅在制造业企业，在各行都可以获得很好的应用，在企业的管理、竞争、信息化建设等方面发挥着巨大的作用。

2.4.1 ERP 的产生

自从19世纪初产业革命从英国开始以后，手工业作坊迅速向工厂生产的方向发展，随之出现了制造业。到20世纪初，泰勒的科学管理和福特的T型车流水生产线，把制造业推向了更高的层次——生产规模越来越大，组织管理越来越严密，生产效率不断提高，社会财富大量增加。同时，科学管理也使人们看到了过去制造业中存在的浪费和潜力，并开始探索提高制造业潜能的途径。

20世纪初产生的订货点法(order point)是一种传统的库存管理技术，在20世纪40年代得到了广泛的应用，至今在库存管理的应用中仍占有一定份额(约20%)。订货点是一个库存水平，如果现有库存量加上现有订货量低于订货点时，则要求补充库存，产生订货单。通过设置合理的订货点，可以有效地预防缺货，控制库存。

20世纪60年代人们在研究需求分类的基础上，在计算机上实现了"物料需求计划"即MRP（Material Requirements Planning）。一开始，MRP只是作为一种库存控制技术应用，它可在数周内拟定零件需求的详细报告，补充订货及调整原有的订货，以满足生产变化的需求。到了20世纪70年代，为了及时调整需求和计划，出现了具有反馈功能的闭环MRP，把财务子系统和生产子系统结合为一体，采用计划—执行—反馈的管理逻辑，有效地对生产各项资源进行规划和控制，从此MRP逐步发展成为一种新的计划管理技术。

20世纪80年代后期，人们又将生产活动中的主要环节与闭环MRP合成为一个系统，成为管理企业的一种综合性制定计划工具。美国Olive Wight公司把这种综合的管理技术称之为"制造资源计划"（MRPⅡ，Manufacturing Resources Planning）。它可在周密的计划下有效地利用各种制造资源，控制资金占用，缩短生产周期，降低成本。采用MRPⅡ之后，一般可在以下方面取得明显的效果：库存资金降低15%～40%，资金周转次数提高50%～200%，库存盘点误差率降低到1%～2%，短缺件减少60%～80%，劳动生产率提高5%～15%，加班工作量减少10%～30%，按期交货率达90%～98%，成本下降7%～12%，采购费用降低5%左右，利润增加5%～10%等。此外，可使管理人员从复杂的事务中解脱出来，真正把精力放在提高管理水平上，解决管理中的实质性问题。到了20世纪80年代末，社会从工业经济时代步入了知识经济时代，企业的外部环境发生了很大变化。如市场竞争激烈，卖方市场成为买方市场，客户需求多样化，产品生命周期缩短及全球趋于一体化等。为了适应市场的需求，企业在不断完善其内部生产管理的同时，发现仅靠自己企业的资源不可能有效地参与市场竞争，而必须把经营过程的有关各方如供应商、客户、制造工厂、分销网络等纳入一个紧密的供应链中。

为了满足企业在知识经济时代的市场竞争要求，解决企业面向全社会资源怎样进行有效利用与管理的新课题，20世纪90年代初，美国Gartner Group公司在"制造资源计划"（MRPⅡ）的基础上，提出了覆盖范围更加广泛的"企业资源计划"（ERP，Enterprise Resources Planning）。

2.4.2 ERP系统的基本原理

ERP作为企业管理思想，它是一种新型的管理模式，而作为一种管理工具，它又是一套先进的计算机管理系统。

1. ERP系统的基本概念

ERP是一种基于供应链的管理思想，它在MRP、MRPⅡ的基础上扩展了管理范围，给出了新的结构，把客户需求和企业内部的制造活动以及供应商的制造资源整合在一起，以提高企业对各种资源的运作能力。

ERP的基本思想是将企业的业务流程看作一个紧密连接的供应链，其中包括供应商、制造工厂、分销网络和客户等。将企业内部划分成几个相互协同作业的支持子系统，如财务、市场营销、生产制造、质量控制、服务维护、工程技术等，还包括对竞争对手的监视管理。理解ERP概念时，应注意以下几点：

（1）ERP不只是一个软件系统，也是一个集组织模型、企业规范、信息技术、实施方法于一体的综合管理应用体系。

（2）ERP 使得企业的管理核心从"在正确的时间制造和销售正确的产品"，转移到了"在最佳的时间和地点，获得企业的最大利润"。这种管理方法和手段的应用范围也从制造企业扩展到了其他行业。

（3）ERP 从满足动态监控发展到引入商务智能，使得以往简单的事务处理系统变成了真正具有智能化的管理控制系统。

（4）从软件结构而言，现在的 ERP 必须能够适应互联网的要求，可以支持跨平台、多组织的应用，并和电子商务的应用具有广泛的数据及业务编辑接口。

因此，今天的 ERP 就是要通过信息技术等手段，实现企业内部资源的共享和协同，克服企业中的制约，使得企业业务流程无缝、平滑地衔接，从而提高管理的效率和业务的精确度，降低交易成本，提高企业的盈利能力。就本质而言，ERP 是企业管理发展到一定阶段的核心理念和技术。

2. ERP 系统的基本模块结构

根据 ERP 的基本概念和思想，ERP 系统涵盖了整个企业内部和供应链上信息的管理。

在考虑 ERP 的功能模块时，应该首先意识到 ERP 是由 MRP 及 MRP Ⅱ 发展而来的，三者的关系是不同层次企业应用的不同解决方案，后者是对企业新需求的补充。ERP 系统与 MRP 和 MPP Ⅱ 相比，它在前两者的基础上增加了质量控制、服务与维护、投资管理、风险管理、决策管理、获利分析、人事管理、实验室管理、项目管理、配方管理等，从更广阔的范围和深度上为企业提供了更丰富的管理功能和管理工具，从而实现了全球范围内的多工厂、多地点的跨国经营与运作。

事实上，当前一些国际领先的 ERP 软件不但具备上述功能，而且早已经超出了制造业的应用范围，成为了具有广泛应用范围且适应性很强的企业管理信息系统。

2.4.3 ERP 管理思想

ERP 管理思想的核心是实现对整个供应链和企业内部业务流程的有效管理，主要体现在以下三个方面。

1. 对整个供应链进行管理的思想

在知识经济时代，随着市场竞争的加剧，传统的企业组织和生产模式已不能适应发展的需要。企业的整个经营过程与整个供应链中的各个参与者都有紧密的联系。企业不能单独依靠传统的竞争模式，以自身的力量来参与市场竞争。要在竞争中处于优势，必须将供应商、制造厂商、分销商、客户等纳入一个衔接紧密的供应链中，这样才能合理有效地安排企业的产供销活动，满足企业利用全社会一切市场资源进行高效的生产经营的需求，以期进一步提高效率，并在市场上赢得竞争优势。简而言之，现代企业的竞争不再是单个企业间的竞争，而是一个企业供应链与另一个企业供应链的竞争。ERP 实现了企业对整个供应链的管理，这正符合了企业竞争的要求。

2. 精益生产、敏捷制造和同步工程的思想

与 MRP Ⅱ 相比，ERP 支持混合型生产系统，在 ERP 中体现了先进的现代管理思想和方法。其管理思想主要体现在两方面。一方面表现在"精益生产"，即企业按大批量生产方式组织生产时，纳入生产体系的客户、销售代理商、供应商以及协作单位与企业的关系已不是简单的业务往来，而是一种利益共享的合作关系。基于这种合作关系组成企业的供应链，这就是"精益生产"的核心。另一个方面，表现在"敏捷制造"，即企业面临特定的市场和产品需求，在原有的合作伙伴不一定能够满足新产品开发生产的情况下，企业通过组织一个由特定供应商和销售渠道组成的短期或一次性的供应链，形成"虚拟工厂"，把供应和协作单位看成企业组织的一部分，运用"同步工程"组织生产，用最短的时间将产品打入市场，同时保持产品的高质量、多样化和灵活性。这就是"敏捷制造"的核心，计算机网络的迅速发展为"敏捷制造"的实现提供了条件。

3. 事先计划和事中控制的思想

在企业的管理过程中，控制往往是企业的薄弱环节，很多企业在控制方面由于信息的滞后，使得信息流、资金流、物流不同步，企业控制更多的是事后控制。ERP 的应用改变了这种状况，ERP 系统中体现了事先计划和事中控制的思想。ERP 的计划体系主要包括主生产计划、物料需求计划、能力计划、采购计划、销售执行计划、利润计划、财务预算和人力资源计划等，并且这些计划功能和价值控制功能已经完全集成到了整个供应链中。ERP 事先定义了事务处理的相关会计核算科目与核算方式，以便在事务处理发生的同时自动生成会计核算分录，从而保证了资金流与物流的同步记录和数据的一致性。根据财务资金的状况追溯资金的流向，也可追溯相关的业务活动，这样改变了以往资金流信息滞后于物流信息的状况，便于实施事务处理进程中的控制与决策。此外，计划、事务处理、控制与决策功能，都要在整个供应链中实现。ERP 要求每个流程业务过程最大限度地发挥人的工作积极性和责任心。因为流程与流程之间的衔接要求人与人之间的合作，这样才能使组织管理机构从金字塔式结构转向扁平化结构，这种组织机构提高了企业对外部环境变化的响应速度。

2.4.4　ERP 的作用

ERP 之所以得到许多企业的认可，是因为 ERP 的使用给企业带来了切实的效益。

1. 定量方面

（1）降低库存。这是人们说得最多的。因为它可使一般用户的库存下降 $30\% \sim 50\%$，库存投资减少 $40\% \sim 50\%$，库存周转率提高 50%。

（2）按期交货，提高服务质量。当库存减少并稳定的时候，用户服务的水平提高了，使用 ERP 的企业按期交货率平均提高 55%，误期率平均降低 35%，按期交货率可达 90%，这就使销售部门的信誉大大提高。

（3）缩短采购提前期。采购人员有了及时准确的生产计划信息，就能集中精力进行价值分析、货源选择、研究谈判策略、了解生产问题。缩短采购时间，节省采购费用，可使采购提前期缩短 50%。

（4）提高劳动生产率。由于零件需求的透明度提高，计划也作了改进，能够做到及时与准确，零件也能以更合理的速度准时到达。因此，生产线上的停工待料现象将会大大减少。停工待料减少 60%，提高劳动生产率 $5\% \sim 15\%$。

（5）降低成本。由于库存费用下降、劳动力的节约、采购费用节省等一系列人、财、物的效应，必然会引起生产成本的降低，可使制造成本降低 12%。

（6）管理水平提高。管理人员减少 10%，生产能力提高 $10\% \sim 15\%$。

2. 定性方面

（1）ERP 的应用简化了工作程序，加快了反应速度。以前业务部接到客户订单，必须通过电话、传真或电子邮件与相关机构联系，才能决定是否接受订单，这种询问环节数量多、周期长，经常贻误商机。而采用 ERP 之后，业务人员只要查询一下企业的生产状况、库存情况，就可以作出是否接受订单的决策，从而掌握了最佳的时效，并及时对企业生产计划做出调整。

（2）ERP 的应用保证了数据的正确性、及时性。有很多企业对自身情况了解得不很清楚，如当前的库存到底为多少、预算的执行情况如何、销售计划的完成情况等。如果应用 ERP，就可以解决这些问题。以往有许多资料是企业几个部门所共有的，但是共享数据由于种种原因而存在误差，产生了不一致性。要发现到底是哪个环节出现问题很困难，在 ERP 环境下，数据信息的键入只需一次，各个需要数据的部门通过公共的数据库就可实现数据信息的共享。这使得数据的管理和维护大为方便，而且数据的一致性也得到了保证。

（3）ERP 的应用增加了收益。企业各环节的沟通都在网上进行，许多事务性的工作流程被消除，从而减少了管理费用。由于对信息掌握能力的加强和对市场需求变化的迅速反应，公司可以增进与供应商、经销商、客户的联系，从而提高客户的满意度。另外，生产成本的降低以及生产能力的提高，使公司可以及时给顾客提供高品质的产品或服务，巩固和加强企业形象和竞争力。

（4）提高了适应市场变化的应变能力。企业内部各部门、各车间的信息能互相交换、资料共享，打破了部门之间、车间之间信息分割、资料多元、相互封锁的局面，形成了统一的信息流。由于信息统一，从市场到产品，从产品到计划，从计划到执行，最后将信息反馈到企业高层决策，大大提高了决策的可靠性，提高了适应市场变化的应变能力。

（5）由于实行了统一的计划、统一的信息管理，部门之间、车间之间相互矛盾减少，相互理解增多，开会、讨论也减少。管理人员从日常事务中得到解放，可专心致力于本部门业务的研究，实现规范化和科学化的管理。

（6）生产环境出现变化，手工操作、手工传递信息逐步减少，代之以信息自动输出，计算机报表显示。

2.4.5　汽车维修企业的 ERP 管理

为保证汽车的维修品质和汽车零配件管理等复杂的系统管理，建立相应汽车技术管理的网络体系和采用 ERP 管理是当务之急。

1. 维修企业 ERP 管理软件介绍

目前适用于汽车维修企业的 ERP 管理软件有很多，如笛威欧亚汽车维修 ERP 管理软件、德召文汽车 4S 全能 ERP 管理软件、北京天地纵横"至商 ERP 企业管理软件系统"、新业 4S 店管理软件、自由风汽车 4S 店管理软件等。这些软件的功能大致相同，有的软件还可以根据维修企业的特殊需求定制某些适合自己企业的独特功能。

笛威欧亚汽车科技公司早在 1994 年就开始从事汽车维修企业管理软件开发，并率先在中国的汽车维修领域推动信息化工作，是国内最早从事软件开发的企业之一。公司拥有一批全国著名汽车维修企业管理专家。软件汇集了上千家维修企业管理经验，融入了汽车维修界管理专家的思想理念，目前已推出了单机版、标准版、4S 版、网络标准版、连锁网络版等，已经形成了适应大、中、小、4S 等不同经营规模的企业管理软件。笛威欧亚的汽车维修管理软件取得了市场和行业的广泛认同。近 20 年来，在全国有上万家汽车维修企业使用笛威欧亚的软件进行企业管理，全国有几十所汽车类中、高职职业院校开设笛威欧亚的管理软件课程。经过了多年的市场考验，超过 5000 家汽车维修企业实证。该软件专业性强，首创了将汽修、汽配、技术资料库、人才网全程信息化操作，为企业提供了全新的管理模式。

北京德召文软件技术开发有限公司创建于 2006 年，是目前国内专门从事汽车服务管理软件开发、并拥有独立知识产权的专业软件公司。目前该公司主要从事汽修汽配软件、汽车 4S 软件、汽车 4S 管理软件、汽车修理软件、汽车服务软件、汽车服务连锁软件、汽车快修软件、汽车美容软件等软件的研发、销售、技术支持及信息化咨询。

2. 汽车销售与服务全能 ERP 系统功能

1）4S 管理系统的结构

以北京德召文汽车销售与服务全能 ERP 系统（4S 管理系统）为例进行软件说明，4S 管理系统的结构如图 2-11 所示。其功能模块主要包括以下几部分。

（1）汽车维修。

（2）财务管理。

（3）快修美容装潢。

（4）客户关系管理。

（5）人事行政。

（6）商品库存管理。

（7）代办服务。

（8）汽车贸易。

另外，管理系统还有系统维护功能模块。

有的 4S 系统还会有"呼叫中心"模块（任务分配、电话营销、话务分析）。

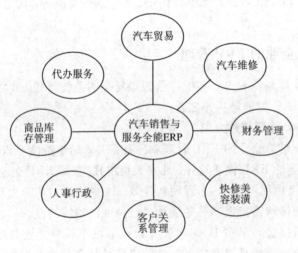

图 2-11　4S 管理系统的结构

以上 4S 管理系统中各个模块所管理的内容如图 2-12 所示。

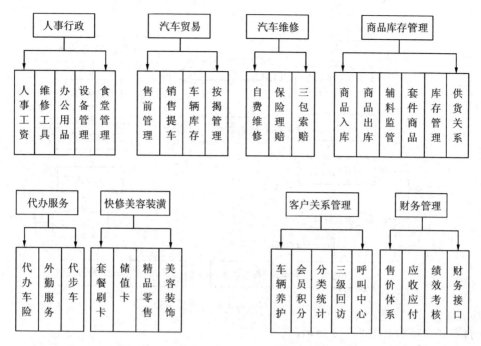

图 2-12　4S管理系统中各个模块所管理的内容

2）几个主要模块流程介绍

（1）汽车贸易。汽车贸易模块流程如图 2-13 所示。

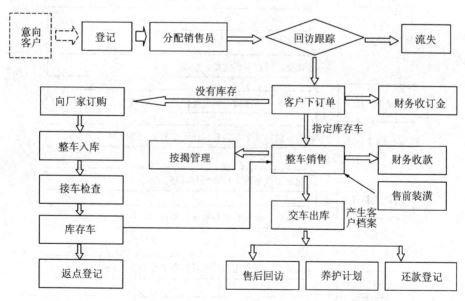

图 2-13　汽车贸易模块流程

（2）汽车维修。汽车修理主要包括自修、索赔维修、保险理赔维修。

① 自费维修和索赔维修。自费维修与索赔一起接车，事故车的维修分开接车，其流程如图 2-14 所示。

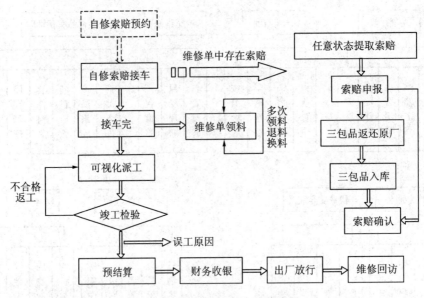

图 2-14 自修与索赔车接待流程

自费维修特征如图 2-15 所示。

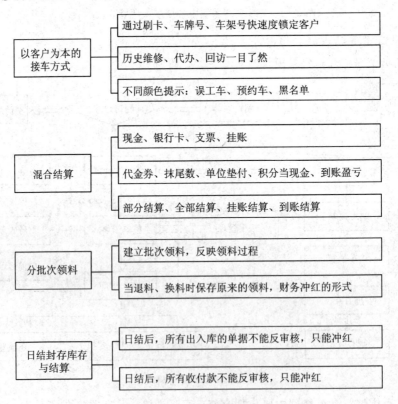

图 2-15 自费维修特征

② 保险理赔维修。保险理赔维修可以包括多方事故车，包括事故照片、状态图等。其流程图如图 2-16 所示。

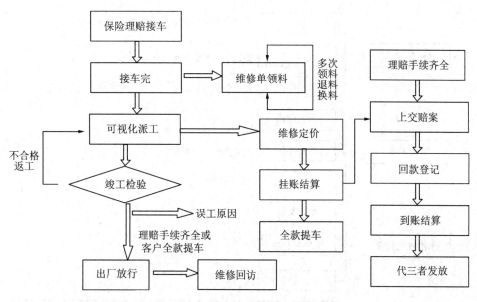

图 2-16　保险理赔维修流程

事故车维修特征如图 2-17 所示。

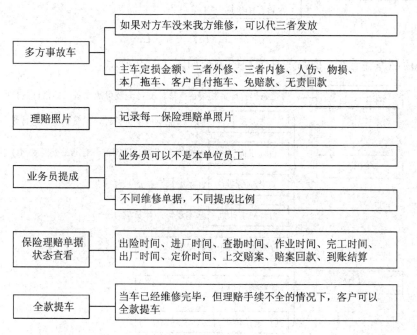

图 2-17　事故车维修特征

（3）快修美容。该管理系统提供客户快修美容消费通道，在一个界面，可以处理多个服务项目（如美容、装潢）、精品零售、各类卡处理（如入会、套餐销售、套餐消费、储值卡销售与充值），如图 2-18 所示。

客户快修美容消费通道的好处是一个界面可完成所有业务，模拟快修美容店的前台，自己开单、自己收银，并提供超市小票打印。

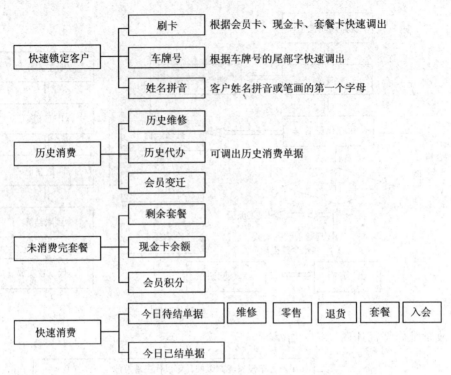

图 2-18 快修美容特征

（4）商品库存管理。商品库存管理的特征如图 2-19 所示。

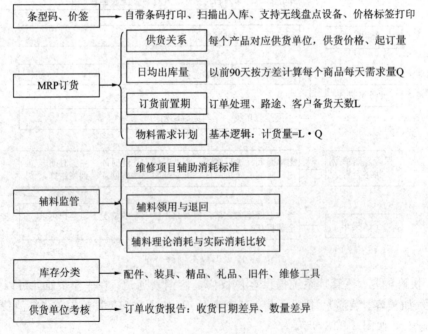

图 2-19 商品库存管理的特征

（5）客户关系管理。客户分类及会员积分如图 2-20 所示。卡体系如图 2-21 所示。回访体系如图 2-22 所示。

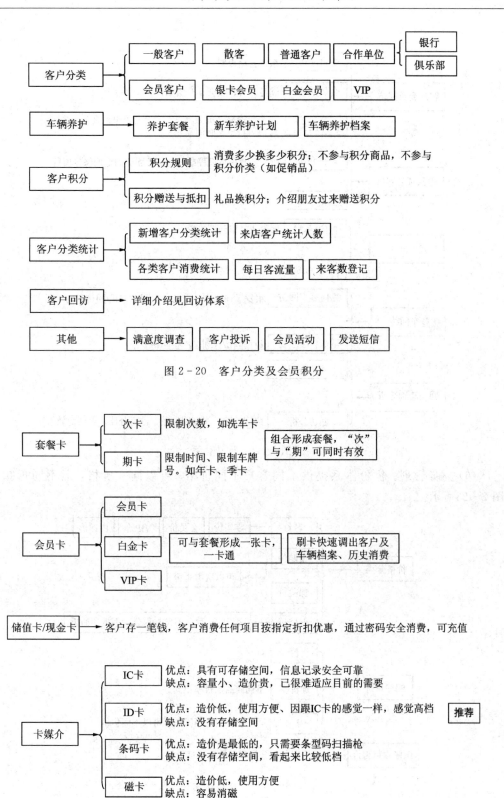

图 2-20 客户分类及会员积分

图 2-21 卡体系

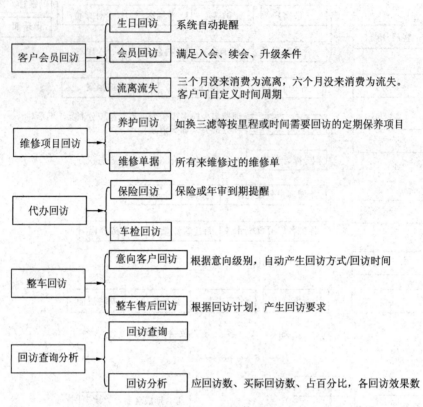

图 2-22　回访体系

（6）财务管理。售价体系提供不同客户不同价格；可以同一价格，但不同折扣，如图 2-23所示。

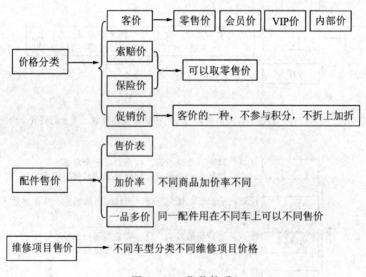

图 2-23　售价体系

前台结算提供多种方式的混合结算，如图 2-24 所示。

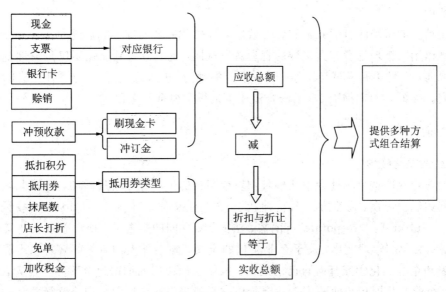

图 2-24　前台结算

客户挂账可以部分挂账，部分回款，回款盈亏。还提供委托外协加工结算、代销结算、应付款结算。

2.4.6　汽车维修企业使用计算机管理系统的功用

（1）即时了解零配件的入库、出库、销售情况，便于企业做好零配件销售管理，实现合理库存。

（2）对车辆维修和零配件销售统一标价，取代自由度大的手工打价，便于企业的标准化管理。

（3）详细准确地记录客户的基本情况和车辆的技术数据，记录维修过程的工艺流程，为车辆维修提供技术参考，便于企业做好客户服务管理和车辆维修管理。

（4）利用计算机管理系统和网络搜集相关维修资料，对员工进行维修培训，在网上直接进行维修技术的求助及交流，解决了维修资料缺乏、技术手段落后的难题。

（5）量化员工绩效，使员工工资和本职工作挂钩，提高员工的工作积极性。

计算机管理系统特别适合汽车维修企业，运用计算机管理系统进行管理已成为现代汽车维修企业和汽车配件企业管理水平的重要标志。

任务 5　现代汽车维修企业文化建设

20 世纪 80 年代以来，世界管理学认为企业文化是决定现代企业效率高低的重要因素，每一个成功企业都有其独特的企业文化。美国著名的《财富》杂志曾在扉页上写道："没有强大的企业文化，没有卓越的企业价值观、企业精神和企业哲学信仰，再高明的企业经营战略也无法成功。"还有一些西方的学者预言，文化就是未来的经济，要进一步推动企业的发展，要想真正成为世界一流的企业，就需借助文化的竞争力，并且指出：许多跨国企业，诸如可口可乐公司、肯德基公司等，与其说它们是在进行产品营销，还不如说它们是在进行文化营销。

　　文化给企业带来的有形效益和无形效应，给社会带来的冲击和震撼是不可估量的。文化的这种作用已被理论者和大多数的管理者所认同，他们意识到文化不仅是一种企业灵魂的价值取向，一种感召人献身工作、献身事业的动力，更应该把它作为一种先进的管理方法来研究。然而，目前国内汽车维修企业还不是很重视企业文化。

2.5.1　企业文化

1. 企业文化概念

　　人们在企业的这个小社会中从事着物质或精神的生产经营管理活动，必然会逐步形成某种共同的职业习惯、思维方式和精神状态。"企业文化（Corporate Culture）"一词，源于美式英语"Culture"，"Corporate"有团体、法人的、共同的等含义，所以企业文化又称公司文化、组织文化和管理文化。关于企业文化的定义，国内外大约有 400 多种，几乎每一个管理学家和企业文化学家都有自己的定义。虽然人们使用的词语组合不同，但基本含义是一致的，企业文化即指企业职工在一定价值体系指导下，在长期生产经营管理活动中形成的，共同拥有的企业理想、信念、价值观和行为模式的总和。

　　企业文化是企业的精神财富和灵魂，是企业凝聚力和向心力的来源，是企业职工的精神支柱。

2. 企业文化的层次结构

　　企业文化的层次结构应该有以下三个层面：

　　（1）核心层。核心层是企业的精神文化，包括企业道德、企业目标、企业精神、企业价值观等。

　　（2）中间层。中间层是指企业的制度文化，包括企业规章制度、管理方法、组织机构等。

　　（3）外围层。外围层是指企业的物质文化，包括企业员工的作风、精神风貌、人际交往方式、厂区环境、厂服等。

　　以上三个层面中外围的物质文化是基础，中间的制度文化是关键，核心的精神文化是灵魂。

【案例 2 - 7】

丰田企业文化的五个核心

　　丰田文化的核心在于五个方面：挑战、持续改善、现地现物、尊重员工、团队合作，如图 2 - 25 所示。

　　1）挑战

　　丰田自从诞生之日起，就在不断地挑战自己的极限。第二次大战之后，日本工业一片萧条，但就在这时，丰田汽车公司创始人丰田喜一郎就提出三年赶上美国的目标，他们知道如果一味地模仿美国的生产管理方式，只会永远跟在别人背后，于是大胆创新，成就了今天的丰田生产方式 TPS。仅仅二十年时间，丰田的生产效率从美国同行的八分之一提高到美国同行的五倍。

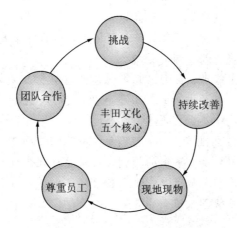

图 2-25 丰田企业文化的五个核心

2000 年，丰田进一步挑战自我，提出三年内削减 30% 成本的战略目标，开始实施降低成本的"CCC21"活动，3C 代表"Construction of Cost Competitiveness"即构筑成本竞争力。丰田以汽车的 173 种主要零部件为对象，通过重新整合设计、生产、采购及供应商平台基本实现了该目标。

2) 持续改善

在丰田，平均每年每人提交 75 个以上的改善提案，而且超过 99% 的提案得到了实施。在丰田人看来，现状永远都是最差的，明天一定要比今天更好。对于丰田来说，每一个员工都是问题的解决者，他们全都根据自己的岗位要求受过严格系统的培训，掌握了不同程度的解决问题技能，完全能够承担起自己工作范围内的职责。

所以，在丰田生产线上设计了一种安灯系统(Andon，也称暗灯，是一种现代企业的信息管理工具，Andon 系统能够收集生产线上有关设备和质量管理等与生产有关的信息，加以处理后，控制分布于车间各处的灯光和声音报警系统，从而实现生产信息的透明化)，任何一个人只要发现异常情况，他/她都可以凭自己的判断决定拉下安灯，让生产线停下来，使问题得到解决，避免将问题产品流入下道工序。正是这样的行为方式帮助丰田建立了一个问题曝光系统，普通员工像管理者一样思考，每天都去解决现场面临的问题，推动企业不断进步。

3) 现地现物

丰田喜一郎有一句名言："每天洗手次数不超过 3 次的技术人员根本算不上称职。"他的意思是说，技术人员整天坐在办公室里是造不出好产品的，因为他无法了解现场的实际生产情况。丰田文化倡导无论职位高低，每个人都要深入现场，彻底了解事情发生的真实情况，基于事实进行管理，才不会使决策偏离实际。正因如此，丰田这样大规模的企业才可以有效避免"官僚主义"。

2009 年刚上任的总裁丰田章男誓言"做离前线最近的总裁"，就是带头实践丰田文化"现地现物"，深入市场、生产、研发等一线现场，他相信管理最基本的原则就是同员工一起思考、发展，这样才能在工作的每一阶段构造品质。

4) 尊重员工

尊重员工就是相信每一个员工都贡献于企业，创造一个组织环境，使人人都能真正发挥自己的才能，这一点丰田做到了。丰田倡导仆从领导的文化，领导者不是高高在上发号施令者，也不是生杀予夺的法官，而是教练与顾问。他们的使命就是协助下属来完成任务，对他们来说更多的是责任与义务，而不是权力。

在丰田，员工实行自主管理，在组织的职责范围内自行其是，不必担心因工作上的失误而受到惩罚，相反将问题揭示出来的员工还会受到表扬，出错一定有其内在的原因，只要找到原因施以对策，下次就不会出现了。

丰田的员工有非常强的职业安全感，他们每年获取稳定的薪酬增长，由于效率高于同行，整体薪酬水平也较同行要高，系统的培训、轮岗也让他们快速掌握工作技能，人人参与管理，获取很高的工作乐趣与成就感。即便在经济不好时也不用担心，因为丰田不会随意裁人，即使要裁也首先是管理人员薪水，轮不到普通员工身上。

5）团队合作

随着企业的组织规模越来越庞大，管理变得越来越复杂，大部分工作都需要依靠团队合作来完成。在丰田，灵活的团队工作已经变成了一种最常见的组织形式，有时候同一个人同时分属于不同的团队，负责完成不同的任务。

大型的团队合作莫过于丰田的新产品发展计划，该计划由一个庞大的团队负责推动，团队成员来自各个不同的部门，有营销、设计、工程、制造、采购等，他们在同一个团队中协同作战，大大缩短了新产品推出的时间，而且质量更高、成本更低，因为从一开始很多问题就得到了充分的考虑，在问题带来麻烦之前就已经被专业人员所解决。

小型的合作团队则是一线的每一个生产单元，5 到 8 人一组，组成一个基本生产团队，由一个团队领导带领，成员间互相协助共同完成生产任务。不同于国内很多企业实行计件工资，员工各自为政独立完成工作。

正是以上五项最典型的丰田文化，最终带领丰田走向了卓越。

3. 企业文化的构成要素

1）企业文化的构成

按照美国学者特伦斯·E·狄尔与艾伦·A·肯尼迪合著的《企业文化》中的观点，企业文化包括以下五个要素。

（1）企业环境。企业环境是影响企业文化形成和发展的环境因素。

（2）企业价值观。企业价值观是指企业管理的基本思想和信仰，也是企业文化的核心。

（3）模范人物。模范人物是企业文化的人格化，用以为全体企业员工提供具体的楷模形象。

（4）企业礼仪。企业礼仪是企业在日常生产经营管理活动中作为惯例和常规的通常行为方式。

（5）文化网络。文化网络是指企业管理组织中用以沟通思想的方式和手段。

企业价值观是企业文化中的关键因素；企业环境将会影响企业价值观的形成；模范人物和企业礼仪是用以引发、维护和强化企业价值观的；企业文化网络则在企业中起群体沟通的作用。若将企业文化从企业管理的特定概念来研究，企业文化包括企业形象及企业精神。其中，企业形象是企业文化的一种外在表现形式，而企业精神则是企业文化的核心。

2）企业精神

企业之间的竞争，其实质上是企业家和企业文化之间的竞争，归根结底是人的竞争。

企业精神是企业的灵魂，体现了企业的精神面貌，是企业宗旨、观念、目标和行为的总和。企业精神是指企业全体员工的和在生产经营管理活动中的基本理念——企业价值观念的规范化和信念化，包括企业道德、企业基本信仰、企业的经营目的和经营动机以及企业的经营管理指导思想等。

企业精神是企业赖以生存和发展的精神支柱，它决定着企业的成败兴衰。

企业精神不是一句口号、标语，也不是鼓动人心的几句话。它是对企业使命、宗旨、目标凝结成一种信念、一种情感、一种意志的表达。企业在形成自己文化的过程中，必须形成自己的企业精神。而企业是否形成了自己的精神，要看它是否具有个性，是否对员工的行为具有推动作用、鼓舞作用和支撑作用。

企业精神不可能抽象形成，必须把企业精神的形成和强烈的经营愿望相结合，在经营愿望的不断实现中，形成和强化企业精神。首先，企业精神和经营愿望相结合，会使经营愿望变得十分强烈。其次，企业精神与经营愿望相结合，会产生巨大的经营热情。最后，企业精神和经营愿望相结合，会产生深刻的经营智慧。

同一企业在不同的环境、条件和背景所形成的企业精神也不同，然而，作为一种优秀的企业文化，不论一个企业的具体精神气质和文化倾向如何，都应包括创新进取精神、独创与协作精神、顽强拼搏精神与主人翁精神。如深圳的大兴行汽车服务有限公司确立的企业精神是"真诚、团结、务实、进取"。

企业形象取决于企业精神，而企业精神反过来也促进着企业形象。一个企业能否具有良好的企业形象，关键取决于企业员工的企业精神。

4. 现代企业文化的特征

1) 现代企业文化强调企业共识

现代企业文化十分强调企业内部全体员工的共同价值观念，强调群体意识和团队精神，追求企业职工意识的一体化。

2) 现代企业文化强调自觉意识

现代企业文化是企业中全体员工的共同意识，因此它不再强制人们去遵守各种硬性的规章制度和企业纪律，而是通过启发来达到企业的自控或自律，强调人的自觉意识和主动意识，自觉和主动地遵守各种硬性的规章制度和企业纪律。显然，这种自控或自律的企业文化，不仅有利于改善现代企业中的人际关系，而且有利于发挥每个员工的主观能动性，提高企业管理的整体效率。

3) 现代企业文化强调有特色的企业形象

尽管在不同国家或区域的企业文化具有很多的共同特征，但由于每个企业在不同的国家或区域中受着不同民族文化的影响，而且每个企业都具有不同的管理思想和管理模式，因此不同的企业必然会形成不同的企业文化。

4) 现代企业文化有着模糊而相对稳定的企业目标

现代企业文化只是一种理念，不可能像企业计划、产品标准和规章制度那样明确而具体。企业文化不是企业管理制度，因而不可能明确规定或告诉企业员工在处理每个问题时的具体方式方法，它只可能给企业员工的生产经营管理活动提供一种指导思想和行为准则。因此，优秀企业文化的目标既清晰又模糊。现代企业文化是企业领导者经过长期的精心倡导，通过持久的努力培育逐渐形成的，它具有相对稳定的企业目标。

5. 企业文化的功能

1）凝聚功能

现代企业之所以要倡导企业文化，是因为现代企业文化体现着企业全体员工强烈的"群体意识"，而这种群体意识乃是企业利益，也是全体职工共荣共存的根本利益和共同利益。因此，既是为了企业，也是为自己，大家都自觉和主动地用企业利益来替代个人利益，通过企业文化，从而将分散的个体力量凝聚成整体力量，同舟共济。

2）导向功能与约束功能

现代企业文化讲的是企业共同利益，全体企业员工有着共同的价值观念和价值目标，因此在企业文化凝聚力和感召力的精神作用下，仍能统一企业全体员工的观念和行动，而每个员工也会根据企业大多数人的共识和需要，自觉和主动地调整自己的言论和行为。即使是少数未取得共识的人，由于企业文化精神意识的强制性，再加上企业精神与良好风气的激励作用，以及企业管理规章制度的约束等，将迫使他们按照企业大多数人的共识和需要去纠正自己的言行偏差。这种可以规范企业整体价值观和员工整体言行的作用，就是企业文化的导向作用。

现代企业文化对于现代企业中每个员工的言行都具有无形的约束力。虽然不是明文硬性规定，但却是以潜移默化的方式规范着企业群体的道德规范和行为准则，从而使企业全体员工产不仅规范着企业的整体价值观和员工的整体言行，而且还能使企业全体生出自控意识，达到自我约束。

3）协调功能

现代企业文化员工创造出和谐的工作环境，促进人际之间的共同语言和相互信任，有利于人际关系的协调和改善。

4）塑造形象功能

现代企业文化集中地概括了企业的服务宗旨、经营哲学和行为准则。因此优秀的企业文化可以通过每项业务往来，向社会展现出企业的管理风格、经营状态和精神风貌，从而树立起良好的企业形象。这种企业形象会对社会公众产生巨大的亲和影响，因此，良好的企业形象和企业文化是现代企业巨大的无形资产。

【案例 2 - 8】

丰田企业文化的影响力

在日本，有一天一位留学生开着丰田车去超市购物，从超市出来发现一个老人在细心擦拭他的车，他想这老人可能是一位乞讨者，但仔细一看，发现老人衣冠楚楚、气质非凡。当他走近丰田车时，这位老人深鞠一躬说："感谢您使用丰田车，作为丰田人我有义务为您擦车。"一个已退休老人，对自己公司的产品竟有如此浓厚的感情。这就是丰田文化，一种扎根于丰田人内心深处的精神信仰。

正如丰田汽车公司创始人丰田喜一郎所说："如果每个员工都能尽自己最大的努力去履行职责，就能产生强大的力量，并且这种力量可以形成一个力量环，创造极大的生产力！"每一天，全世界无数的企业到丰田参观学习，包括其直接竞争对手通用、福特，虽然他们之间的生产硬件设施相差无几，但经营绩效却相去甚远，原因就在于隐藏在丰田精益生产管理模式背后的企业文化。虽然全世界都在学习精益生产，但大部分只学会了某些工具如看板、5S、JIT及智能自动化等，对支撑这些工具的管理原则和文化则始终不得要领，效果也就大打折扣。

6. 现代企业文化的价值

1) 企业文化的经济价值

优秀企业文化的表现形态虽然只是一种企业形象和企业精神（包括价值观念、信仰态度、行为准则、道德规范及传统习惯等），但却是企业巨大的无形资产。其经济价值表现在以下两个方面：

（1）优秀的企业文化应该是可以较好地适应市场经济规律的文化，应该使企业具有独特而成功的生产经营管理特色。例如，企业对顾客的诚信，可以使企业形成良好的商誉，而良好的商誉又可以使企业得到消费者的信赖与支持，增强企业的竞争力，从而给企业带来丰厚的利润等。

（2）优秀的企业文化不仅能使企业的全体员工达到共识，从而凝聚、引导、激励和约束企业全体员工的心理意识及其行为，而且还体现着"以人为本"的思想，从而促进企业深化改革并充分发挥企业全体员工的聪明才智和劳动积极性，积极参与企业管理，提高企业的经营管理效率的生产劳动效率，最终给企业带来良好的经济效益。

2) 企业文化的社会价值

企业文化的价值不仅能够提高企业的经济效益，而且还能够提高人的思想觉悟和政治思想品德，从而开创企业文明和社会文明，继承和发展社会文化，创造企业文化的社会价值。

（1）由于企业文化必然体现国家的民族传统文化（如日本的企业文化体现着家族主义和集体精神的传统文化，美国的企业文化体现着个人能力和创新精神的传统文化），因此我国的企业文化也必然会继承和弘扬我国民族的传统文化。

（2）企业精神和企业道德风尚等是可以通过企业对内部员工精心培养的，不仅可使企业员工由此得到全面的发展，同时也会通过企业的对外服务和信息交流，把本企业文化传播给社会，从而也为整个社会的精神文明作出贡献。

7. 汽车维修企业的文化创建

汽车维修企业属于服务型企业，无论从技术角度还是从经济角度看，汽车维修企业都具有时代色彩。如今汽车维修企业的竞争不仅仅是在维修技术的质量方面，更重要的是在企业的形象、企业品牌、知名度、服务水平等方面的竞争，是全方位、广角度、宽领域、高层次的综合实力的竞争。这就要求每一位维修企业的管理者都重视企业文化的建设。具体建立企业文化需要从以下几个方面入手。

1) 精神文化的提炼

在实际工作中，作为企业管理者，最重要的是为企业建立一整套成功的价值观念，并且让每个员工都知道企业把维修、服务、为社会创造价值看成是最有价值的。让每个员工都认同、维护、爱护并身体力行这一价值观念，为企业的进一步发展和提高经济效益奠定坚实的基础。

2）制度文化的创新

要改变落后的管理制度和管理方式，从原则规则上进行创新，为企业文化建设打下基础。

3）创造一种优秀的行为文化

在生产行为、管理行为等方面树立榜样，榜样起着引导作用、骨干作用和示范作用。如总经理、骨干技术人员、劳动模范等，他们的个人风格融入企业之后，形成了企业文化的一部分。企业中的榜样是企业文化的生动体现，他们为全体员工提供了角色模式，建立了行为标准。在建设企业文化的过程中，要特别注意发现、培养、宣传企业自己的榜样人物。

4）物质文化的构建

企业在硬件上要具备建立、推动企业文化建设的基础。

5）强化仪式，注重形象文化的塑造

仪式是价值观的载体，使价值观外在化。如日本企业的"朝礼"，我国某些商场早晨的"迎宾仪式"，都从某个方面展示了本企业的文化。另外要注意树立良好的企业形象，让形象说明内涵。

2.5.2　企业形象建设

企业文化结构建设中有一个重要的内容就是企业形象建设。作为市场竞争条件下的战略手段——企业形象塑造已成为众多企业制胜的法宝。企业文化和企业形象是两个相互包含的概念和范畴，是一种你中有我、我中有你的相辅相成的关系，二者共同构成企业的精神资源，企业文化具体反映和表现企业理念，同时也丰富企业理念的内涵。

企业形象是指企业通过产品包装、建筑装饰等各种物品和自身行为等表现出来，在社会上和消费者中形成的对企业整体看法和最终印象，以及产品质量在感觉上的综合形象，主要指企业的外部形象与行为特征。

1. 企业形象的外部形象

企业形象的外部形象也可以称为外部表现。它包括企业的名称、商标、产品的质量及包装、建筑及装饰等物质形象，企业高层管理者及窗口员工向社会展示的人为形象，以及知名度、美誉度的总和等心理形象。

1）知名度和美誉度——企业外部形象的中心

知名度、美誉度是某一社会组织在公众心目中的地位与形象的评价尺度。俗话说"形象好，赛珍宝"。良好的形象都与企业在目标市场的市场占有率、市场销售额成正相关。一个在消费者心目中形象良好的企业，其所推出的产品往往容易为消费者所接受。这是因为企业的形象为它罩上一层光环，这是心理学上的"晕轮效应"。在一个形象的保护伞下，就会出现公众对该企业产品的继续购买。

2）企业外部形象的载体

（1）企业的名称是构成企业形象的一个重要因素。它不仅是注册和对外称呼的需要，还反映了企业人特有的期望和目标。

（2）企业的商标是企业外部形象的重要内容。对有声望的企业来说，商标是非常宝贵的财富。

（3）建筑式样和装饰、产品包装体现着一定的思想内涵。

（4）产品的质量和包装对一个企业及其产品的形象有重大影响。

（5）优质服务塑造企业外部形象。

（6）广告宣传对企业及其产品产生良好、长久的印象。

（7）企业人员的言谈举止和装束直接展示企业形象，特别是企业高层管理人员和窗口服务员工的言谈举止和装束直接展示了企业形象。

总之，企业的外部形象是企业实力、技术能力、文化魅力、经营风格和企业商誉的最佳特征，是社会公众和消费者判断一个企业形象优劣的一个最重要的标尺。一定意义上讲，企业外部形象标志着一个企业市场竞争能力高低。

2．企业形象的构成

企业形象的构成要素见表 2-1。

表 2-1 企业形象的构成要素

企业形象	构 成 要 素
产品形象	质量、款式、包装、商标、服务
组织形象	体制、制度、方针、政策、程序、流程、效率、效益、信用、承诺、服务、保障、规模、实力
人员形象	领导层、管理群、员工
文化形象	历史传统、价值观念、企业精神、英雄人物、群体风格、职业道德、言行规范、公司礼仪
环境形象	企业门面、建筑物、标志物、布局装修、展示系统、环保绿化
社区形象	社区关系、公众舆论

3．企业形象的功能

1）规范与导向功能

企业形象为企业自身的生存和发展树立了一面旗帜，向全体员工发出了一种号召。这种号召一经广大员工的认可、接受和拥护，就会产生巨大的规范与导向作用。美国 IBM 公司提出的"IBM 意味着最佳服务"，日产公司强调的"品不良在于心不正"，美国德尔塔航空公司倡导的"亲和一家"等，都是在教育、引导、规范着员工的言行、态度，让他们在尽善尽美的工作中注意把自己的形象与企业的形象联系起来，使本企业成为世界一流的企业。

2）资产增值功能

良好的企业形象是企业的无形资产，有助于扩大企业的销售量，使企业在与竞争者相同的条件下，获得超额利润，从而形成直接的实益性价值，企业形象自身因此也就具有了价值。企业形象的良好与否可以从商标中看出，它具体体现为商标的价值。

3）关系构建功能

企业形象确立的共同价值观和信念，就像一种高强度的理性黏合剂，将企业全体员工紧紧地凝聚在一起，形成"命运共同体"，产生集体安全感，使企业内部上下左右各方面"心往一处想，劲往一处使"，成为一个协调和谐、配合默契的高效率集体。

从企业外部来说，只有塑造好企业的形象，才能为企业构建良好的公众关系打下基础，从根本上留住顾客，构建起自己的公众关系网。

4) 激励功能

一般而言，企业具有良好的形象，会使企业员工产生荣誉感、成功感和前途感，觉得能够在企业里工作是一种值得骄傲的事情，由此就会形成强烈的归宿意识和奉献意识，从而增强企业的向心力和凝聚力。从这个意义来讲，好的企业形象可以作为一个激励员工的重要因素。

5) 辐射功能

企业形象的建立，不仅对内有着极大的凝聚、规范、号召、激励作用，而且能对外辐射、扩散，在一定范围内对其他企业乃至整个社会产生重大影响。像我国 20 世纪 60 年代的"铁人精神"以及在日本企业界经常听到的"松下人"、"丰田人"等说法，都是企业形象对外辐射的典型范例。

6) 促销功能

企业形象的最终确立是以达到公众信赖为目的的。只有在公众信赖的基础上，公众才有可能进一步购买企业的商品或服务。这一机制是企业形象能够产生市场促销的根源。在相同的质量水平下，好的企业形象，可以使企业的产品成为公众购买的首选商品。企业形象的促销功能是通过商标得以实现的。形象是公众对于某种商品的一种心理印象，看不见，摸不着。公众对于商标的认同，就是对企业形象的认同。

7) 吸引人才和扩张功能

良好的企业形象可以为企业赢得良好的市场信誉，使企业能够在短时间内实现扩张，赢得大批经营资金，吸引更多的合作者，从而扩大自己的市场影响力。

企业形象具有特殊效用，所以现代企业都十分重视形象战略。对于企业来说，塑造企业形象的过程，其实就是名牌成长曲线的修正与调控过程。

4. 汽车维修企业的 CIS 策略

企业形象策略 CIS 是一个可用以塑造企业形象的企业形象识别系统 CIS(Corporate Identity System)。在现代企业管理学中，CIS 被推崇为是塑造和传播现代企业形象的最有效战略。其目的就是向社会公众有效地传达企业的品牌形象，从而提高社会公众(用户和投资者等)对企业及其产品的信任感和满意度，最终促进销售、促进企业的发展。也可以改善企业经营管理的内部环境，树立起良好的企业精神，从而提高企业职工的凝聚力，改善企业职工的精神面貌(如敬业精神与奉献精神等)。CIS 不仅可以保证企业的产品质量和服务质量，而且能使企业克服任何的困难险阻，从而使企业真正地做到"人和""财旺"。

企业形象策略 CIS 的内容包括企业的软件和硬件两部分。企业软件主要是指企业精神(如企业效率、企业信誉、营销策划、公共关系、广告宣传等)；企业硬件包括企业拥有的设备与设施、技术与产品、人才与资金、商标与服务以及已经规范和标准化的完整系统等。为此，企业要引入 CIS 策划，除了在硬件上要引进先进的检测设备与专用设备，改造落后的生产工艺和生产技术，改善公共关系，改进企业生产经营管理外，还要在软件上加强职工的政治思想工作，搞好企业的精神文明建设。

企业形象主要包括企业理念 MI(Mind Identity)、企业行为 BI(Behavior Identity)和企业视觉 VI(Visual Identity)识别系统三大部分，如图 2-26 所示。

1）企业理念识别系统

企业的经营理念是整个企业识别系统的基本精神所在，也是整个系统运作的原动力。企业理念统驭企业的行为、经营方向以及企业与外界的联系，企业的外显文化，典礼、仪式、企业英雄、管理仪式、工作仪式都是企业理念的外化、直观感觉形象。

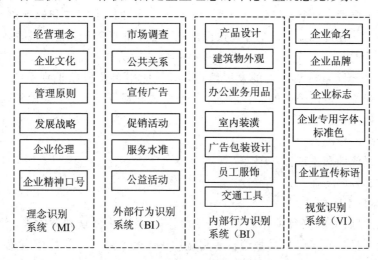

经营理念	市场调查	产品设计	企业命名
企业文化	公共关系	建筑物外观	企业品牌
管理原则	宣传广告	办公业务用品	企业标志
发展战略	促销活动	室内装潢	企业专用字体、标准色
企业伦理	服务水准	广告包装设计	
企业精神口号	公益活动	员工服饰	企业宣传标语
		交通工具	
理念识别系统（MI）	外部行为识别系统（BI）	内部行为识别系统（BI）	视觉识别系统（VI）

图 2-26　企业形象识别系统

从图 2-26 可看出，企业理念识别系统 MI 涵盖了以下内容：

（1）经营理念。经营理念包括企业存在的意义、经营宗旨、经营方向、企业盈利及企业对社会承担的责任。

（2）企业文化。企业文化包括企业精神、企业价值观的确立，企业物质文化、精神文化、制度文化建设。

（3）管理原则。管理原则包括在人事、生产、民主等管理中都要体现人本管理的原则。

（4）发展战略。发展战略包括人才资源战略、市场战略、竞争战略、产品质量战略、企业成长战略、科技战略、经营战略。经营战略原则又包括创新原则、服务原则、用户至上原则、盈利原则等。

（5）企业伦理。企业伦理指企业伦理准则的制定和执行情况，反不正当竞争和反腐败的执行情况。

（6）企业精神口号。企业精神口号即企业精神的浓缩，应具有战斗力，应全面体现企业的个性。

2）企业行为识别系统

企业的行为识别是指动态识别企业的行为模式。由于该系统能够直接作用于公众，为公众所感知和留下深刻印象，因而又形地体现着企业的经营理念。

企业的行为识别系统可以分为企业外部行为识别系统 BI(外)和企业内部行为识别系统 BI(内)。

（1）BI(外)包含市场调查、公共关系、宣传广告、促销活动、服务水准、公益活动等。

（2）BI(内)包含产品设计、建筑物外观、办公业务用品、室内装潢、广告包装设计、员工服饰、交通工具等。如企业主体建筑设计应体现建筑美学的原则，它也是企业实力、企业外部形象的展示；企业文具用品、账票类、专用信封、信签应有统一的规格、标识；员工应着统一服饰和岗位服饰；企业专用车、运货车、客车、班车等都应有统一的企业标记。

3）企业视觉识别

企业视觉识别是一种表达企业经营特征的静态识别符号，包括基本要素与应用要素两类。其中的基本要素，如企业名称与企业品牌标志、企业标准字体和标准色彩、企业象征图案和企业造型、宣传标语等。企业视觉识别是塑造企业形象最快速、最直接的方式。

为了塑造个性鲜明的企业形象，获得社会公众的广泛认同，从而使企业的整体生产经营管理纳入一条充满生机与活力的发展轨道，必须应用企业形象识别系统 CIS 的基本理论，系统革新和统一传播企业的经营理念、行为模式和视觉要素等，应做到以下几点。

（1）善于创造个性差别。

（2）坚持统一标准。

（3）坚持系统性和连续性.

（4）实施有效的传播。

5. 正确运用 CIS 的原则

（1）公众原则。CIS 必须遵循顾客至上的原则，强调从公众利益中来，到公众利益中去。倘若企业在推广 CIS 时只是强调自身利益，一味追求高雅和独特而漠视公众利益、远离顾客期望，最终只能损害企业形象。

（2）真实性原则。宣传和报道企业情况时必须真实和坦诚，只有这样才能使公众理解和谅解企业，不能为树立企业形象而弄虚作假。

（3）系统性原则。要塑造企业形象，需要统筹考虑企业的内部形象与外部形象、总体形象与特殊形象、有形形象与无形形象。即必须从系统和整体的企业规划出发，有计划有步骤地整体推进，而不能顾此失彼。

（4）长期性原则。推广 CIS 是一项长期的战略任务，必须经过长期努力才能奏效。当然，也要善于创造和把握时机，利用各种契机来快速提升企业形象。

2.5.3　汽车维修企业文化与企业形象塑造

企业文化分为两个层次。表层的企业文化是企业的形象，即 CIS 系统；深层的企业文化是价值观和企业精神。要建立一套卓越的企业文化形成良好的企业形象，就需要把表层的企业文化与深层的企业文化有机地结合起来。通过 CIS 宣传、推广企业的价值观和企业精神；通过企业的价值观、企业精神来增强 CIS 的内涵和市场认知度，提高企业形象。

1. 注重树立良好的企业形象

企业的知名度与美誉度有机结合即构成了企业在公众中的形象。企业形象直接与企业的兴衰、优劣相联系。良好的企业形象，是企业一笔巨大的无形资产，能吸引比同行更多的投资、人才和资源。经济全球化使得竞争更为激烈，企业要脱颖而出，形象战略尤为重要，它是企业在市场经济中运作的实力、地位的体现。21 世纪企业竞争除了人才与科技的竞争以外，企业形象将对企业的发展起到至关重要的作用。

2. 培养企业精神、增强企业凝聚力

培养企业精神、增强企业凝聚力是企业文化建设的核心部分。它要求企业在经营管理的实践中培育能表现本企业精神风貌、激励职工奋发向上的群体意识，并以此引导职工树立正确的价值观念，强化职业道德。

"人心齐，泰山移"。企业文化建设的内涵就是切实做好企业员工的相互了解和沟通，强调协作与团队精神；企业文化建设的外延就是要提高企业产品文化的附加值。因为企业组织成员的自我价值的实现，有赖于组织成员之间的相互协作，有赖于企业的发展。没有这种相互协作和团队精神，企业就不可能快速高效发展，也就不会有组织成员的自我价值的实现。因而协作与团队精神培育是企业文化建设的基本要求，它包括管理人员和员工的感情紧密度、企业的团队精神、向心力等。任何一个有文化内涵的企业，都会建立一种感情投资机制。要管理就应先尊重对方，使员工与被管理者建立起信任情结，有了这个感情上的纽带，企业员工对管理人员就有了感情依附意识，管理就比较顺畅。团队精神是通过运用集体智慧将整个团队的人力、物力、财力整合于某一方面，使整个团队拥有同一精神支柱和精神追求，各方的价值体系得以融合，从而迸发出创造力，主动将自己的行为与企业的荣誉融为一体。

3. 建立激励机制

要迎接市场挑战和重塑企业形象，就要求汽车维修企业的经营管理者尽快地提高自身素质，塑造一个现代企业家高瞻远瞩的形象。

企业要保持永久的创造力，必须建立起激励机制。将调动员工积极性当成企业的日常经营管理行为，在企业中养成一种尊重创新、尊重人才的文化氛围，每个人都能从中感受到事业成就感。

4. 注意学习氛围的培养

学习对组织的持续发展至关重要，建立起一个学习型组织是企业文化得到认同和执行的有力保障。21世纪最成功的企业将是学习型组织，它不仅仅被视为业绩最佳、竞争力最强、生命力最强、最具活力，更重要的是使人们在学习的过程中，逐渐在心灵上潜移默化、升华生命的意义。随着知识经济的到来，企业组织形式向扁平式的灵活方向发展，随着其管理的核心为发挥人的主观能动性，实现从线性思维到系统思维和创造性思维的转变，对组织成员及企业的知识水平提出了更高的要求。

5. 加强群体意识和团队精神

企业是人的企业，只有依靠营造企业文化优势，努力激发全体员工的群体意识和团队精神，激发他们对企业的热爱和忠诚、从而在企业中产生一种广泛的能与企业同甘苦、共命运的凝聚力、向心力和归宿感，才能转换成强大的企业群体力量。为此，现代企业管理者必须重视企业内部的职工政治思想教育，并采取有效措施（例如关心职工利益、组织集体活动、协调融洽人际关系、讲求工作流程和文化礼仪等）来培养全体员工的群体意识（包括理想、信念、道德行为规范等）。要让全体员工明白，个人的努力只有通过整个企业集体的协作才能有所成就，个人的命运也只有与企业命运紧密相联才能获得更大的经营业绩。所谓团队精神，就是一种以企业为中心的集体合作精神。即要求每个成员都把自己看成是企业中的一员，从而对企业产生一种强烈的群体合作意识，实现人企合一。为此在现代汽车维修企业中，企业管理者要多倡导团队精神，而不要一味强调人的个性。

6. 管理者是企业文化建设的领导者、传播者、驾驭者

企业文化通过组织、群体、个体的行为和语言表现出来，但企业文化需要管理者来设计、创建和推动。管理者是企业文化的领导者、传播者、驾驭者。

　　任何一个国家和民族的企业文化的底蕴首先来自本民族的传统文化，同时兼收世界各国的优秀文化，是一元与多元相兼容且丰富多彩。一种优秀的企业文化，必定是融合了民族文化和历史人文精神的精华，必定注重吸收传统文化的营养来充实、丰富、发展自己的企业文化。企业文化发展的总趋势将呈国际化、本土化、多元化、人性化。我们要以开放、兼容的学习精神，主动吸纳外国优秀的企业文化，把它融合到中华民族的优秀文化之中，而不能全盘西化。企业形象建设中最主要的还是人。人的作用是巨大的，不管是领导者还是员工，只要注重好企业文化的培养，不管是汽车维修企业还是其他企业，都可以立于不败之地。

【知识拓展】

蝴蝶效应——管理学经典定律

　　20 世纪 60 年代，美国一个名叫洛伦兹的气象学家在解释空气系统理论时说，亚马逊雨林一只蝴蝶翅膀偶尔振动，也许两周后就会引起美国德克萨斯州的一场龙卷风。

　　蝴蝶效应是说，初始条件十分微小的变化经过不断放大，会引起未来状态发生极其巨大的变化。因此有些小事经系统放大，会对一个组织、一个企业、一个国家影响很大。

　　管理启示：如今的汽车维修企业，其命运同样受"蝴蝶效应"的影响。顾客越来越相信感觉，所以汽车服务品牌、服务环境、服务态度、服务质量这些无形的价值都会成为他们选择的因素。只要稍加留意，就不难看到，一些管理规范、运作良好的公司在他们的经营理念中经常出现这样的句子：

　　"在你的统计中，对待 100 名客户里，只有一位客户对你的服务不满意，因此你可骄傲地称：我们只有 1% 的不合格。但对于该客户而言，他得到的却是 100% 的不满意。"

　　"你一朝对客户不善，公司就需要 10 倍甚至更多的努力去补救。"

　　"在客户眼里，你代表公司"。

　　开放式的竞争让企业不得不考虑各种影响发展的潜在因素。谁能捕捉到对生命有益的"蝴蝶"，谁就不会被社会抛弃。

学习资源：

★管理人网：http://www.manaren.com/

★慧聪网/企业管理：http://www.ceo.hc360.com/

★慧聪网/汽车维修保养网：http://www.auto-m.hc360.com/

★中国汽车维护与修理：http://www.autorepair.com.cn/

★德召文软件：http://www.dzwble.com.cn/

★笛威欧亚汽车科技汽车技术资料库：http://data.eaat.com.cn/

★首佳软件（专业的汽车修服务行业管理软件）：http://www.whsjsoft.com/Chinese/

模块二同步训练

一、填空题

1. 从管理的角度分析，汽车维修企业管理者的管理职能可以归纳为 ＿＿＿＿、＿＿＿＿、＿＿＿＿、＿＿＿＿、＿＿＿＿、＿＿＿＿等职能。

2. 汽车维修企业形象战略中的三大系统为：汽车维修企业＿＿＿＿、汽车维修企业＿＿＿＿、汽车维修企业视觉识别系统。

3. 做好现代维修企业的管理，要重点管理好以下 8 个要素：＿＿＿＿、＿＿＿＿、＿＿＿＿、＿＿＿＿、＿＿＿＿、＿＿＿＿、＿＿＿＿。

4. 汽车维修企业的经营战略形式有＿＿＿＿、＿＿＿＿、＿＿＿＿、＿＿＿＿。

5. 企业文化的层次结构应该有以下三个层面：＿＿＿＿、＿＿＿＿、＿＿＿＿。

6. 企业文化的构成要素有＿＿＿＿、＿＿＿＿、＿＿＿＿。

7. 企业组织机构设置的方法有＿＿＿＿、＿＿＿＿、＿＿＿＿、＿＿＿＿。

二、简答题

1. 简述现代汽车维修企业的经营理念。

2. 简述 ERP 的管理思想。

3. 简述 ERP 的作用。

4. 企业文化的功能有哪些？

5. 企业形象的功能有哪些？

6. 什么是企业精神？

7. 什么是企业形象战略？

8. 论述汽车维修企业如何进行企业文化建设与企业形象塑造。

模块三　汽车维修企业的筹建及开业

> **知识目标：**
> 　　了解汽车维修企业筹建过程中的注意事项；
> 　　了解汽车维修企业开业具备的人员、设备及场地条件；
> 　　掌握汽车维修企业开业及变更所需程序；
> 　　熟悉并掌握汽车维修企业审验内容及程序。
>
> **技能目标：**
> 　　能够进行汽车维修企业开业的可行性分析；
> 　　能够准确选择汽车维修企业的市场定位；
> 　　能够编制企业开业计划；
> 　　能够实施汽车维修企业的开停业、变更及审验手续。

任务1　筹建汽车维修企业

导入： 小李的表哥想开一家汽车美容装饰店，委托小李帮忙调研，选择一个合适的厂址，给出可行性方案。小李也知道厂址对于今后的经营效果很重要，他接到这个任务很重视，但却不知从何下手。

汽车维修企业的筹建开业工作将对整个企业的发展起到一个导向的作用。筹建的过程主要包括厂址的确定、经营资格的审批、基础设施的建立、仪器配件的采购调试、员工的招聘培训以及内部基础管理工作的实施等。

3.1.1　维修企业厂址的选择

维修企业厂址的选择将直接影响到服务半径地区内潜在的客户群主体，同时，市场需求的变化也会关系到整个企业的规模及特征。维修企业的选址流程一般要进行以下三个方面的工作。

1. 市场调研

1）市场调研的含义与意义

市场调研是运用科学的方法，有目的、有计划地收集、整理、分析有关供求双方的各种情报、信息和资料，把握供求现状和发展趋势，为制定营销策略和企业决策提供正确依据的信息管理活动。它是市场预测和经营决策过程中必不可少的组成部分。

在汽车维修服务行业蓬勃发展的今天，只有根据市场形势的不断变化制定企业的发展道路，才能做到正确而有效。市场调研在汽车维修企业筹建及经营管理中有着很重要的意义。

（1）明确企业发展方向。通过市场调研，有利于企业了解汽车维修市场的现状和趋势，了解市场和供求关系，结合自身情况，建立和发展差异化竞争优势，明确和调整企业的发展方向，形成自己鲜明独特的形象。

（2）进行服务产品定位。对于汽车维修企业来说涉及到服务质量、服务态度、工期长短、服务价格等几个方面。只有在以上几个方面与竞争者有所差别，才能让消费者有所偏爱。当然通过调研了解消费者需求，也将促进新的服务产品的开发，开拓新的利润增长点。例如，有的地区总是汽油紧缺，但天然气资源较为丰富，一些汽车服务企业得到这样的市场信息后，就开展了汽车使用天然气的改装业务，迅速抢占市场，取得了良好的经营成果。

（3）进行消费者分析。维修企业希望拥有尽可能多的消费者，通过调研可以了解消费者的集中程度、盈利能力、对于价格的敏感程度、企业产品对于消费者的影响程度以及消费者掌握信息的情况等。

（4）进行竞争者观察。通过调研，了解竞争对手的情况，如本行业中竞争者数量、竞争者的异同点、本行业中大部分企业经营现状以及其他行业对于本企业的影响等。

2）市场调研的方法

（1）室内调研。进行市场调研时，从成本效益来考虑，首先要进行的不是实地调查，而是室内调研。可以先行搜集、整理和分析本企业已经掌握的本地区、市场的信息，利用网络、图书馆，搜集统计部门、咨询公司发布的行业市场统计数据和情报以及一些学者所发表的相关的学术研究成果等。

（2）实地调查。实地调查无论对于企业准备、实施或是调整经营战略和经营决策，都是必不可少的。仅靠室内调研的结果，就匆忙进行经营决策，往往会失之偏颇。实地调查可以按照企业的迫切需要进行设计，因此是针对性和实用性都很强的市场调研方法。实地调查主要存在以下几种方式：

① 询问法。调查人员通过各种方式向被调查者发问或征求意见来搜集市场信息。询问法分为面谈询问、电话询问、书信询问、留置问卷调查、入户访问、街头拦访等多种形式。询问法的特点是调查人员将事先准备好的调查事项以不同的方式向调查对象提问，将获得的反应结果收集起来，进行认真分析。采用此方法时应注意：所提问题确属必要，被访问者有能力回答所提问题，访问的时间不能过长，询问的语气、措词、态度、气氛必须合适。

② 观察法。它是调查人员在调研现场，直接观察、记录调查对象的言行以获取信息的一种调研方法。这种方法是调查人员与调查对象直接接触，可以观察了解调查对象的真实反应，但无法了解调查对象的内心活动及其他情况，如收入情况、潜在购买需求和爱好等，也会因调查者的判断失误导致信息准确性差。

③ 试验法。这种方法在消费品市场被普遍采用。向市场投放一部分产品，进行试验，收集顾客的反馈意见。它是通过实际的、小规模的营销活动来调查关于某一产品或某项营销措施执行效果等市场信息的方法。试验的主要内容有产品的质量、品种、商标、外观、价格、促销方式及销售渠道等。它常用于新产品的试销和展销。

3）市场调研的步骤

（1）准备阶段。在准备阶段，确定市场调研目标和范围→确定所需信息资料→进行室内调研。

（2）实施阶段。在实施阶段，决定搜集资料方式→设计调查方案→组织实地调查→进行观察试验。

（3）总结阶段。在总结阶段，整理分析资料→准备研究报告。对获得的信息和资料，调研人员要用客观的态度和科学的方法，进行数据编辑、整理、分类汇总、统计分析，以获得高度概括的市场动向指标，揭示市场发展的现状和趋势。调研的最后阶段是根据比较、分析和预测结果写出书面调研报告，内容一般为调查目的和调查结论的比较，阐明针对既定目标所获结果，以及建立在这种结果基础上的经营思路和可执行的行动方案。

（4）分析结果。对于调研结果进行统计、分析和预测后所获得的信息，一定要达到以下几个要求：

① 准确性。要认真鉴别信息的真实性和可信度。

② 及时性。任何市场信息都有严格的时间要求。

③ 针对性。根据调研目的要求，有的放矢，才能事半功倍。

④ 系统性。调研的资料要加以统计、分类和整理，并提炼为符合事物内在本质联系的情况。

2. 确定企业位置类型

1）商圈的内容

商圈是指以维修企业厂址为中心向外延伸一定距离而形成的一个方圆范围，是店铺吸引顾客的地理区域。商圈有商业区、住宅区、住商混合区、住办混合区几个形态。商圈由核心商业圈、次级商业圈和边缘商业圈构成。

商圈的要素主要包括：消费人群、有效经营者、有效的商业管理、商业发展前景、商业形象、商圈功能。

商圈按功能分为传统商圈、主题商圈、概念商圈。如北京王府井商圈属于传统商圈，而像北京中关村数码城、北京亚运村汽车交易市场、石家庄汽车工业园区等属于主题商圈。

2）商圈的分析内容

商圈的分析内容主要由以下部分组成：

（1）人口规模及特征。了解所在商圈的人口总量和密度、收入分配、教育水平、年龄分布、购买力以及相关的汽车保有量，据此进行人口特征分析。

（2）劳动力保障。管理层、居民学历工资水平、普通员工的学历工资水平。

（3）供货来源。运输成本，运输与供货时间，可获得性与可靠性。

（4）促销。促销手段以及可传播性，成本与经费情况。

（5）经济情况。了解所在商圈的主导产业、季节性经济波动、经济增长点。对商圈内经济状况进行分析，若商圈内经济很好，居民收入稳定增长，汽车保有量逐渐增多，汽车服务消费逐渐增加，就表明在商圈内建立企业的成功率较高。

（6）竞争情况。了解现有竞争者的商业形式、位置、数量、规模、经营风格、服务对象后，了解新店开张率。一定要认真据此进行竞争分析，分析所有竞争者的优势与弱点，长期和短期的企业变动及饱和情况等。

任何商圈都可能会处于企业过少、过多和饱和的情况。饱和指数表明一个商圈所能支持的商店(或企业)不可能超过一个固定数量,饱和指数公式如下:

$$IRS = C \times RE/RF$$

式中,IRS 为商圈的零售饱和指数;C 为商圈内的潜在顾客数量;RE 为商圈内消费者人均零售支出;RF 为商圈内商店的营业面积。

【案例 3-1】

假设在某地区汽车服务企业每平方米营业额 2000 元,一商圈内有 5000 户家庭有车,每年在汽车维修保养中支出人民币 5000 元,共有 10 个汽车服务企业在商圈内,共有 20 000 m² 企业面积。则该商圈的饱和指数 IRS 如下:

$$IRS = 5000 \times 5000/20\ 000 = 1250$$

这表明离每平方米营业额 2000 元还有 750 元的差距,饱和指数高则意味着该商圈内的饱和度越小;该数字越小,则意味着该商圈内的饱和度越高。在不同的商圈中,应选择零售饱和指数较高的商圈开店。

(7)法规。要了解和分析包括税收方面、办理执照方面、环境保护制度方面的法规。

(8)其他。租金、投资的最高金额、四周交通的情况等。

汽车企业位置类型可以简单分为三类:

(1)市郊孤立汽车服务经营区域。经营区域内汽车服务商较少,企业单独坐落在市郊公路旁,其优点是竞争对手给予的压力相对较小,租金相对便宜,在选择地点、场地规划上也相对自由。但比较难吸引顾客,宣传成本高,零配件运送费高,经营业务需求比较全面。

(2)半饱和汽车服务经营区。半饱和汽车服务经营区内客流比较大,在经营业务方面各个企业间可互补,但同时也有竞争,还会导致地租成本高、仓储难、交通紧张、停车配套设施缺乏统一规划等。

(3)汽车城或汽车服务中心。这是经过统一的规划而建设在一起的汽车经营区域,管理相对集中,配套设施较齐全,公共成本较低,宣传力度、广度大,客流群体多为车主,各服务商的互补相对充分。但也会导致企业缺乏经营灵活性,而企业间的竞争更加激烈。

3. 确定厂址和企业规模

1)确定企业厂址

经过市场调研和企业位置类型的选择后,应该从以下几个方面对候选的厂址方案进行仔细评估:经营区域内的人口情况和消费购买力;区域房租和投资成本;交通进出的便捷性和周围停车位;区域竞争情况和竞争者地址;良好的地势可视性,容易看到企业标识;区域政府规划和限制。

2)厂区规划及厂区设施

厂区规划直接影响着企业的品牌形象,作为给客户留下第一印象的厂区布局,必须周密规划。厂区规划应遵循的原则:设施布置要方便顾客、方便工作;人和车的路线要分开;顾客活动区和工作人员的活动区要分开;各区间应标识清楚;顾客要容易进入厂区;维修车间要考虑通风、照明;配件库的进出口应设在不妨碍车辆移动的地方。

厂区设施应包括以下几种。

（1）业务接待大厅。作为车主服务的最直接场所，也是顾客进入的第一站，业务大厅整体感觉要亲切、友好、舒适，它是客户透视企业文化内涵的最佳载体，要给顾客留下一个很好的印象，业务接待大厅要设立宽敞、舒适的顾客休息区，休息区的所有物品应放在指定位置，与整体统一协调。大厅规格、档次均可根据企业规模大小、资金多少量力而行。

（2）维修车间。维修车间是汽车服务企业的生产部门，是工人生产第一线。对于较大型的维修企业，要有完善的工位，包括：检修工位、专用工位、保养工位、一般维修工位、电气修理工位，还需要有钣金车间、喷漆车间和洗车场所。需使用 36 V 安全电压；钣金车间、喷漆车间与维修车间应分隔开，以防噪声污染；安全操作规程应张贴在墙壁上；灯光设施要齐全。

（3）办公区。办公室设计布置有三个目标：经济实用、美观大方、独具品位。努力体现企业物质文化和精神文化，反映企业的特色和形象。办公室在设计上应符合两个基本要求：

① 符合企业实际和使用要求。一味追求办公室的高档豪华反而会与其他厂区设施不协调。

② 办公室布局有两个要求：一方面要利于工作人员之间的沟通，实现信息及时有效地流传；另一方面要便于监督和检查，办公室的布置必须有利于在工作中相互督促、相互提醒，从而把工作中的失误减少到最低限度。

（4）配件库。配件库应有足够的仓储面积和高度，保证进出货的通畅，在进口处需预留一定面积的卸货处理区，需单独设立危险品的放置区，且要有明显的警示标识，仓库地面强度应能承受一定的重压，要做好通风、防火、防盗工作。

（5）停车区。车辆停放场地需要合理布局，提高场地利用率，给客户带来方便、有序的感觉。标识应清晰规范，应清楚划分客户停车区、接待停车区域(车辆预检区域、待修区域、竣工交车区域)。整个停车区要整洁，车辆摆放要有序。

（6）厂区道路。厂区道路设限速牌，道路转弯处设置反光镜，有车辆进、出标识。另外还应设立空气泵房、废料存放区、洗车区。

3）确定企业规模

（1）确定经营方向。经营方向是根据客户需要确定的，能否确定好经营方向是汽车维修企业成败的关键。企业可根据自身的优势和维修市场定位初步确定经营方向。例如是开一个综合性修理厂还是开汽车维护厂，是开电器维修店还是开汽车美容店，是以维修捷达车为主还是以维修奥迪车为主等。

（2）确定车辆保有量。从公安车管部门档案或通过市场调查获取所要维修车辆的社会保有量。

（3）预测维修量。根据现有维修厂、维修市场状况及发展趋势，预测自己开办的维修厂的年维修量。

（4）确定车位数和建厂面积。按照单车位效率计算出所需车位数，单车位效率可以根据现有的行业平均值来确定。一般以修理为主的单车位效率为 120 辆/年～150 辆/年，以保养维护为主的为 300 辆/年～500 辆/年(仅供参考)。根据车位数确定建厂面积。

（5）确定雇用人员数量。按照维修人员维修效率计算出所需人数。技术维修效率可根据同行业平均值确定，也可根据采用人才的能力来确定。一般以修理为主的技术维修效率为

120 辆/(年·人)～150 辆/(年·人)，以保养维护为主的为 300 辆/(年·人)～500 辆/(年·人)（仅供参考）。

（6）确定维修厂规模。根据建厂面积、采用人员数、市场发展前景确定维修厂的规模。规模要确保与五年后维修需要量相适应。

3.1.2　汽车维修企业的可行性分析

筹建汽车维修企业的前期可行性分析内容包括：车源分析、周边维修企业状况分析、经营定位分析、配件供应渠道及管理分析、投资状况及回报率分析。前四个属于技术可行性分析，最后一个属于经济可行性分析。

1. 车源分析（包括车型保有量）

车源是新建汽车维修企业首先要考虑的问题，它关系到企业的生存和发展。车源是相对复杂、不稳定的，但又是最主要的因素，不是单纯依靠某一方面的优势（宣传、硬件、软件）就能解决的问题。企业创建初期，为了保证企业的生存，就必须在建厂初期对车源作详细的分析及预测。

1）周边车源分析

根据经验与调查分析，首先要对厂址周围 5 km～15 km（经验数字）以内企业、个人的车型和数量进行调查统计，对某种车型的销售情况作较科学的预测，这是将来企业业务拓展的对象。

2）自带车源分析

对投资方自身所带的车源数量以及这些车辆的车型、使用年限、日常使用及维修保养要有一个准确的书面或电脑记录，这些车源是企业创建初期的主要支柱。

3）潜在车源分析

对潜在的汽车购买力市场也要进行预测，主要包括：该地区的发展趋势、规划、居民收入层次、地区招商形式、道路发展趋势、有形市场及无形市场规模，这些都将成为企业今后发展的依据。

4）企业发展车源分析

根据市场调研找出市场的切入点，如建立特约维修站，或者创办与之相关的汽车俱乐部、汽车租赁、救援、汽车旅馆等都是潜在的发展车源。

2. 周边维修企业状况分析

新建维修企业，在对车源状况进行分析后，务必要对周边维修企业分布状况和经营状况进行周密分析，才能做到知己知彼，百战不殆。主要包括以下几个方面内容。

1）周边维修企业的长期目标和战略分析

对周边维修企业的业务结构、主要客户群体、市场地位、组织结构进行分析，以掌握竞争对手的战略方向、市场布局、竞争地位以及组织结构所体现的战略重点。

2）技术经济实力和能力的分析

对周边维修企业的维修质量、最新业务开发项目、技术储备、设备先进程度、技术人员素质和数量、业务开发人员素质和经验、营销组织和跟踪服务体系等进行分析，以掌握竞争对手的维修技术水平、经营能力、营销能力及生产效益。

3）经营状况分析

对周边维修企业的投资、经营规模、经营特色、生产效益、维修车型及潜在的经营危机进行分析，从而找到市场突破口，确定自身差异经营战略。

4）领导者和管理者背景分析

分析周边维修企业的最高主管人员素质和能力及社会关系，管理阶层的素质和能力以及管理方式及竞争方式。

5）社会资源、土地、建筑成本分析

社会资源实际上就是企业投资者、管理者与方方面面的关系及与职能部门的上通下达。对土地的购置、租赁费，基建成本或是整体租赁的维修企业，其成本值必须放在首位考虑，这部分费用是成本的重要组成部分，直接影响到经营风险。当然，这部分土地的费用越低越好。

3. 经营定位分析

新建维修企业要想在市场中找到立足点，必须具备独一无二的经营特色。经营特色是指在企业经营管理中采用某些特色经营（产品或服务）来吸引客户并博得客户信任，以塑造独特的企业形象和竞争力。经营特色一旦建立起来，就具有很强的竞争力。

1）塑造经营特色

塑造经营特色应考察市场需求，进行市场细分和主要竞争者分析。可以从维修质量、技术素质、检修速度、服务水平、生产管理、品牌维修、专项维修等多方位、多角度开发，选择相应的专一化战略和差别化经营战略，使其在行业中独树一帜，成为与众不同的专业维修典型。

【案例 3 - 2】

马先生在一家公共汽车站附近开了一家汽车电器维修部，他的服务目标是公共汽车电器和一些零散车型的电器维修。因当地从事公共汽车维修的企业有好几家，企业的货源很少。于是他托关系，拉拢一些车主到他那里维修车辆。但这些公共汽车大部分是承包性质，车主既想修得好，又想修得快，所以过了一段时间，他的货源又减少了。后来，他仔细研究公共汽车运输的特点，车主对维修时间要求都特别急，希望尽快修好挣钱。于是，他就购置了新起动机、发电机等较易损坏的电器。当车主车上的电器发生故障后，他就用换上新的电器，将旧的电器放在维修部进行维修。能修复的，只收取车主维修费，换下的电器修复后作为新件继续与其他故障车辆更换使用；不能修复的，向车主说明，收取配件费用（当然新件和修复旧件有区别）。他的这一经营策略，极大地方便了公共汽车车主，他的生意也越发兴隆起来。

2）经营模式和经营规模档次

汽车维修企业的经营模式是对企业经营方式的定位，经营规模档次是对企业经营水平的定位。经营模式和经营档次决定着维修企业的基本框架，涉及到今后企业的生存与发展。

目前我国汽车维修企业的经营模式主要有：3S 经营方式或 4S 经营方式，单一品牌特约维修或专修，多品牌特约维修或专修，杂款车修理，快修、急修店和连锁店。

经营规模档次的确定应作为维修企业硬件管理范畴的首要问题，在投资经营之前，一定要对以下几个方面进行周密分析：

(1) 确定市场战略范围内的维修车辆保有数。

(2) 确定维修车型和日维修量。

(3) 确定维修工位数量。

(4) 确定聘用人员数量和素质要求。

最后根据企业开业条件、建厂面积、发展前景进行最终判断，确定五年后与当地汽车维修市场需要相符合的企业经营模式和经营规模档次。

国外很多汽车维修企业的规模并不大，大多为快修店和急修店，它们实行连锁经营，效益很好。企业在确定经营规模时应该量力而行。

【案例 3 - 3】

在美国，年营业额在 5 万美元～10 万美元的小型维修企业，年赢利率为 27.3%；而年营业额在 45 万美元～55 万美元的大型维修企业，年赢利率仅为 9.3%。

因此，维修企业规模大小与赢利率没有关系，办企业不可贪大图洋。

4. 配件供应渠道及管理分析

目前汽车维修(特别是轿车维修)通常以换件为主，零配件销售在汽车维修产值中占到 60% 以上，是企业获利的主要来源。零配件的备料速度、采购快慢、准确性及品质优劣不仅关系到维修工期、出厂质量和企业信誉，也会影响到企业经济效益。因此抓好配件渠道及管理具有十分重要的意义。

控制好配件采购环节的方法：尽量缩短厂址和配件经营厂家的空间距离和时间距离；做好市场预测，掌握配件商情；同配件商建立良好的合作关系，保证配件和辅料质量，并尽量采取直达供货方式，减少中间环节，减少配件带来的风险。

做好配件管理环节的方法：抓好备料管理；抓好零配件的进出库管理和计划管理。这关系到资金周转效益和车辆的维修速度。

只有切实抓好配件采购和配件管理两个环节，合理采购，科学保证库存量，盘活库存物资，才能得到最大的回报。

5. 投资状况及回报率分析

1) 投资状况分析

前期投资的资本流向直接关系着投资经营的成功与否。前期投资的资本流向如下：

(1) 资金来源。资金来源主要有银行贷款、公司借债或行政拨款。如果资金来源是银行贷款，需要每月付息还贷，必须根据贷款数额，尽量缩短资金回报周期，降低投资风险。如果投资来源于公司借债，需要物资抵押，那么就必须根据还款期限，合理配置资源，充分发挥资金的时间价值。如果投资来源于行政拨款，伸缩性较强，则需要利用资金来源这一优势，在资金回报周期内不断挖掘市场潜力，创造企业发展的源动力，真正达到投资目的。

(2) 资本流向。要想充分发挥资本价值必须让资本良好地流动起来，缩短资金的回报期。汽车维修企业的前期投资应当重点放在塑造企业经营特色的实际项目上(如人力资源、技术力量、专业设备、车间改造等），并能产生预期效果。

（3）成本分析。一般来说，前期投资的重点应放在塑造企业经营特色的实际项目上，尽管不能立即收回成本，但从企业长远利益来看，是有利于企业将来获得更大的经济效益的。同时在进行新建汽车维修企业的前期费用预算时，不仅要考虑有形成本（如水电、劳动力、原材料、税收、折旧等），还要考虑无形成本。无形成本是不能量化的，包括未来雇员的素质和工作态度、社区对企业的态度、车源变化、政策影响、公关等。因此无形成本的分析既要重视，也要留有一定余地。

总之，投资状况分析是新建汽车维修企业可行性分析中最重要的环节，不仅要分析前期投资能否准时到位，还要预算各类运作资金、不可预见费用、工资准备金及开业准备金等，最好是分类做出详细报告。

2）投资回报率分析

企业经营者投资追求的目标不仅是最大限度的利润，更是最大限度的投资回报率。在对车源分布、周边维修企业分布状况、经营特色、配件供应渠道及管理等以上几个方面进行科学准确的可行性分析后，应该对最后一个也是最关键的环节，即投资回报率进行系统的分析。投资回报率分析属于财务管理范畴，作为透视企业经营状况的窗口和企业管理的信息反馈中心，对它的分析至关重要。

在分析投资回报率时，必须根据汽车维修行业的发展趋势和新建企业自身的经营状况，预测投资资金的回报期，再参考投资者的资金返还意向，对投资回报率进行综合分析。经过模拟市场测算，如果企业处于亏损、持平或投资回报率低于同期银行利率，投资就是失败的。如果认为投资不能如期收回，那么经营者可以通过两种决策解决：调整投资；改变资金回报周期。投资回报率和资金回报周期是衡量企业投资成败的最关键因素。

3.1.3　汽车维修企业开业筹备工作

维修企业的开业筹备工作在厂房建设（或租赁）前或过程中就应该开始了，随着厂房建设或租赁工作的进行，开业筹备工作也应该有条不紊地进行。当厂房建设（或租赁）结束时，大部分筹备工作应该结束了。具体筹备工作有以下几方面。

1. 基础管理工作

各种规章制度的制定；建立健全组织机构，明确各个部门的职责及从属关系；准备技术资料、业务管理资料等。

2. 仪器及配件

订购检测仪器设备、工量具，并建立台账；设备安装到位，完成调试，将使用效果、仪器设备性能状况写成书面鉴定报告；准备好配件库货架，理顺配件订购渠道，储备一定数量的常用配件。

3. 员工

确定员工名单，同时明确每个人所负责的工作，并对员工进行安全和业务培训。

4. 基础设施

车间、接待室、配件仓库、停车场地、各种办公设施等基础设施准备完毕。消防、环保、卫生、用电等要求达到规范标准。

5. 形象标识

厂牌、路标、车位指示等标识要按统一标准制作。制作企业所有人员的工作服；各种规章制度要张贴在墙壁上。

3.1.4 开业庆典

1. 开业庆典的作用

开业仪式也称开业庆典。按照惯例，任何一个企业开业时都要进行开业庆典，至少它可以起到下述五个方面的作用：

(1) 有助于塑造企业的良好形象，提高知名度与美誉度。

(2) 有助于增强员工的自豪感与责任心，从而为企业创造一个良好的开端。

(3) 有助于扩大企业的社会影响，吸引社会各界的重视与关心。

(4) 有助于让支持过自己的社会各界人事单位一同分享成功的喜悦，进而为日后的进一步合作奠定良好的基础。

(5) 有助于将企业的建立"广而告之"，招徕顾客。

2. 开业庆典的程序

开业庆典一般可按以下程序进行。

1) 请贵宾

贵宾包括维修企业的上级领导、当地有影响的企事业单位、政府机关的车管领导、顾客代表、新闻媒体等。邀请的贵宾要提前发放请帖，一些重点顾客需要企业老板亲自发放或电话邀请，由工作人员将请帖送去。

2) 广告宣传

请电台、电视台、报纸、网络等新闻媒体进行先期宣传，也可自印宣传材料。开业当天悬挂横幅、气球等，应安排录像、照相，并保存资料。

3) 安排现场活动和优惠活动

如进行开业车辆免费检测维修、赠送小礼品等。

4) 庆典会场布置

开业庆典会场布置可以从以下三个方面着手准备：

(1) 周边街区布置。在邻近街道和市区主干道布标宣传，在主干线公交车布标宣传。

(2) 店外。门外陈列标示企业 logo 的旗帜，门前设置升空气球，门外设置大型拱门，楼体悬挂巨型彩色竖标，门口用气球及花束装饰等。

(3) 店内。设立迎宾和导购小姐，门口设立明显标示企业 logo 的接待处（迎宾区），向入场者赠送活动宣传品、礼品及纪念品。设立导示系统，设立明显标示企业 logo 的指示牌等。店内相关区域设立休憩处，配备服务人员并进行礼品和宣传品的发放。店内相关位置设立业务宣传台，摆设相关礼品、宣传品展示品、纪念品，并提供咨询服务，进行现场宣传单的发放。

另外，还可以设置剪彩区和表演区。为了使庆典场面大而磅礴、热闹欢腾，可以请军乐队、歌星、舞狮队前来表演，聚集人气。

5）开业仪式程序

开业庆典仪式可按如下程序进行。

（1）宣布大会开始。

（2）宣读贺电、贺信及前来祝贺贵宾的名单。

（3）维修企业领导讲话，来宾代表讲话。

（4）剪彩、挂牌仪式、鸣炮或舞龙舞狮加以庆祝。

（5）向在场人员介绍企业的经营业务、先进技术和设备、优惠的价格、各种优惠政策等企业优势，组织参观维修厂，并开展车主、业主的优惠活动。

开业庆典后续工作也应该加强，比如立即对参会的重要客户和领导进行回访，对参加优惠活动的客户回访，对重点客户和潜在客户进一步跟进等。这样可以提高人们对企业的认可度，加大企业的影响力。

任务 2　熟悉汽车维修企业开业条件

导入：小李在维修厂工作两年后，想自己开一家小型汽车维修厂，却又不知这种汽车维修企业需要具备什么样的开业条件，在人、财、物上如何准备，很是犯难。

随着越来越多汽车新技术的应用，如电子技术在汽车上的广泛应用，对汽车从业人员的素质、检测维修设备的水平等方面有了更高的要求。原执行的 GB/T 16739—1997《汽车维修企业开业条件》，已经不能满足目前我国维修企业发展现状，因此交通部于 2004 年 1月颁布了新修订的国家标准 GB/T 16739—2004《汽车维修企业开业条件》（2005 年 1 月 1 日实施），以提高我国维修企业的整体水平，保证维修质量，适应我国加入 WTO 后汽车维修企业的发展趋势。

我国《汽车维修行业管理暂行办法》规定：各类维修企业和个体维修业户必须有与其经营范围、生产规模相适应的维修厂房和停车场地，且必须符合国家环境保护的要求。不准利用街道和公共场地停车和进行作业。具体要求应当按照 GB/T 16739—2004《汽车维修企业开业条件》。

汽车维修企业的开业条件是指汽车维修行业主管部门对汽车维修企业开业审批和年度审验的基本条件，也是各类汽车维修企业为保证其维修业务的正常进行和维修质量所必须具备的设备、设施、人员素质等条件。

新的国家标准 GB/T 16739—2004《汽车维修企业开业条件》结构上分为两部分。

第一部分为汽车整车维修企业的开业条件，将整车维修企业分为一类和二类，其主要区别在于一类企业必须自备竣工检验设备，二类企业部分竣工检验设备可以外协。

第二部分为汽车专项维修业户（三类）的开业条件，其中增加了发动机等较大总成的专业维修项目。

修订后的标准 GB/T 16739.1—2004 分为两部分，而原标准结构上分为三部分。原有的标准中开业条件将汽车维修企业分为三类：一类汽车维修企业从事汽车大修和总成修理，也可从事汽车维护、汽车小修和汽车专项修理；二类汽车维修企业从事汽车一级、二级维护和汽车小修；三类专门从事汽车专项修理或维护。

汽车维修企业开业条件的范围修订为汽车整车维修企业应具备的人员、组织管理、设施、设备等条件。关于人员条件、组织管理条件、设施条件、设备条件等具体内容均有所增加或修订。

3.2.1 汽车整车维修企业开业条件

1. 人员条件

（1）企业管理负责人、技术负责人及检验、业务、价格核算、维修（机修、电器、钣金、油漆）等关键岗位至少应配备 1 人，并应经过有关培训，取得行业主管部门颁发的从业资格证书，持证上岗。

（2）企业管理负责人应熟悉汽车维修业务，具备企业经营、管理能力，并了解汽车维修及相关行业的法规及标准。

（3）技术负责人应具有汽车维修或相关专业的大专以上文化程度，或具有汽车维修或相关专业的中级以上专业技术职称。应熟悉汽车维修业务，并掌握汽车维修及相关行业的法规及标准。

（4）检验人员数量应与其经营规模相适应，其中至少应有 1 名总检验员和 1 名进厂检验员。

（5）业务人员应熟悉各类汽车维修检测作业，从事汽车维修工作 3 年以上，具备丰富的汽车技术状况诊断经验，熟练掌握汽车维修服务收费标准及相关政策法规。

（6）企业工种设置应覆盖维修业务中涉及到的各专业。维修人员的专业知识和业务技能应达到行业主管部门规定的要求。

2. 组织管理条件

1）经营管理

（1）应具有与汽车维修有关的法规等文件资料。

（2）应具有规范的业务工作流程，并明示业务受理程序、服务承诺、用户抱怨受理制度等。

（3）应具有健全的经营管理体系，设置技术负责、业务受理、质量检验、文件资料管理、材料管理、仪器设备管理、价格结算等岗位并落实责任人。

（4）应实行计算机管理。

2）质量管理

（1）应具有汽车维修的国家标准和行业标准以及相关技术标准。

（2）应具有所维修车型的维修技术资料及工艺文件，确保完整有效并及时更新。

（3）应具有汽车维修质量承诺、进出厂登记、检验、竣工出厂合格证管理、技术档案管理、标准和计量管理、设备管理及维护、人员技术培训等制度。

（4）应建立汽车维修档案和进出厂登记台帐。汽车维修档案应包括维修合同，进厂、过程、竣工检验记录，出厂合格证副页，结算凭证和工时、材料清单等。

3. 安全生产条件

（1）企业应具有与其维修作业内容相适应的安全管理制度和安全保护措施，建立并实施安全生产责任制。安全保护设施、消防设施等应符合有关规定。

（2）企业应有各工种、各类机电设备的安全操作规程，并将安全操作规程明示在相应的工位或设备处。

（3）使用、存储有毒、易燃、易爆物品，腐蚀剂，压力容器等均应有相应的安全防护措施和设施。

（4）生产厂房和停车场应符合安全、环保和消防等各项要求。

新标准进一步完善了劳动安全保护。

4. 环境保护条件

（1）企业应具有废油、废液、废气、废蓄电池、废轮胎及垃圾等有害物质集中收集、有效处理和保持环境整洁的环境保护管理制度。有害物质存储区域应界定清楚，必要时应有隔离、控制措施。

（2）作业环境以及按生产工艺配置的处理"三废"（废油、废液、废气）、通风、吸尘、净化、消声等设施，均应符合有关规定。

（3）涂漆车间应设有专用的废水排放及处理设施，采用干打磨工艺的，应有粉尘收集装置和除尘设备，应设有通风设备。

（4）调试车间或调试工位应设置汽车尾气收集净化装置。

5. 设施条件

1）接待室

企业应设有接待室（含客户休息室），一类企业的面积不少于 40 m^2，二类企业的面积不少于 20 m^2。接待室应整洁明亮，明示各类证、照、主修车型、作业项目、工时定额及单价等，并应有客户休息的设施。

2）停车场

企业应有与承修车型、经营规模相适应的合法停车场地，一类企业的面积不少于 200 m^2，二类企业的面积不少于 150 m^2。企业租赁的停车场地，应具有合法的书面合同书。停车场地面平整坚实，区域界定标识明显。

3）生产厂房

生产厂房地面应平整坚实，面积应能满足表 3-1～表 3-3 所列设备的工位布置、生产工艺和正常作业，一类企业的面积不少于 800 m^2，二类企业的面积不少于 200 m^2。

租赁的生产厂房应具有合法的书面合同书。

6. 设备条件

（1）企业应配备与其所承修车型相适应的量具、机工具及手工具。量具应定期进行检定。

（2）企业应配备表 3-1～表 3-3 所列的通用设备、专用设备及检测设备，其规格和数量应与其生产纲领和生产工艺相适应。

（3）各种设备应符合相应的产品技术条件等国家标准和行业标准的要求。

（4）各种设备应能满足加工、检测精度的要求和使用要求。表 3-3 所列检测设备应通过设备型号和样式认定，并按规定经有资质的计量检定机构检定合格。

（5）允许外协的设备，应具有合法的合同书，并能证明其技术状况符合要求。

表 3 - 1 整车维修企业配备的通用设备

序　号	设 备 名 称
1	钻床
2	电焊及气体保护焊设备
3	气焊设备
4	压力机
5	空气压缩机

表 3 - 2 整车维修企业配备的专用设备

序　号	设 备 名 称	大中型客车	大型货车	小型车	其 他 要 求
1	换油设备		√		
2	轮胎轮辋拆装设备		√		
3	轮胎螺母拆装机	√	√	—	
4	车轮动平衡机		√		
5	四轮定位仪	—	—	√	
6	转向轮定位仪	√	√		
7	制动鼓和制动盘维修设备	√	√		
8	汽车空调冷媒加注回收设备	√	—	√	
9	总成吊装设备		√		
10	汽车举升机	—	—	√	一类应不少于5台
11	地沟设施	√	√	—	一类应不少于2个
12	发动机检测诊断设备		√		应具备示波器、转速表、发动机检测专用真空表的功能。
13	数字式万用电表		√		
14	故障诊断设备		√	√	
15	气缸压力表		√		
16	汽油喷油器清洗及流量测量仪	—	—	√	
17	正时仪		√		
18	燃油压力表	—	—	√	
19	液压油压力表		√		
20	连杆校正器		√		允许外协
21	无损探伤设备		√		修理大、中型客车必备,其他允许外协
22	车身清洗设备	—	—	√	
23	打磨抛光设备	√		√	
24	除尘除垢设备	√	—	√	

续表

序　号	设 备 名 称	大中型客车	大型货车	小型车	其 他 要 求
25	型材切割机		√		
26	车身整形设备		√		
27	车身校正设备	—	—	√	
28	车架校正设备	√	√	—	二类允许外协
29	悬架试验台	—	—	√	二类允许外协
30	喷烤漆房及设备	√	—	√	
31	喷油泵试验设备		√		
32	喷油器试验设备		√		
33	调漆设备	√			
34	自动变速器维修设备 （见 GB/T16739.2—2004 中 5.4.4）			√	
35	立式精镗床		√		允许外协
36	立式珩磨机		√		
37	曲轴磨床		√		
38	曲轴校正设备		√		
39	凸轮轴磨床		√		
40	激光淬火设备		√		
41	曲轴、飞轮与离合器总成动平衡机		√		

注："√"表示要求具备，"—"表示不要求具备。

表 3-3　整车维修企业配备的主要检测设备

序　号	设 备 名 称	其 他 要 求
1	声级计	
2	排气分析仪或烟度计	
3	汽车前照灯检测设备	二类允许外协
4	侧滑试验台	二类允许外协
5	制动检验台	修理大型货车及二类允许外协
6	车速表检验台	二类允许外协
7	底盘测功机	允许外协

3.2.2　汽车专项维修业户开业条件

【案例 3-4】

随着轿车进入家庭，私家车越来越多，人们希望车辆的维修保养更加方便、快捷。小王看准了其中商机，毕业后想自己创业，打算在自住小区附近开一家"轮胎维修店"或"四轮定位＋轮胎维修店"。请你为他列出开设一个"轮胎维修店"或"四轮定位＋轮胎维修店"

所需的一些最基本的设备，大约需要多少费用。

汽车专项维修业户应具备的通用条件以及各专项维修的经营范围、人员、设施、设备等条件如下。

1. 通用条件

从事专项维修关键岗位的人员数量应能满足生产的需要，并取得行业主管部门颁发的从业资格证书，持证上岗。应具有相关的法规、标准、规章等文件以及相关的维修技术资料和工艺文件等，并确保完整有效、及时更新。应具有规范的业务工作流程，并明示业务受理程序、服务承诺、用户抱怨受理制度等。

生产厂房的面积、结构及设施应满足专项维修作业设备的工位布置、生产工艺和正常作业要求。停车场地界定标识明显，不得占用道路和公共场所进行作业和停车，地面应平整坚实。租赁的生产厂房、停车场地应具有合法的书面合同书。应符合安全生产、环保和消防等各项要求。

配备的设备应与其生产作业规模及生产工艺相适应，其技术状况应完好，符合相应的产品技术条件等国家标准或行业标准的要求，并能满足加工、检测精度的要求和使用要求。检测设备及量具应按规定经有资质的计量检定机构检定合格。

使用、存储有毒、易燃、易爆物品，粉尘、腐蚀剂、污染物、压力容器等均应有安全防护措施和设施。作业环境以及按生产工艺安装、配置的处理"三废"、通风、吸尘、净化、消声等设施，均应符合国家有关法规、标准的规定。

2. 专项维修经营范围、人员、设施、设备条件

1）发动机修理

（1）人员条件。企业管理负责人、技术负责人及检验人员等均应经过有关培训，并取得行业主管部门颁发的从业资格证书，持证上岗。企业管理负责人应熟悉汽车维修业务，具备企业经营、管理能力，并了解发动机维修及相关行业的法规及标准。技术负责人应具有汽车维修或相关专业的大专以上文化程度，或具有汽车维修或相关专业的中级以上专业技术职称。应熟悉汽车维修业务，并掌握汽车维修相关行业的法规及标准。检验人员应不少于两名。发动机主修人员应不少于两名。

（2）组织管理。应具有健全的经营管理体系，设置技术负责、业务受理、质量检验、文件资料管理、材料管理、仪器设备管理、价格结算等岗位并落实责任人。应具有汽车维修质量承诺、进出厂登记、检验记录及技术档案管理、标准和计量管理、设备管理及维护、人员技术培训等制度并严格实施。

（3）设施条件。应设有接待室，其面积应不少于 20 m²。接待室应整洁明亮，明示各类证、照、作业项目及计费工时定额等，并应有客户休息的设施。停车场面积应不少于 30 m²，生产厂房面积应不少于 200 m²。

（4）主要设备。压力机、空气压缩机、发动机解体清洗设备、发动机等总成吊装设备、发动机试验设备、废油收集机、数字式万用电表、气缸压力表、量缸表、正时仪、汽油喷油器清洗及流量测量仪、燃油压力表、喷油泵试验设备、喷油器试验设备、连杆校正器、排气分析仪、烟度计、无损探伤设备、立式精镗床、立式珩磨机、曲轴磨床、曲轴校正设备、凸轮轴磨床、激光淬火设备、曲轴、飞轮与离合器总成动平衡机。

2）车身维修

（1）人员条件。企业管理负责人、技术负责人及检验人员应符合发动机修理人员条件的要求。检验人员应不少于1名。车身主修及维修涂漆人员均不少于两名。

（2）组织管理条件。企业的组织管理条件与发动机修理组织管理条件相同。

（3）设施条件。应设有接待室，其面积应不少于20 m²。接待室应整洁明亮，明示各类证、照、作业项目及计费工时定额等，并应有客户休息的设施。停车场面积应不少于30 m²，生产厂房面积应不少于120 m²。

（4）主要设备。电焊及气体保护焊设备、气焊设备、压力机、空气压缩机、汽车外部清洗设备、打磨抛光设备、除尘除垢设备、型材切割机、车身整形设备、车身校正设备、车架校正设备、车身尺寸测量设备、喷烤漆房及设备、调漆设备（允许外协）。

3）电气系统维修

（1）人员条件。企业管理负责人、技术负责人及检验人员应符合发动机修理的人员的要求。检验人员应不少于1名。电子电器主修人员应不少于两名。

（2）组织管理条件。企业的组织管理条件同发动机修理组织管理条件。

（3）设施条件。设施条件和"车身维修"的设施条件相同。

（4）主要设备。空气压缩机、故障诊断设备、数字式万用电表、充电机、电解液比重计、高频放电叉、汽车前照灯检测设备（允许外协）、电路检测设备。

4）自动变速器修理

（1）人员条件。企业管理负责人、技术负责人及检验人员与发动机修理要求相同。检验人员应不少于1名。自动变速器专业主修人员应不少于两名。

（2）组织管理条件。企业的组织管理条件与发动机修理条件相同。

（3）设施条件。设施条件和"发动机修理"的设施条件相同。

（4）主要设备。自动变速器翻转设备、自动变速器拆解设备、变扭器维修设备、变扭器切割设备、变扭器焊接设备、变扭器检测（漏）设备、零件高压清洗设备、电控变速器测试仪、油路总成测试机、液压油压力表、自动变速器总成测试机、自动变速器专用测量器具。

5）车身清洁维护

（1）人员条件。至少有两名经过专业培训的车身清洁人员。

（2）设施条件。生产厂房面积不少于40 m²。停车场面积不少于30 m²。

（3）主要设备。举升设备或地沟，汽车外部清洗设备及污水处理设备，吸尘设备，除尘、除垢设备，打蜡设备，抛光设备。

（4）节水条件。取得节水管理部门的批准，符合当地节水及环保要求。

6）涂漆

（1）人员条件。至少有1名经过专业培训的汽车维修涂漆人员。

（2）设施条件。生产厂房面积不少于120 m²。停车场面积不少于40 m²。

（3）主要设备。举升设备，除锈设备，砂轮机，空气压缩机，喷烤漆房（从事轿车喷漆必备）或喷漆设备，调漆设备（允许外协），吸尘、通风设备。

7）轮胎动平衡及修补

（1）人员条件。至少有1名经过专业培训的轮胎维修人员。

（2）设施条件。生产厂房面积不少于 30 m²。停车场面积不少于 30 m²。

（3）主要设备。空气压缩机，漏气试验设备，轮胎气压表，千斤顶，轮胎螺母拆装机或专用拆装工具，轮胎轮辋拆装、除锈设备或专用工具，轮胎修补设备，车轮动平衡机。

8）四轮定位检测调整

（1）人员条件。至少有 1 名经过专业培训的汽车维修人员。

（2）设施条件。生产厂房面积不少于 40 m²。停车场面积不少于 30 m²。

（3）主要设备。举升设备、四轮定位仪、空气压缩机、轮胎气压表。

9）供油系统维护及油品更换

（1）人员条件。至少有 1 名经过专业培训的汽车维修人员。

（2）设施条件。生产厂房面积不少于 40 m²。停车场面积不少于 30 m²。

（3）主要设备。不解体油路清洗设备、换油设备、废油收集设备、举升设备或地沟、空气压缩机。

10）喷油泵、喷油器维修

（1）人员条件。至少有 1 名经过专业培训的汽车高压油泵维修人员。

（2）设施条件。生产厂房面积不少于 30 m²。停车场面积不少于 30 m²。

（3）主要设备。喷油泵、喷油器清洗和试验设备、喷油泵-喷油器密封性试验设备（从事喷油泵、喷油器维修的业户）、弹簧试验仪、千分尺、厚薄规。

11）曲轴修磨

（1）人员条件。至少有 1 名经过专业培训的曲轴修磨人员。

（2）设施条件。生产厂房面积不少于 60 m²。停车场面积不少于 30 m²。

（3）主要设备。曲轴磨床、曲轴校正设备、曲轴动平衡设备、平板、V 型块、百分表及磁力表座、外径千分尺、无损探伤设备、吊装设备。

12）气缸镗磨

（1）人员条件。至少有 1 名经过专业培训的气缸镗磨人员。

（2）设施条件。生产厂房面积不少于 60 m²。停车场面积不少于 30 m²。

（3）主要设备。立式精镗床、立式珩磨机、压力机、吊装起重设备、气缸体水压试验设备、量缸表、外径千分尺、厚薄规、激光淬火设备（从事激光淬火必备）、平板。

13）散热器维修

（1）人员条件。至少有 1 名经过专业培训的专业维修人员。

（2）设施条件。生产厂房面积不少于 30 m²。停车场面积不少于 30 m²。

（3）主要设备。清洗及管道疏通设备、气焊设备、钎焊设备、空气压缩机、喷漆设备、散热器密封试验设备。

14）空调维修

（1）人员条件。至少有 1 名经过专业培训的汽车空调维修人员。

（2）设施条件。生产厂房面积不少于 40 m²。停车场面积不少于 30 m²。

（3）主要设备。汽车空调冷媒加注回收设备、气焊设备、空调电器检测设备、空调专用检测设备、数字式万用表。

15）汽车装璜（蓬布、座垫及内装饰）

（1）人员条件。至少有 1 名经过专业培训的维修人员。

（2）设施条件。生产厂房面积不少于 30 m²。停车场面积不少于 30 m²。

（3）主要设备。缝纫机、锁边机、工作台或工作案、台钻或手电钻、电熨斗、裁剪工具、烘干设备。

16）汽车玻璃安装

（1）人员条件。至少有 1 名经过专业培训的维修人员。

（2）设施条件。生产厂房面积不少于 30 m²。停车场面积不少于 30 m²。

（3）主要设备。工作台、玻璃切割工具、注胶工具、玻璃固定工具、直尺、弯尺、玻璃拆装工具、吸尘器。

【案例 3 - 4】

"轮胎维修店"设备投资估算

建一个"轮胎维修店"除了千斤顶、轮胎扳手和轮胎气压表等必备工具外，还需要一台性能优良的空气压缩机，价格约为 700 元～1200 元。维修大型车辆的轮胎店，应配备一支气动扳手，大约为 2000 元。维修小型车辆的轮胎店要配备轮胎拆装机和动平衡机，这两种设备国产和进口的价格相差很大。国产的这两种设备价格大都在 4000 元～7 000 元之间，国产设备足以胜任轮胎维修工作。以上是建一个轮胎维修店所需的最基本设备，所需的费用大约是 1 万元～2 万元。

"四轮定位＋轮胎维修店"设备投资估算

在轮胎维修基础上还可以开展四轮定位业务。一台四轮定位仪价格在 5 万元～10 万元之间，可根据经济实力选择。四柱举升机是必备设备，而且必须具备二次举升功能，以便于定位时的操作，价格大约为 2 万元。这样算起来，一个功能齐全的"四轮定位＋轮胎维修店"所需费用在 7 万元～14 万元。

任务 3　熟悉维修经营的相关程序

为规范机动车维修经营活动，维护机动车维修市场秩序，使开停业管理正规化和制度化，经营者在办理开业停业手续时有章可循，交通部对想要从事汽车维修经营业务的汽车维修企业和经营业户的立项、开业、歇业、停业及变更等审批程序作出了规定。其法律依据是《中华人民共和国道路运输条例（2012 年修正本）》第三十七条（请参考本模块后的【学习资源】网址详细了解相关内容）以及《机动车维修管理规定》（交通部令 2005 年第 7 号）第十一条和第十四条。

3.3.1　汽车维修企业和经营业户开业审批程序

1. 开业申请需具备的条件

（1）有与其经营业务相适应的维修车辆停车场和生产厂房。租用的场地应当有书面的租赁合同，且租赁期限不得少于 1 年。停车场和生产厂房面积按照国家标准《汽车维修业开业条件》相关条款的规定执行。

（2）有与其经营业务相适应的设备、设施。所配备的计量设备应当符合国家有关技术标准要求，并经法定检定机构检定合格。从事汽车维修经营业务的设备、设施的具体要求按照国家标准《汽车维修业开业条件》（GB/T16739—2004）相关条款的规定执行；从事其他机动车维修经营业务的设备、设施的具体要求，参照国家标准《汽车维修业开业条件》（GB/T16739—2004）执行，但所配备设施、设备应与其维修车型相适应。

（3）有必要的技术人员。

① 从事一类和二类整车维修业务的应当各配备至少1名技术负责人员和质量检验人员。技术负责人员应当熟悉汽车或者其他机动车维修业务，并掌握汽车或者其他机动车维修及相关政策法规和技术规范；质量检验人员应当熟悉各类汽车或者其他机动车维修检测作业规范，掌握汽车或者其他机动车维修故障诊断和质量检验的相关技术，熟悉汽车或者其他机动车维修服务收费标准及相关政策法规和技术规范。技术负责人员和质量检验人员总数的60%应当经全国统一考试合格。

② 从事一类和二类整车维修业务的应当各配备至少1名从事机修、电器、钣金、涂漆的维修技术人员；从事机修、电器、钣金、涂漆的维修技术人员应当熟悉所从事工种的维修技术和操作规范，并了解汽车或者其他机动车维修及相关政策法规。机修、电器、钣金、涂漆维修技术人员总数的40%应当经全国统一考试合格。

③ 从事专项维修业务的，按照其经营项目分别配备相应的机修、电器、钣金、涂漆的维修技术人员；从事发动机维修、车身维修、电气系统维修、自动变速器维修的，还应当配备技术负责人员和质量检验人员。技术负责人员、质量检验人员及机修、电器、钣金、涂漆维修技术人员总数的40%应当经全国统一考试合格。

（4）有健全的维修管理制度。包括质量管理制度、安全生产管理制度、车辆维修档案管理制度、人员培训制度、设备管理制度及配件管理制度。具体要求按照国家标准《汽车维修业开业条件》（GB/T16739—2004）相关条款的规定执行。

（5）有必要的环境保护措施。具体要求按照国家标准《汽车维修业开业条件》（GB/T16739—2004）相关条款的规定执行。

2. 提交申请材料

（1）机动车维修企业或经营业主的法人代表或经营业户，须向县级以上道路运政管理机构提出筹建立项申请。在规定期限内填写《交通行政许可申请书》、《开业申请表》，提出开业申请。

（2）提交开业书面申请报告。内容包括：经营项目、营业场所、停车场地、法人代表或经营业主、职工人数及人员条件、经营规模、设备条件等。

（3）同时向道路运政管理机构提交企业负责人、法人身份证、经营场地、停车场面积资料、土地使用权及产权证明或租赁合同复印件（需验原件）。企业负责人、法人若非当地户口的，还需提供暂住证或所在街道证明。

（4）需提供工商名称核准通知书或工商营业执照副本（验原件）。

（5）需提供厂区平面和工艺布置图。

（6）需提供厂区符合消防安全有关规定证明文件复印件（验原件）。

（7）需提供厂区符合环保有关规定证明文件。

（8）企业员工的维修行业从业资格证。

（9）维修检测设备及计量设备检定合格证明。

（10）生产管理的各项基本制度包括机具设备管理及维修制度、安全生产和文明卫生制度、服务承诺、维修收费标准、维修质量保证制度、质量检验制度、接车、服务、配件、返工处理、客户跟踪服务、环保等管理范畴。

3. 汽车维修企业或经营业户开业审批程序

（1）筹建机动车维修企业或经营业主的法人代表或经营业户，须在规定期限内填写《交通行政许可申请书》、《开业申请表》，提出开业申请，同时向道路运政管理机构提交法人身份证、经营场地、停车场面积资料、土地使用权及产权证明复印件等以上提到的各种证件复印件和相关的制度及有关材料，经营特约维修的业户还应提供正式的签约合同，开业申请由批准立项的道路运政管理机构受理。

（2）受理开业申请的道路运输管理机构接到开业申请后，应当派出专门评审组织，对申请人的筹建工作按国标《汽车维修开业条件》批准立项申请的要求进行现场勘验，自受理申请之日起 15 日内作出许可或者不予许可的决定。

符合法定条件的，道路运输管理机构作出准予行政许可的决定，向申请人出具《交通行政许可决定书》，在 10 日内向被许可人颁发机动车维修经营许可证件，明确许可事项；不符合法定条件的，道路运输管理机构作出不予许可的决定，向申请人出具《不予交通行政许可决定书》，说明理由，并告知申请人享有依法申请行政复议或者提起行政诉讼的权利。审批决定应由集体研究决定。汽车整车维修企业由省市级道路运输管理机构审批，汽车专项维修业户由县级道路运输管理机构审批。

（3）由审批机构核发《经营许可证》及铜制《汽车维修企业经营标志牌》给批准开业的申请人。《经营许可证》统一印制并编号，而且实行有效期制。汽车整车维修企业的《经营许可证》有效期为 6 年，汽车专项维修业户的《经营许可证》有效期为 3 年。汽车维修经营者应当在许可证有效期满前 30 日到原批准机构办理换证手续。

凭《经营许可证》到环保部门办理环保评估，批准后，凭领到的《自来水使用许可证》、《排污证》和《经营许可证》、《店面租赁合同》等到工商行政管理部门和税务部门分别办理工商营业执照和税务登记手续。

（4）领取有关单证。申请人持《经营许可证》到当地道路运政管理机构领取《汽车维修合同》、《汽车维修进、出厂检验单》、《汽车维修工时、材料费用明细表》、《汽车维修竣工出厂合格证》等有关单证。

4. 申请汽车维修连锁经营服务网点许可的程序

申请汽车维修连锁经营服务网点的，可由汽车维修连锁企业总部向连锁经营服务网点所在地县级道路运输管理机构提出申请，提交以下材料，并对材料真实性承担相应的法律责任。

（1）汽车维修连锁经营企业总部汽车维修经营许可证件复印件。

（2）连锁经营协议书副本。

（3）连锁经营的作业标准和管理手册。

（4）连锁经营服务网点符合汽车维修经营相应开业条件的承诺书。

道路运输管理机构在查验申请资料齐全有效后，应当场或在 5 日内予以许可，并发给相应许可证件。连锁经营服务网点的经营许可项目应当在机动车维修连锁经营企业总部许可项目的范围内。

5. 3S 或 4S 特约维修站审批流程

（1）候选单位填写申请表。申请表一般包括申请单位现状、经营历史及业绩、财务状况、经营管理状况、为特约维修站提供的条件。

（2）厂家评分。汽车生产厂家根据候选单位的申请表评分。

（3）实地访谈。汽车生产厂家根据候选单位得分初评，并对候选单位实地访谈。

（4）访谈评分。汽车生产厂家根据对候选单位的实地访谈情况，对候选单位进行评分。

（5）审核认定。汽车生产厂家网络发展委员会审核认定。

（6）意向协议。汽车生产厂家与候选单位签订意向协议。

（7）申请验收。候选单位按照汽车生产厂家的要求，进行基础建设、人员培训、形象建设等，完毕后，申请汽车生产厂家验收。

（8）正式协议。汽车生产厂家验收合格，双方签订正式协议。

3.3.2 汽车维修企业或经营业户歇业申请、审批程序

（1）受理汽车维修企业经营者歇业申请的机构应当是原批准开业的机构，并可要求申请人提前 30 天提出歇业申请，填写相关的《歇业申请表》。

（2）受理申请歇业时，道路运政管理机构应当审核申请人提供的债权、债务及其他遗留问题处理的有关材料，并在 10 天内作出批准或不批准的决定。

（3）经批准歇业的汽车维修企业或经营业户，应当提前 10 天发布歇业通告。

（4）经营者正式歇业后，当地道路运政管理机构应立即向其收回各种经营证件和有关单证票据。

3.3.3 汽车维修企业或经营业户停业申请程序

（1）受理并批准经营者临时停业申请的，应当是原批准开业的机构。临时停业在 1 个月以上的，由经营者在停业 5 日前提出申请。经批准临时停业的，应当向经营者收回经营证件和专业票据。

（2）经营者临时停业期满需要恢复营业时，由原批准机构受理其复业申请。复业申请由经营者在复业 5 天前提出。

3.3.4 汽车维修企业或经营业户变更申请、审批

1. 汽车维修企业或经营业户异动变更

（1）名称变更。因合并、分立、联营或隶属关系等改变时，由经营者提交上级主管部门的批文或有关的联营协议等。因住所或营业场所变动，由经营者说明变动原因，提交有关文件。因扩大或缩小经营范围，应要求经营者提交原经营情况和申请计划。

（2）经营权的变更。经营者之间转让或出售的，出让方情况按歇业程序办理，受让方持转让证明，根据具体情况分别按"名称变更"、"经营范围变更"等程序办理。经营者向非经营者转让或出卖企业的，出卖方情况按歇业、停业程序办理，受让方按开业程序办理手续。

（3）个人租凭或承包，发生产权和经营权的变更，由租赁或承包者持租赁或承包抵押协议书到所在地道路运政管理机构备案。道路运政管理机构对于经营者的变更，应认真审查，重新核订其经营范围、经济性质、确定税费缴纳方式和管理方法。

2. 经营范围的变更

经营业户因故需变更其经营范围的，由原批准开业的机构受理，根据具体经营情况分别按同类变更和异类变更办理。汽车维修经营范围的变更主要是同类变更，属于扩大经营范围的企业按开业程序办理，属于缩小经营范围的企业应由经营者填报变更表。经审核同意的，换发经营证件，必要时向社会通告。

3.3.5 年度审验

（1）县级以上道路运政管理机构，应对辖区内的经营业户进行年度审验。经营业户的年度审验的时间，由省级或地级道路运政管理机构确定。

（2）道路运政管理机构应当提前向经营业户公布年度审验的具体安排和分发年度审验表。

（3）年度审验时应向经营业户收回审验表及有关证件。

（4）年度审验的主要内容：经营资质的评审，经营行为的评审，规费缴纳的情况。

（5）年度审验结果应记录在"年度审验表"，并存入分户档案中。

【案例 3 - 5】

湖南某市运管处维修科于 2012 年 3 月组织全市汽车 158 家维修企业进行了 2011 年度的质量信誉考核和年度审验。此次审验旨在加强机动车维修行业管理，引导全市汽车维修企业依法经营、诚信服务。按照《机动车维修企业质量信誉考核办法》的要求，一、二类汽车维修企业经质量信誉考核评定为 AAA 级（优良）29 家、AA 级（合格）26 家、A 级（基本合格）57 家、B 级（不合格）4 家，未参加本年度考核的 3 家，停业整顿的 7 家。三类维修企业经年度审验合格的 30 家，停业整顿两家，并将汽车维修企业考核年审的结果公布到"湖南维修与检测网"，在网上列出了被评定为各个级别的汽车维修企业全称，此次向社会公示期一个月。通过这样的质量信誉考核和年度审验，规范了当地的汽车维修市场，保证了汽车维修企业健康发展。

【知识拓展】

上海通用"Buick Care（别克关怀）"活动

2002 年 11 月 15 日，"Buick Care（别克关怀）"正式亮相，上海通用汽车宣称，这是中国汽车的第一个售后服务品牌。除了寓意深刻的视觉标识外，"别克关怀"最受人瞩目的是其全新的"关怀式售后理念"及在此基础上推出的 6 项"关心服务"。即：

（1）主动提醒问候服务（主动关心）；

（2）一对一顾问式服务（贴身关心）；

（3）快速保养通道服务（效率关心）；

（4）配件价格、工时透明管理（诚信关心）；

（5）专业技术维修认证服务（专业关心）；

(6) 两年或六万千米质量保证(品质关心)。

"别克关怀"的推出，突破了当时售后服务在形象上从属于销售的现状，更率先将汽车售后服务从传统的被动式维修带入了主动式关怀的新时代，同时也加强了别克品牌的市场竞争力。"别克关怀"以"比你更关心你"为核心，强调售后服务的主动性，要求服务人员主动担当顾客的保养顾问，并重视顾客在体验整个服务过程中的心理感受。

别克关怀曾荣获 2004 年世界权威机构 JD POWER 用户满意度调查第一名；唯一一家汽车制造企业获得 2004 年度"全国用户满意服务"称号。

上海通用"Buick Care(别克关怀)"活动发展历程：

2002 年 11 月上海通用推出别克关怀(Buick Care)服务品牌，中国第一个汽车服务品牌由此诞生。

2003 年 3 月配合"别克关怀"品牌的创立，上海通用汽车全面提升别克售后服务标准，推出"别克关怀"健康中心，将"免费健诊"活动纳入其中。

2003 年 12 月在 24 小时全天候紧急服务的基础上，免费客户服务热线正式升格为 24 小时(全年无休)。

2004 年 1 月推出规范特约售后服务中心运作标准。

2004 年 11 月全国同步启动"菜单式保养"服务。

2004 年 12 月首家推出"星月服务"。

2006 年 7 月别克关怀三项全能竞标赛全线展开，全面提升维修人员专业技能。

2007 年 2 月全面启动"客户经理制"，让满意更进一步。

2007 年 7 月别克 JD Power 客户服务满意度调查，别克品牌在全行业稳居前三。

2008 年 2 月发起别克关怀"橙丝带"行动，建立别克公益性活动平台。

2009 年 3 月将全年四次季节免费健诊升级成六次免费健诊。

2010 年 4 月推出用心打造的创新服务平台——360 度全方位关怀。所有别克车主均有机会无偿享受精品服务。

2010 年 6 月别克关怀服务专员岗位认证(SA)开始第一期铜牌认证，营造争创高满意度服务的氛围。

2011 年 11 月别克关怀成立十周年。

学习资源：

★http://www.moc.gov.cn.中华人民共和国交通运输部 资料：机动车维修管理规定

★http://www.wwwauto.com.cn/yzzxfw/zixunJD/JTB-7HL-SY/JTB-07-7HL-SY.htm《机动车维修管理规定》释义，人民交通出版社出版(2005 年 9 月第 1 版)

★http://www.chinalaw.gov.cn/article/fgkd/xfg/xzfg/201211/20121100378273.shtml 国务院法制办公室网站，中华人民共和国道路运输条例(2012 年修正本)。

★运管人家：http://www.yunzheng.org/

注：这是在 2004 年 4 月 14 日国务院第 48 次常务会议通过，2004 年 4 月 30 日中华人民共和国国务院令第 406 号公布基础上，根据 2012 年 11 月 9 日中华人民共和国国务院令第 628 号公布，自 2013 年 1 月 1 日起施行的《国务院关于修改和废止部分行政法规的决定》)。

★别克官方网站：http://www.buick.com.cn/

模块三同步训练

一、填空题

1. 汽车企业位置类型可以简单分为三类：_____、_____、_____。

2. 国家标准《汽车维修业开业条件》中规定了汽车维修业必须具备 _____、_____、_____、_____、_____、_____、_____等条件。

3. 汽车维修企业年度审验的主要内容包括：_____、_____、_____。

4. 一类整车维修企业的生产厂房面积不少于_____ m²，二类整车维修企业的生产厂房面积不少于_____ m²。

5. 厂址的选择流程一般要进行以下三个方面的工作：_____、_____、_____。

二、判断题(打√或×)

1. 各类汽车维修企业都有企业负责人和专职检验员。　　　　　　　　　　　（　　）

2. 各类汽车维修企业都必须有停车场。　　　　　　　　　　　　　　　　（　　）

3. 整车维修企业的有些设备也可以外协解决。　　　　　　　　　　　　　（　　）

4. 从事一、二类整车维修业务维修许可证有效期为6年。　　　　　　　　（　　）

5. 从事汽车维修业务的租赁厂房的租赁期不得少于6个月。　　　　　　　（　　）

6. 汽车维护作业没有质量保证期。　　　　　　　　　　　　　　　　　　（　　）

7. 申请从事机动车维修经营的，应当向省级道路运输管理机构提出申请。（　　）

三、问答题

1. 《汽车维修企业开业条件》对汽车维修企业的开业都有哪些要求？

2. 筹建汽车维修企业时应进行哪些可行性项目分析？

3. 简单叙述汽车维修选址流程中要进行的几个方面的工作？

4. 请说明汽车维修企业或经营业户开业审批程序？

5. 概括汽车维修企业开业筹备工作。

6. 概括维修企业开业庆典的作用。

四、能力训练

1. 小王在某维修企业厂做过两年的钣金工，现在想和朋友合伙开一个钣金专项维修厂，可又不懂得如何规划和投资，请你根据所学知识，帮助小王做个方案。

2. 小李同学想毕业开一家汽车电器修理店，请你帮助他做一个设备投资估算。

3. 朋友的一个汽车美容装饰店要开业了，请你帮助策划组织一个开业庆典。

模块四　汽车维修企业的人力资源管理

> **知识目标：**
> 　　了解人力资源和人力资源管理的基本知识；
> 　　了解汽车维修企业常见的组织机构形式；
> 　　了解员工招聘的原则，清楚员工招聘的基本知识；
> 　　掌握员工培训的方法和形式；
> 　　掌握激励的相关理论及常用方法。
> **能力目标：**
> 　　能够组织员工招聘；
> 　　能够根据不同的员工特点组织员工培训；
> 　　能够利用相关方法对不同岗位的员工进行绩效考评；
> 　　能够用合适的方法激励员工。

　　从经济学的角度看，一切经济活动都要涉及五类资源：人力资源、物力资源、财力资源、时间资源、信息资源。其中只有人力资源是能动的"活的资源"，能够主动地创造和改造世界，并且是难以控制与把握的；其余的均是被动的、机械性的，是容易控制的"物的资源"，是由人力资源去控制和把握的。因此，人才是生产力中最活跃的要素，是构筑企业核心竞争力的基石，是企业最宝贵、最有价值的资源，是在企业生存与发展中起决定性作用的因素。

　　假如有两个国家或两个相同的维修企业，它们拥有相同数量与质量的"物的资源"，那么决定国家财富状况或者企业效益的就是人力资源开发与利用的情况，人力资源的数量和质量决定了对"物的资源"的使用与驾驭，是浪费、高耗、低效，还是节约、低耗、高效。现代维修企业之间的竞争，很大程度上是人力资源的竞争。因此，人力资源管理是现代维修企业管理的重要内容。现代人力资源管理的根本点就是以人为本的战略性激励，它不是管人，而是爱人、善待人、尊重人、理解人。

任务1　学习人力资源管理的基本知识

4.1.1　人力资源管理的基本概念和原理

　　现代工业企业的人力资源管理虽起源于传统工业企业中的劳动人事管理，但不同的是传统工业企业中的劳动人事管理重于管理，而现代工业企业的人力资源管理更重于开发。

1. 人力资源的概念

人力资源是指在一定时间、空间条件下，现实的和潜在的劳动力的数量和素质的总称。人力资源的总体概念既包括劳动力的数量，还包括其素质，更包含着它的结构。因此，人力资源体现在它的体质、知识、智力、经验、技能等诸多方面。

人力资源管理是指企业为了实现其既定目标，运用现代管理措施和手段，对人力资源的获取、开发、培训、使用和激励等方面进行规划、组织、控制、协调的一系列活动的综合过程。对于某个具体的企业而言，人力资源管理就是对员工招聘、录用、培训、绩效考评、福利与报酬等工作进行综合性管理。其目的是为了使企业的人力、物力与财力保持最佳的配合，并恰当地引导、控制和协调人的理想、心理和行为，充分发挥人的主观能动性，人尽其才、人尽其用、人事相宜，实现企业的最终目标。

2. 人力资源管理的基本原理

1）能位匹配原理

能位匹配原理指根据人的才能和特长，把人安排到相应的职位上，尽量保证岗位要求与人的实际能力相适应、相一致，做到人尽其才，才尽其用，用其所长，扬长避短。

2）互补优化原理

互补优化原理指充分发挥每个员工的特长，助长抑短，采用协调优化的组合，形成整体优势，顺利有效地发挥强大的合力功能。

3）动态适应原理

动态适应原理指在动态下使人的才能与其岗位相适应，以达到充分开发利用人力资源潜能，提高组织效能的目标。

4）激励强化原理

激励强化原理指通过奖励和惩罚，使员工明辨是非，教育、激发、鼓励员工的内在动力、自觉精神和良好动机，朝着期望的目标迈进。

5）公平竞争原理

公平竞争原理指竞争各方从同一起点，进行公平、公正、公开考核、录用和奖惩。

4.1.2　人力资源管理的目标与任务

明确人力资源管理的目标和任务是做好人力资源管理工作的前提。

1. 人力资源管理的目标

（1）最大限度地满足企业人力资源的需求，保证企业的正常运转。

（2）最大限度地开发与管理企业内外的人力资源，促进企业的持续发展。

（3）最大限度地维护与激励企业内部人力资源，充分发挥员工潜能，使人力资源得到应有的补充和提升。

（4）最大限度地利用人力资源的规律和方法，正确处理和协调生产经营过程中人与人的关系、人与事的关系、人与物的关系，维持人、事、物在时间和空间上的协调，实现最优结合。

（5）最大限度地保障人力资源的环境条件，确保劳动安全，避免生产事故。

（6）最大限度地提高劳动生产效率，尽量以最小、最合理的投入获取最佳的经济效益。

（7）最大限度地遵循价值杠杆原理，发掘人才，使用人才，培养人才，留住人才。

（8）最大限度地研究、分析企业生产纲领和规模效益的配比关系，精心进行岗位设计，达到职数、职位的科学、合理配置。

（9）最大限度地从战略高度前瞻企业的发展前景，准确预测人力资源的目标，制订人力资源规划。

（10）最大限度地创造和培育企业人际氛围，塑造良好的企业文化，以利于员工工作、学习和生活。

2. 人力资源管理的任务

1）做好人力资源规划

对于未正式组建的企业，人力资源管理工作首先是人力资源规划工作，而对于已经存在的企业，人力资源规划仍然是一项重要的常规工作，其主要内容见表4-1。人力资源部门要认真分析与研究企业的发展战略与发展规划，主动提出相应的人力资源发展规划建议，并积极制订落实。人力资源部门要积极配合有关部门做好分析、组织、设计工作，指导基层做好岗位设置和设计工作。

表4-1　人力资源规划的主要内容

规划项目	主 要 内 容	预 算 内 容
总体规划	人力资源管理的总体目标和配套政策	预算总额
配备计划	中长期内不同职务、部门或工作类型的人员分布情况	人员总体规模变化而引起的费用变化
退休解聘计划	各种原因离职人员情况及其所在岗位情况	安置费
补充计划	需要补充人员的岗位、补充人员的数量、对人员的要求	招募、选择费用
使用计划	人员晋升政策、晋升时间；轮换工作的岗位情况，人员情况、轮换情况	职业变化引起的薪酬福利等支出的变化
培训开发计划、职业规划计划	培训对象、目的、内容、时间、地点场所、教员情况、骨干人员的使用和培养方案	培养总投入、脱产人员工资及损失
劳动关系计划	减少和预防劳动争议，改进劳动关系的目标和措施	诉讼费用及可能的赔偿

2）工作和岗位分析

工作分析是确定完成各项工作所需的技能、责任和知识的系统过程。它提供了关于工作本身的内容、要求以及相关的信息。通过工作分析可以确定某一工作的任务和性质，确定适合从事这项工作的人。这些信息都可以通过工作分析的结果——岗位说明书进行描述。

工作分析主要用于解决工作中以下6个方面的重要问题。

（1）员工完成什么样的体力和脑力劳动（What）。

（2）由谁来完成上述劳动（Who）。

（3）工作将在什么时间内完成（When）。

（4）工作将在哪里完成（Where）。

（5）如何完成此项工作（How）。

（6）为什么要完成此项工作（Why）。

以上 6 个问题涉及了一项工作的职责、内容、工作方式、环境以及要求 5 大方面的内容。工作分析也就是在调查研究的基础上，理顺一项工作在这 5 个方面的内在关系。工作分析的过程也是一个工作流程分析与岗位设置分析的过程。

人力资源部门要对企业的工作进行分析，全面、正确地把握企业内每个岗位的各项要求与人员素质匹配情况，及时、准确地向有关部门与人员提供相关信息。这种具体要求必须形成书面材料，这就是工作岗位职责说明书。这种说明书不仅是招聘工作的依据，也是对员工的工作表现进行评价的标准，进行员工培训、调配、晋升等工作的根据。

3）人力资源配置

人力资源管理部门应该全面掌握企业工作要求与员工素质状况，及时对那些不适应岗位要求的员工进行适当调整，使人适其岗、尽其用、显其效。

4）员工招聘

招聘包括吸引和录用两部分工作。对于那些一时缺乏合适人选的空缺岗位，人力资源管理部门要认真分析岗位工作说明书，选择合适的广告媒体积极宣传，吸引那些符合岗位要求的人前来应聘，给每个应聘的人提供均等的就业机会。人力资源部门在招聘过程中，应充分理解招聘和应聘工作是一个双方权衡的过程，并非单方面对应聘人条件的衡量。录用时，除考虑人员的应聘条件外，还应考虑企业的承受能力与特点。

5）人才维护

全部岗位人员到位，形成优化配置后，如何维护与维持配置初始的优化状态是人力资源管理的核心任务。人才维护包括：积极性的维护、能力的维护、健康的维护、工作条件与安全的维护等。人才维护主要通过激励机制、制约机制与保障机制的建立与发挥来完成，包括薪酬、福利、奖惩、绩效考评和培训等手段。

6）人力资源开发

人力资源的潜能巨大。有关研究表明，当员工经过一定的努力并适合当前的岗位工作要求后，只要发挥 40% 左右能量，就足以保证完成日常工作任务。换一个角度来看，人力资源在维持状态下一般只发挥了 40% 的作用，尚有 60% 的潜力有待开发、挖掘。因此人力资源维护是保证企业人力资源需要的基础，而开发才是促进企业持续发展的根本，维护总是有限的，开发才是无限的。因此开发人力资源是企业人力资源管理永恒的主题。

小型汽车维修企业可以只设置专职或兼职的人力资源管理人员。中、大型汽车维修企业要设置人力资源部，配备若干专职人员。人力资源管理是一项重要的工作，因而大多由企业高层管理者主抓，归属于厂长/经理办公室或由厂长/经理直接领导。

任务 2 汽车维修企业岗位研究

4.2.1 岗位研究

岗位是指企业赋予每一个员工的职务、工作任务及其所承担责任的统一体，是人力资源管理的基本单位，例如汽车修理工、前台接待员、销售顾问、销售经理等。企业中的一个岗位对应着一项工作。

岗位研究就是对每一个员工所做的工作进行研究。研究的内容有四个层次：任务、职位、职务、职业。例如，让一个机修工检修一辆车的运行情况就是一项任务；一个中等规模的维修企业会设有十几个汽车机修工职位，同时汽车机修工也是一种职务；汽车维修就是一种职业，它包含有不同的职务和一些职位。

岗位研究是组织设计的基础，解决的问题是组织最基本单位的优化，属于一个企业管理的微观问题。组织和岗位的关系就像楼房和组成楼房的砖瓦。

岗位研究按照研究工作的时间顺序和目的、作用的不同可以分为五种活动。

1. 岗位调查

以工作岗位为对象，采用科学的调查方法，搜集各种与岗位有关的信息和资料的过程。它包括两方面内容，即担任本岗位工作员工的一般情况和岗位工作详细情况。

2. 岗位分析

在进行了岗位调查之后，对企业各类岗位的性质、任务、职责、劳动条件和环境以及员工承担本岗位任务应该具备的资格条件进行系统分析，并制订岗位说明和上岗资格等人力资源管理文件。

3. 岗位设计

利用岗位分析的信息，对现有岗位进行改进，对新设岗位进行分析，明确岗位的性质、任务和职责。具体就是规定某个岗位的任务、责任、权利以及组织中与其他岗位关系的过程。

4. 岗位评价

以企业工作岗位为对象，综合运用多学科的理论和方法，按照一定的客观标准，对岗位的劳动环境、劳动责任、所需资格条件等因素，系统地进行测定、比较、归类和分级的过程。

5. 岗位归类分级

在岗位分析、岗位评价的基础上，采用一定的科学方法，按照岗位工作的性质、特征、繁简、难易程度、工作责任大小和人员必须具备的资格条件，对企业全部岗位进行的多层次划分。

4.2.2 岗位说明书

对企业进行岗位研究之后，需要写出岗位说明书。岗位说明书是企业人力资源工作开展的基础工具，只有在明确各岗位基础上，才能有的放矢，为开展后续的薪酬管理、绩效考核与管理、员工培训与招聘等工作提供参考和依据。

岗位说明书不但可以帮助任职人员了解其工作，明确其责任范围，还可以为管理者的决策提供参考。大致包括：岗位基本信息、工作目标与职责、工作内容、工作的时间特征、工作完成结果及建议参考标准、所需教育背景、需要的工作经历、专业技能证书、专门的培训、体能要求等几个方面。说明书详细具体地说明了岗位自身特性和工作对人的要求。因此，岗位说明书要求准确、规范、清晰。

【案例 4 - 1】

某品牌汽车 4S 店销售经理岗位说明书（见表 4 - 2）

表 4 - 2　4S 店销售经理岗位说明书

岗位名称	销售经理	部门名称	销售部	岗位编号	
直接上级	品牌项目部总经理	直接下级	销售主管	岗位定员	1
薪资等级		核准人		填写日期	

<table>
<tr><td>岗位组织结构</td><td colspan="5">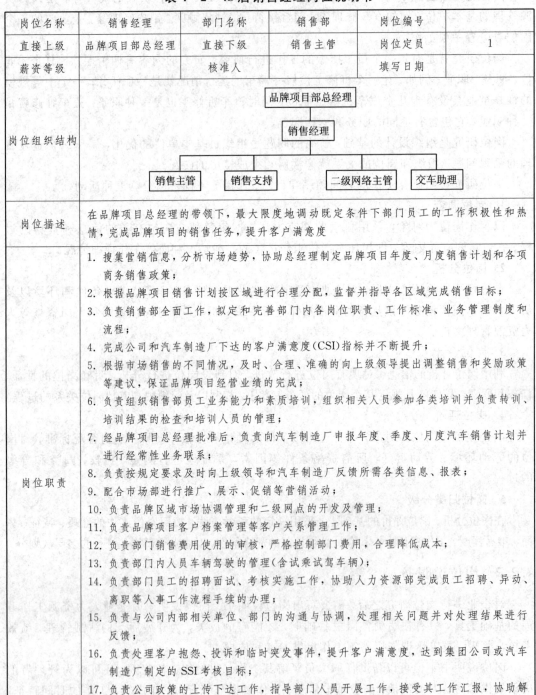</td></tr>
<tr><td>岗位描述</td><td colspan="5">在品牌项目总经理的带领下，最大限度地调动既定条件下部门员工的工作积极性和热情，完成品牌项目的销售任务，提升客户满意度</td></tr>
<tr><td>岗位职责</td><td colspan="5">
1. 搜集营销信息，分析市场趋势，协助总经理制定品牌项目年度、月度销售计划和各项商务销售政策；
2. 根据品牌项目销售计划按区域进行合理分配，监督并指导各区域完成销售目标；
3. 负责销售部全面工作，拟定和完善部门内各岗位职责、工作标准、业务管理制度和流程；
4. 完成公司和汽车制造厂下达的客户满意度（CSI）指标并不断提升；
5. 根据市场销售的不同情况，及时、合理、准确的向上级领导提出调整销售和奖励政策等建议，保证品牌项目经营业绩的完成；
6. 负责组织销售部员工业务能力和素质培训，组织相关人员参加各类培训并负责转训、培训结果的检查和培训人员的管理；
7. 经品牌项目总经理批准后，负责向汽车制造厂申报年度、季度、月度汽车销售计划并进行经常性业务联系；
8. 负责按规定要求及时向上级领导和汽车制造厂反馈所需各类信息、报表；
9. 配合市场部进行推广、展示、促销等营销活动；
10. 负责品牌区域市场协调管理和二级网点的开发及管理；
11. 负责品牌项目客户档案管理等客户关系管理工作；
12. 负责部门销售费用使用的审核，严格控制部门费用，合理降低成本；
13. 负责部门内人员车辆驾驶的管理（含试乘试驾车辆）；
14. 负责部门员工的招聘面试、考核实施工作，协助人力资源部完成员工招聘、异动、离职等人事工作流程手续的办理；
15. 负责与公司内部相关单位、部门的沟通与协调，处理相关问题并对处理结果进行反馈；
16. 负责处理客户抱怨、投诉和临时突发事件，提升客户满意度，达到集团公司或汽车制造厂制定的 SSI 考核目标；
17. 负责公司政策的上传下达工作，指导部门人员开展工作，接受其工作汇报，协助解决工作疑难，并对其工作进行检查、监督和考核；
</td></tr>
</table>

岗位职责	18. 负责组织、主持部门工作会议，就会议中提出的问题，拟定解决方案并组织落实； 19. 负责部门工作任务分配和劳动纪律的管理； 20. 负责执行品牌项目各销售网点的5S管理，定期不定期对现场进行监督和检查； 21. 负责销售业务部门的生产安全管理和资产管理的工作； 22. 参加各类培训并负责转训，参加相关工作会议及工作中的问题提交改进建议； 23. 负责公司各项数据、资料的保密，不向无关人员提供资料及数据； 24. 遵守公司各项管理规章制度，爱护公司财物，文明服务，爱岗敬业，维护公司良好形象； 25. 完成领导交办的其他工作
工作权限	1. 部门销售任务的分配权和调整权； 2. 各项商务销售政策制定、调整的建议权； 3. 部门费用使用报销的审核权； 4. 部门内部工作的检查、监督、考核权； 5. 下属员工招聘录用、异动、离职的审核权和晋升、调薪、辞退、奖惩的建议权； 6. 直接下属业务工作的考核、指导、监督权
工作协作关系	公司内部协调关系：集团公司各职能部门和品牌项目部各部门 公司外部协调关系：汽车制造厂和政府相关职能行政部门等
任 职 资 格	
教育背景	大专及以上学历，汽车类、管理类及其他相关专业
经验要求	四年以上汽车销售相关经验，两年以上同职位工作经历
知识要求	具有丰富的汽车知识，接受过财务管理、人事管理、市场营销管理方面知识培训
技能能力	1. 熟悉汽车行业市场现状和发展态势，熟悉本省汽车市场； 2. 具有丰富的销售团队管理方面的实战经验，对汽车品牌专营有深刻的理解； 3. 具备良好的领导能力、观察力、分析力、应变力和计划执行能力； 4. 善于制订目标和计划，具备一定的组织运作能力和良好的沟通协调能力； 5. 较强的表达能力和独立处理问题的能力，出色的业务拓展能力和谈判能力； 6. 具备较高道德观和社会责任感，有激情、有创新； 7. 能熟练运用电脑，持C牌以上驾驶证
性格态度	性格沉稳、大方、诚实、严谨，积极主动，善于处理人际关系； 具有良好的责任感和团队精神
工 作 条 件	
工作场所：办公室及工作场所 环境状况：基本舒适 危险性：基本无危险，无职业病危险	
岗位轮换与职业发展规划	
轮换岗位	品牌项目部其他部门经理
职业发展通道	品牌项目总经理

任务3　员工招聘和培训

人才招聘是指通过各种信息途径吸引应聘者，并从中选拔、录用企业所需人员的过程，是人力资源管理的第一个环节，聘用的人才是企业人力资源的基石。"与其训练小狗爬树，不如一开始就选择松鼠"，英国的这句谚语形象地说明了人才招聘的重要性。

4.3.1　员工招聘的基本原则和条件

1. 员工招聘的基本原则

员工招聘是获取人力资源的具体表现，是人力资源规划的具体实施，是按照企业经营战略规划和人力资源规划的要求，把优秀、合适的人招进企业，把合适的人放在合适的岗位。由此可见，员工招聘是一个企业成败的关键。

为使员工招聘工作健康顺利地进行，在招聘过程中，应遵循以下原则：以岗定员原则，公开招聘、择优录取、守法运作原则，客观公平公正原则，全面考察、德才兼备、量才使用原则，注重效率原则。

2. 员工聘用的基本条件

1）汽车维修技工聘用的基本条件

（1）符合国家规定的人员招聘基本条件，年龄适当，身体健康；

（2）具有良好的职业道德和政治思想素质；

（3）适当的从业年限和本工种工作年限；

（4）必要的学历与技术培训状况；

（5）持有相应级别的汽车维修工职业资格证书，或者实际维修能力达到相应的技术等级；

（6）有企业需要的其他特长。

2）普通管理人员聘用的基本条件

（1）年龄适当，身体健康，符合国家规定的招聘人员条件；

（2）熟悉汽车维修，检测及其定价，具有业务洽谈经验；

（3）已考取汽车驾驶证，有适当从业年限和参加管理工作年限（有的企业针对业务接待人员限3年）；

（4）具有相应的学历或相当的学历；

（5）具有较强的组织能力和经验；

（6）具有事业心、责任感和良好的职业道德；

（7）愿与企业同心同德、荣辱与共；

（8）有企业需要的其他特长。

3）高层管理人员的基本条件

（1）年龄适当，身体健康，达到参加管理工作相应年限；

（2）具有相应的学历或相当的学历；

（3）具有事业心、责任感和良好的职业道德；

（4）愿与企业同心同德、荣辱与共；

（5）熟悉汽车维修技术和业务，能借助工具书查阅汽车专业英语资料；

（6）具有相应的基础理论知识和解决专业技术问题的能力和经验；

（7）具有汽车专业工程师、技师或经济师、会计师资格；

（8）具有高层管理人员的素质和组织能力；

（9）有企业需要的其他特长。

4.3.2 员工招聘的途径和程序

1. 员工招聘的途径

一般来讲，人员招聘的途径有外部招聘和内部提升两种。

内部提升是指组织内部成员的能力和素质得到充分确认之后，被委以比原来责任更大、职位更高的职务，以填补组织中由于发展或其他原因而空缺了的管理职务。

现代维修企业招聘员工时一般都采用公开招聘的形式，主要有以下几个途径：

采用报纸、杂志、电台、广播、网络招聘、电视台等方式；人才市场（现场招聘）；校园招聘；委托中介机构；张贴海报。

2. 员工招聘的程序

员工招聘的基本程序（见图4-1）。

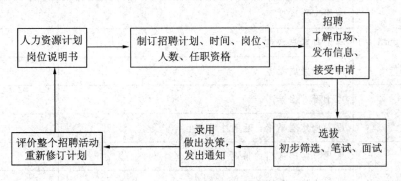

图4-1 员工招聘的基本程序

【案例4-2】

兰州某汽车销售有限公司的员工招聘具体程序和考核内容

招聘程序：凡应聘人员需填写求职申请表，经面试和考试合格，办妥有关手续后方能试用。

试用：新聘用人员需进行三个月的试用，并签订试用合同，享受试用期工资待遇。试用期满，做出去留决定。如需继续考察，采用延长试用期。合格者签订正式员工合同，享受正式员工待遇。

试用期解约：试用期内任何一方提出解约，均需提前通知对方，不需任何补偿。一个月内提前一天；两个月内提前两天；三至六个月提前七天。

试用期培训：试用期内需要进行培训的，应签订培训合同，并注明培训时间、内容、培训费用等。

对员工具体考核的内容见表4-3和表4-4。

表 4 - 3　拟招聘员工综合素质考核表

分　类	评 定 内 容	分　数
工作态度(5分)	不迟到，不早退，不缺席	
	工作态度认真	
	做事敏捷，效率高	
	尊重领导，及时向上司报告工作进度	
	责任感强，能完成交付的工作	
基础工作能力(5分)	精通职务内容，具备处理事情的能力	
	掌握职务上的要点	
	善于安排工作，准备工作有条不紊	
	严守报告、联络、协商的原则	
	在规定时间内完成工作	
业务数量程度(5分)	掌握工作进度	
	善于与客户沟通	
	高效率完成业务	
责任感(5分)	勇于面对困难	
	用心地处理事情，避免过错发生	
协调性(5分)	重视与其他部门的协调	
	做事冷静，不感情用事	
	与别人配合，和睦工作	
	在工作上乐于帮助同事	
职业规划(5分)	审查自己的能力，并学习新知识、新技术	
	以广阔的眼光来看自己与企业的未来	
	有长期的职业目标或计划，并付诸实施	
	即使是自己份外的事，也能企划或提出提案	
评价分数合计		
考核组评议		

表4-4　拟招聘员工试用期出勤考核表

试用期间		年　月　日至　年　月　日	
出勤工作状况		说　明	
缺席	事假	日	
	病假	日	
	无故	日	
迟到		次	
早退		次	
缺席总计		次	
实际上班日数		日	评价分数
标准上班日数		日	分

注：评价分数＝(实际上班日数/标准上班日数)×30分—(迟到早退次数×0.5)。

1) 外部招聘流程

外部招聘流程如图4-2所示。

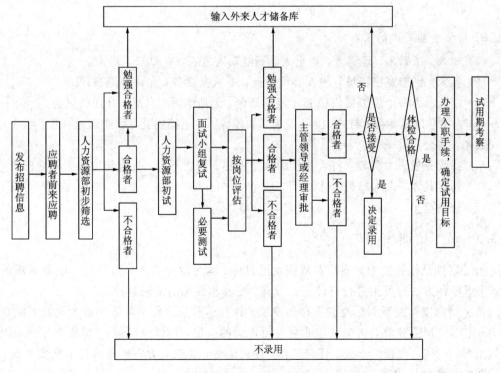

图4-2　外部招聘流程

2）内部招聘流程

内部招聘流程如图 4 – 3 所示。

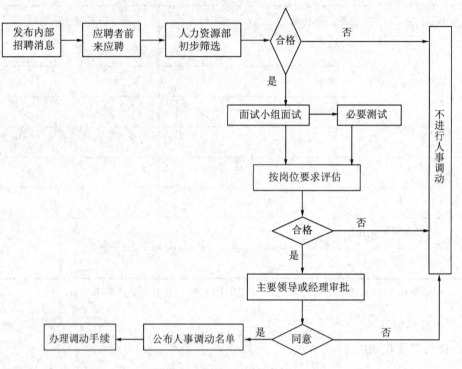

图 4 – 3　内部招聘流程图

3）维修企业用人的原则

（1）知人。了解人，理解人，尊重人，不但知人之表，更要知人潜力。

（2）容人。创造宽松环境，使人心情舒畅，不求全责备，允许改进自律。

（3）用人。为每个员工提供施展才能的舞台，创造学习、发展、升迁的机会。

（4）做人。以诚相待，与人为善，宽容人，体谅人，不搞内耗，敬业乐业，忠于职守，以公司为家，与公司共荣辱。

（5）持续开发人力资源，将人才作为取之不尽、用之不竭、具有倍增放大效应的资本。

（6）人尽其才，人人都是人才。

（7）公平竞争。

4.3.3　员工培训

员工培训是指企业为了实现其战略发展目标、满足培养人才、提升员工职业素质的需要，采用各种方法对员工进行有计划的教育、培养和训练的活动过程。

员工培训工作关系到企业的生存与发展，具有高素质的员工队伍才是企业发展的真正动力。丰田公司总裁前石田退三也非常看重培训的价值，他曾经说过："世事在于人，人要陆续培育，一代一代接续下去。任何工作，任何事业，要想大力发展就得打下坚实基础，而最紧要的一条就是造就人才。"

员工培训的原则：以市场经济为导向，与维修企业需求相结合；统一安排；因材施教；

灵活多样。

无论员工培训采取什么样的形式都必须坚持理论联系实际，只有这样才能达到提升员工技能和素质的目的。

1. 员工培训的必要性

1）员工培训是提高汽车维修企业整体素质的主要途径

美国《管理新闻简报》发表的一项调查表明：68%的管理者认为由于员工培训的不够而导致企业整体素质的下降，失去竞争力。员工培训可以提高工作和管理水平。因为每一个人的整体素质提高了，由人组成的企业整体素质相应地也会提高。

据有关资料显示，工人的教育水平每升一级，技术革新者的人数就平均增加6%；工人提出的个性建议一般能降低生产成本5%，技术人员提出的革新建议能降低生产成本10%～15%，而受过良好教育的管理者创造和推广现代化管理技术则有可能降低生产成本30%以上。用摩托罗拉人的话说："摩托罗拉是在培养专家，只有每个员工都成为真正的专家，才有可能实现效率的最大化。"

2）员工培训是保证高质量维修的基础

通过培训，员工可以掌握新知识、新技术，正确理解新技术的要求。随着人们需求的增加，汽车厂商每年都会推出新车型，以应用新技术来提高市场占有率，这就要求服务人员也能够很快掌握这些新技术。

3）员工培训可以提高员工工作的能动性

随着汽车新技术的引进，新车型的推出，如果相应地提供培训，就能满足维修人员追求自身发展的愿望，也能调动员工的工作能动性。

4）员工培训可以促使员工与企业荣辱与共

韩国著名的企业家郑周永说："一个人，一个团体或一个企业，它克服内外困难的力量来自哪里？来自它本身，来自它的信念。没有这种精神力量和信念，就会被社会淘汰。"这里谈到的精神力量和信念就是企业文化，它是企业发展的动力源泉。通过培训，可以使员工接受企业文化，理解企业文化，执行企业文化。

2. 员工培训的形式

1）按照员工在培训时的工作状态分类

按照员工在培训时的工作状态分类，可以分为以下三种形式：

（1）在职培训。在职培训就是利用工作时间或就某一个问题，在实际工作中进行的短期培训。在维修企业中，对新进设备和工具的使用、某一种新车型新总成的维修方法、安全培训等均可采用在职培训。

（2）脱产培训。脱产培训是指在一定的时间内，员工离开工作岗位，接受由企业内外的专家和培训师对企业内各类人员进行专门、系统的集中教育培训。例如一汽大众、上海大众汽车公司培训中心每年都组织全国各地4S店的技术或管理人员进行相关的内容培训。

（3）半脱产培训。介于在职培训和脱产培训之间，兼顾二者的优点。

2）按照培训的目的分类

按照培训的目的，员工培训可以分为以下几种。

（1）文化技术培训。文化技术培训的目的是提高企业员工文化素质和维修技术，如某车型的结构特点培训、企业管理培训等。其针对性强，短期内可提高员工的维修技术。

（2）学历培训。员工可以利用业余时间接受更高一层的培训，以便全方位地提高自己。企业应当对员工的这种自我培训给予鼓励，条件允许应给予支持。

（3）岗位（职务）培训。岗位（职务）培训指从工作的实际需要出发，针对某些岗位的特殊要求而进行的培训。目的在于传授对于个人行使职位职责、推动工作方面的特殊技能，偏重于专门知识的灌输；使受训人在担任更高职务之前，能够充分了解和掌握未来职业的职责、权利、知识和技能等。如对维修站中高层管理人员进行的财务培训和人力资源培训，对服务总监进行的服务理念更新、市场的开拓培训，对维修电工进行的计算机基础控制的培训等。

3）按照培训内容的层次分类

（1）初级培训。主要是一般性的知识和技术方法培训。例如新员工的入职培训、入厂培训、维修人员的应知应会。

（2）中级培训。针对培训对象加入一些相关专业的理论知识。如汽车维修中、高级工培训。

（3）高级培训。主要是将一些汽车行业的新技术、新观念、新方法以短期培训、研讨会的方式进行。

4）按照培训对象不同分类

（1）新员工培训（或称上岗引导）。新员工进行的职前培训，应该向新员工提供以下信息：完整的工作说明、周工作时间的安排、工资如何发放与增加、如何办理工作证、加班如何认定、加班费的标准、企业现况与历史、将与谁共同工作、企业为员工提供哪些福利待遇与保险、工作绩效评价标准、考勤规章等。其目的是让新员工对企业、工作岗位、工作环境有一个全面的认识，领会企业文化，熟悉企业的规章制度，能够很快进入状态。

（2）在职员工培训。主要是指员工的继续培训，其目的是全方位地提高员工素质。

【案例 4 - 3】

上海大众造车亦"造人"

上海大众建立起了完备的员工培训体系，为处于不同发展阶段和不同发展道路的员工提供相应的培训课程和项目，员工个人能力上不断提升的同时，企业可持续发展的核心竞争能力也在源源不断地增强。

大众的员工培训显然具有战略性眼光，它形式多样，覆盖面较广，既可分为职前培训、岗位培训、后备干部培训等，还可分为内外部课程培训、网站培训、出国培训等。

每天大约有几百人参加职前培训或在职培训。它的职前培训大致程序是理论学习与技能培训同步进行。在职培训是结合本部门的实际需要培训，需要什么培训什么。结合实际零件、生产仪器，就地培训。

以内、外部课程培训为例，上海大众培训部开设有 300 多门内部培训课程，包括绘图软件培训、质量体系培训、技术工艺培训、会议主持培训、项目管理培训等，全部对员工免费开放。课程预告定期发送到每一位员工的邮件系统中，或者由培训联络员通知到个人。员工可以根据个人需要，征得主管领导的同意后参加这类课程培训；外部培训课程则是公司与社会上知名的培训机构合作，为员工进修提供更广泛的选择空间。

举几个典型培训案例。为提高产品研发的核心能力，1998年和1999年，上海大众斥资近亿元人民币，选派40名专业技术人员到德国大众核心技术部门接受长达3年的全过程开发综合培训。他们在资深工程师的带领下，进入德国大众产品设计开发领域，全面参与最新高技术产品的设计和开发。这批学成归来的技术人员现在大都40岁上下，他们已成为上海大众的开发骨干，为上海大众自主设计开发车型奠定了基础。

为了学习国外先进技术与经验，并用于实践操作，上海大众先后组织了1000多名设计开发人才、经营管理人才和生产技能人才到德国、捷克、西班牙等地参加为期几个月的TTA培训，即技术转让培训。

上海大众和同济大学汽车学院2008年推出了合作培养预备工程师项目。期间，上海大众采取管理岗位与专业技术专家岗位双轨制的职业发展道路，由高校教师和企业技术骨干共同承担课堂教学和实践指导。2008年底就有20多名同济汽车学院大三、大四的学生进入上海大众开发部门实习。

在2008年《财富》杂志揭晓的2007年度"卓越雇主——中国最适宜工作的公司"中，上海大众凭借出色的人力资源管理及较高的雇员承诺度，荣登外资企业最佳雇主榜首。

3. 员工培训的内容

维修企业员工的培训内容应该根据企业的实际情况和需要，区分岗位、区分层次进行岗位技能培训。原则上与企业发展方向、规模相匹配。培训的内容应是员工所需要的，其次，请老师要请专业的，即专门从事汽车服务行业工作的老师，培训的方法可以多种多样。一般可按照国家有关规定和企业的发展要求对现有岗位分期分批进行。从目前的实际情况来看，考虑到企业的经济效益，大多数企业培训的内容仅仅局限于专业技术的培训。从长远发展来看，具有一定规模的维修企业，培训内容应与员工职业生涯设计结合起来，以培养一个优秀的、具有本企业特色的员工为宗旨。

【案例4-4】

一汽丰田成都建培训中心

2009年9月28日，继北京、上海、广州三大丰田培训中心之后，一汽丰田成都培训中心正式启用，它将帮助该中西部地区的一汽丰田经销店工作人员进一步提高专业水平，为经销店培养大批专业优秀的技术和服务人员。

据悉，一汽丰田成都培训中心是由一汽丰田独立成立的培训机构。该中心培训内容包括：一般技术培训、服务顾问培训、钣金培训、喷漆培训等。一汽丰田经销店各个岗位的员工都有被选派到培训中心接受专业培训的机会，参加过培训的一汽丰田员工可与讲师协作，将培训内容传给他们各自店内的其他员工。另外，经销商店必须指定培训负责人，推进员工内部培训，并为每个员工制订培训计划，监控培训状况。

一汽丰田培训相关人士表示，随着成都培训中心的启动，它将解决经销商的培训需求，为中西部经销商提供极大的便利，进而保障一汽丰田消费者在全国各地都可以享受到统一、优质的服务，同时带动辐射区域范围内汽车售后服务行业水平的整体提高。

任务4 员工的绩效考核

在企业的整个组织结构框架中，对各岗位的员工都需要进行绩效考评。绩效考评就是根据一整套的标准来收集、分析、考核一个员工或一个组织一段时间内在工作岗位上的表现和工作成果。通常从企业组织的最基层做起，上一层的主管考评所管辖的每一个员工，层层对应，最高层领导评估整个企业的工作绩效。通过考核，从中找出人的因素所产生的差异或不完善的项目，通过对这些项目的分析，可以重新进行人员调整，这对个人和组织整体的发展都十分重要。

4.4.1 绩效考评的作用和内容

1. 绩效考评的作用

1）绩效考评是建立薪酬制度的基础

按劳分配，奖勤罚懒是制定薪金制度的一贯原则，绩效考评可以提供量化的可靠数据。真实、可靠的数据是建立薪酬制度的基础。

2）绩效考评是决定人员任用、调遣、培训的主要依据

对于一群年龄、学历相当的员工，只有进行了科学的绩效考评，才能找到工作业绩出色者，才能为人员的任用、调遣提供可靠的依据。同时，针对工作业绩出现问题的员工，可以分析问题所在，发现另有专长的，也可横向调动；发现工作中员工需要帮助的，可考虑进行相应方面的培训。

3）绩效考评是激励员工的根本

在工作中，每一个人都希望得到肯定或褒奖。通过绩效考评，肯定成绩，肯定努力，鼓舞士气，增强信心；同时，也使一些人看到不足。通过比较，使先进的更努力，后进的变压力为动力，使工作良性循环。

4）绩效考评是体现公平竞争的前提

提倡公平竞争，展开公平竞争的前提是要有一个科学、良好的工作业绩考评。

5）绩效考评有助于实现员工的自我价值，提高企业效益

绩效考评细化了工作要求，使员工的工作责任心增强，同时也明确了努力方向，满足了员工渴望成功的愿望，从而提高了企业效益。

2. 绩效考评的组织实施步骤

（1）员工、主管领导、人事管理人员、企业领导共同商议绩效考评内容，并组成相应的办事机构或领导小组。

（2）领导小组通知有关人员准备考评，并下发相关文件和考核表。

（3）参评人员在规定的时间内完成考评内容，并上报领导小组。

（4）将考核结果通知被考核的人员，如有异议，可与主管或领导小组共同商议解决办法。

（5）根据考核结果，进行奖罚，并将结果纳入员工档案，交于人事部门存档。

3. 绩效考评的内容

在绩效考评工作中，首先要考虑内容的科学性、合理性。绩效考评的内容，根据考评对象的不同而不同，可分为个体考评和团队考评两种。

1）个体考评

考评的对象是岗位个体，如汽车机电维修工、配件库管员、前台接待员、销售顾问等。岗位不同，要求不同。汽车机电维修工岗位：首先要考评维修量的多少；其次，考评服务质量。配件库管员岗位：首先要考评的指标应为服务质量，其次是配件利润的多少。前台接待员岗位：首先要考评的是工作方式，其次是解决和处理问题的能力。考评一个汽车维修企业的车间主任时，很重要的指标就是利润，而这个指标是整个车间的员工在考评期间共同完成的，而不是他一个人的业绩。

【案例 4-5】

一汽奥迪公司在它的维修站中的具体做法如下。一般员工的考核结构由三部分组成，即个人详情及工作范围、部门特殊考核标准、特殊任务（必要时）。第一部分是必考内容；第二、三部分作为选择项。考核顺序是总经理、人事部门考核部门经理，部门经理考核一般员工。一年至少考核一次。个人详情及工作范围包括工作数量、工作质量、合作意识、赢得客户、客户保持五个方面，具体内容见表 4-5。

表 4-5 个人详情及工作范围

考核项目	考核内容
工作数量	员工完成工作是否落后 员工在一天结束时是否能够完成手头的工作 员工在短时间内是否能完成一定的工作量 员工是否能够超额完成规定的工作量 员工工作时精力是否集中
工作质量	员工工作是否认真，是否需要重复工作、纠正错误 是否能够系统地工作，总揽全局 是否利用有价值的辅助工具 员工的工作是否能够达到规定的质量标准 工作质量是否利于工作流程的顺利进行 是否能够在规定的最后期限内及时完成任务 是否主动提出过合理化建议
合作意识	是否向同事传达重要的工作信息 是否与他人一起协调分担小组的工作量 是否对同事的处理漠不关心 是否避免与他人接触，不能促进同事与上司的合作 能否处理组织中出现的矛盾
赢得客户	是否主动接近客户，并尽量满足他们的合理要求 是否保持本人与客户已建立的工作联系 是否遵守约定的时间
客户保持	是否主动接触客户 是否能够通过个人的咨询服务使客户与经销商紧密地联系起来 是否积极参与活动规划

2) 团队考评(部门考评)

在维修企业中，团队考评的对象是由一些不同的岗位组成的工作小组。大致有管理性团队、科技性团队、生产性团队、服务性团队几种。例如，前台服务组属于服务性团队，考评的主要指标为工作效率、服务方式；汽车维修组属于生产性团队，考评的主要指标为维修量、维修质量、服务质量。

对一个团队或部门的业绩考评，哈佛商学院教授卡普兰和咨询师诺顿曾提出平衡记分法。具体办法是将各部门在日常工作中需要考虑的所有最重要的因素列为考核内容，并给出它们各自成绩的一个最低值；在所有指标都达到最低值的基础上，利用加权的方式计算出这个部门的最后结果；如果其中一项未达到最低值，则考核结果为没有达标。因此考核因素的选择是至关重要的。一般来说，按表4-6中的三个方面选择考核要素。这样做能很好地将企业的战略目标与部门的绩效结合起来，指明部门工作的努力方向。同时，在工作中全面照顾，避免顾此失彼。

表 4-6　平衡记分法考核内容

考 核 因 素	具 体 指 标	最 低 值
财务指标方面	资金报酬率 现金流 利润预测值 销售额	
顾客方面	顾客排名调查结果 顾客满意度指数 市场占有率	
内部业务方面	维修质量、返工情况 安全事件	

4.4.2　绩效考评的方法

工作考核过程是一个同时有人和数据资料在内的对话过程。这个过程既涉及技术问题，又牵涉到人的因素。多年来人事管理专家在实践中积累起来许多考评的方法。常用的方法有以下几种。

1. 民意测验法

民意测验法是让企业所有人员或与之有工作联系的人来评价被考评者，然后得出结论。这种方法评价人多，民主性强，可了解到大家的实际看法，但最后的评价结果往往受被考评者的人缘影响，有时不能代表实际的工作业绩。

2. 共同确定法

共同确定法是一种层层确定的方法，先由最基层小组提出意见，进行上一级专业组评定，最后上报总的评定委员会评议，得出结果。这种评议最后由专家确定，可以保证考评者的水平、能力等方面与实际相符。但当某些业绩不能很好地量化时，结果受考核者的主观因素影响较大。

3. 配对比较法

配对比较法是指将所有同一工作部门内的员工进行两两逐对比较(按工作数量、工作质量、出勤等方面），每次比较区分出一个"优者"，一个"劣者"。"优者"可加 1 分，成绩相对"劣者"为 0；然后统计大家的加分，可以得出一个部门内全部员工的优劣次序。这样做最后得出的结果准确度较高，但这种方法缺点是工作量较大，有时也可能有循环的结果。如 A 比 B 好，B 比 C 好，C 比 A 好。

4. 等差图表法

等差图表法也称为图解式评定量表。首先确定考评项目，确定评定等级和分值，然后根据这个表格由考核者给出员工的分数。优点是考核内容全面，打分档次可因岗位而定，灵活方便。但一些不能量化的考评项目受考评者主观因素影响过大，另外，考评项目每一项地位都是等同的，不能突出主要考评内容。

【案例 4-6】

某维修企业利用等差图表法对配件管理人员的考核表（见表 4-7）。

表 4-7 用等差图表法对配件管理人员的考核表

姓 名		总 分	
考评项目	评定等级	配分标准	得 分
配件销售数量	超过规定额 30% 以上	30	
	超过规定额 10%～30%	25	
	等于规定额	15	
	低于规定额 10%～30%	10	
	低于规定额 30% 以上	5	
服务质量	配件供应充足	15	
	配件供应及时	10	
	配件供应不及时	5	
相关配件知识	十分了解配件知识	15	
	比较了解配件知识	10	
	不了解配件知识	5	
资金使用	资金使用合理	10	
	资金使用不合理	5	
备注			

5. 要素评定法

要素评定法也称点因素法。在等差图表法的基础上，考虑到不同考评项目的侧重性和加权重的因素，通过不同的分值来表示。这种考评要素全面，并且考虑了要素的侧重性，符合岗位的实际要求。但比较繁琐，费时费力。

【案例 4-7】

某企业利用要素评定法对员工考核的具体内容（见表 4-8）。

表 4-8 利用要素评定法对员工的考核表

因素	1 级	2 级	3 级	4 级
知识	14	28	42	56
经验	12	24	36	48

因素	1级	2级	3级	4级
创造力	14	28	42	56
数量	20	40	60	80
质量	20	40	60	80
特殊贡献	10	20	30	40
责任感	10	20	30	40
协作态度	10	20	30	40

6. 欧德伟法

欧德伟法就是首先给每一个人规定一个基础分，根据主管人员在考核时间内记录的每一个下属员工在工作活动中所表现出来的关键事件（好行为或不良行为）来加减分，然后计算出总分。最后公司根据总分进行奖罚。这种方法以在考评期间内的员工表现为依据，在一定程度上排除了主观因素的干扰，不仅较为准确，还可以让员工较清楚地了解自己工作的不足及今后改善的方向。

【案例 4 - 8】

某维修企业利用欧德伟法对汽修企业管理岗位的具体考核内容（见表 4 - 9）。

表 4 - 9　利用欧德伟法对汽修企业管理岗位的考核表

职责	目标	关键事件	加、减分
安排全年的维修计划、发展计划	编制的计划合理、科学下发的命令及时	在规定的时间内编制出了新的维修计划 4月的指令延误率降低了10%	+10分 +10分
合理调配人力	不能出现闲散富裕人员	5月出现1次人员不到位的情况	-10分
合理使用物力	保证机器、仪器的使用率在95%以上	2月机器的使用率达到了98%	+10分
合理调遣财力	在满足原材料供应的前提下，使用材料、配件的库存成本降低到最小	7月的库存成本提高了18%，其中二类部件的订购富裕了15%。一类部件的订购短缺了10%	-10分
掌握生产、经营、运作情况	车间维修秩序良好、正常	1月、6月因等待时间过长，无人服务，分别出现一次顾客投诉现象	-20分
…	…	…	…
考评结果	在考评期间，该员工在调遣人员、降低库存成本上存在问题		

7. 情景模拟法

情景模拟法通过计算机仿真、模拟现场等技术手段进行模拟现场考核，或者让员工通过代理职务进行真实现场考核。这种方法可让员工真实面对工作，表现出自己的水平，但不是所有的岗位都适合采用，且需要大量财力、人力。

【案例 4 - 9】

某企业 4S 店销售顾问和服务顾问岗位员工绩效考核表（见表 4 - 10 和表 4 - 11）。

表4-10　4S店销售顾问绩效考核表

考核月份	姓　名		标准分	部门评分	说明、评价人
考核项目	考核内容				
行为规范 20分	遵守公司关于工作纪律和安全保密有关规定，否则每次每项扣2分		4		
	遵守公司关于考勤和培训的有关规定，否则每次每项扣2分		4		
	遵守公司关于工作态度的规定，否则每次每项扣1分		3		
	遵守公司关于着装和仪容的有关规定，否则每次每项扣1分		3		
	遵守公司关于行为举止和基本礼仪的规定，否则每次每项扣1分		3		
	遵守公司关于环保、节约的规定，否则每次每项扣1分		3		
	小计得分		20		
工作质量 80分	工作安排有序，报表、凭证、台帐准确、及时、完整，每错、漏、迟、乱1次，扣1分		10		
	客户记录准确、及时、完整，每错、漏、迟、乱1次，扣1分		10		
	销售工作按照规范流程操作，否则，每次扣1分		10		
	所负责的展车干净、整洁，内外饰品摆放符合标准，否则每项扣1分		5		
	促进业务正常开展，意向客户联系紧密，因个人原因造成业务中断，每次扣5分		5		
	接待礼仪、行为举止符合规范标准，否则每项扣1分		10		
	个人工作区域和卫生责任区干净、整洁、有序、安全，没有多余的物品		5		
	交车7天后进行电话回访，通知客户首保和二保，否则每错、漏、迟、乱1次，扣1分		5		
	对工作充满激情，锲而不舍		2		
	对工作的失误能够勇于承担责任，并改进错误，避免第2次发生		2		
	能够并可以回收的物品没有回收		2		
	月度工作计划和总结符合要求		2		
	学习与工作相关的知识和提高自己的技能，并用于工作实际		2		
	上级交办的临时性工作完成的质量、数量		5		
	总经理交办工作完成的质量、数量(总经理评价)		5		
	小计得分		80		
关键事件 ±20分	积极参与疑难问题的解决，提出合理化建议，并有效实施，酌情加分				特别业绩、表现
	非本职工作为公司创造效益或节约成本，酌情加分				
	其他				
	小计得分				
总计得分		评分人			
沟通确认					

部门经理：_____　　　人事行政经理：_____　　　总经理：_____

表 4 - 11 4S 店服务顾问岗位员工绩效考核表

考核月份	姓名			标准分	部门评分	说明、评价人
考核项目	考核内容					
行为规范20分	遵守公司关于工作纪律和安全保密有关规定，否则每次每项扣2分			4		
	遵守公司关于考勤和培训的有关规定，否则每次每项扣2分			4		
	遵守公司关于工作态度的规定，否则每次每项扣1分			3		
	遵守公司关于着装和仪容的有关规定，否则每次每项扣1分			3		
	遵守公司关于行为举止和基本礼仪的规定，否则每次每项扣1分			3		
	遵守公司关于环保、节约的规定，否则每次每项扣1分			3		
	小计得分			20		
工作质量80分	故障诊断准确率或事故定损准确率95%，低一个百分点，扣1分			10		
	用户合理投诉，因个人原因每投诉1项，扣2分			10		
	接待按照规范操作、单据填写完整、正确、及时，否则每次每项扣1分			7		
	因失职导致客户流失，每台车扣5分			10		
	个人入场台数完成率，得分等于10×入场台数完成率			10		
	个人服务收入完成率，得分等于10×服务收入完成率			10		
	按照公司及厂家的要求，准确、及时处理相关数据、报表			3		
	对工作充满激情，锲而不舍			2		
	对工作的失误能够勇于承担责任、并改进错误，避免第2次发生			2		
	能够并可以回收的物品没有回收			2		
	个人工作区域和卫生责任区干净、整洁、有序、安全，没有多余的物品			2		
	月度工作计划和总结符合要求			2		
	学习与工作相关的知识和提高自己的技能，并用于工作实际			2		
	上级交办的临时性工作完成的质量、数量			3		
	总经理交办工作完成的质量、数量（总经理评价）			5		
	小计得分			80		
关键事件±20分	积极参与疑难问题的解决，提出合理化建议，并有效实施，酌情加分					特别业绩、表现
	非本职工作为公司创造效益或节约成本，酌情加分					
	或其他					
	小计得分					
总计得分		评分人				
沟通确认						

部门经理：＿＿＿＿＿＿ 人事行政经理：＿＿＿＿＿＿ 总经理：＿＿＿＿＿＿

任务5　报酬与激励

4.5.1　报酬

1. 报酬概念

报酬是指完成某项工作应得到的回报，在很大程度上，员工是按照报酬高低来选择是否进入一家公司的。报酬高低决定了公司能够吸引到的员工的技术水平和能力的高低。

报酬包括精神上和物质上两个方面的回报。精神上的报酬主要是指满足个人成就感、心理满足感的报酬，如：个人获得升迁、进一步进修培训的机会、更多的参与企业管理、赋予更大的工作责任、获得较大的工作自由度等。物质上的报酬主要是指满足个人物质生活需要的报酬，如基本工资、各种津贴、绩效工资、股票期权、企业提供的保健计划、企业提供舒适的办公环境、带薪旅游等福利待遇。在员工报酬中，基本工资、各种津贴、绩效工资是提供大多数员工物质生活的基本保障。

2. 工资制度

工资的形式因使用制度的不同而多种多样。工资制度是指在一定原则的指导下，分析、计算员工的实际劳动成果，并支付相应报酬的准则、标准或办法。如上面提到的基本工资、各种津贴、绩效工资是通过工资制度得到确定。好的工资制度会激发员工的积极性，大大提高员工的工作效率，同时也为企业创造更大的经济效益。无论哪种工资制度，其基本原则都是"按劳分配、多劳多得"。

常见的工资制度有结构工资制、岗位技能工资制、提成工资制、计件工资制或计时工资制。

1）结构工资制

结构工资制是根据决定工资的不同因素，将工资划分成几个部分，根据这些因素的不同作用确定其所占的份额，构成员工的工资。一般由基础工资、职务工资、工龄工资、业绩工资等几部分组成。

2）岗位技能工资制

岗位技能工资制是按照工人的实际操作岗位的技术水平、工作的复杂程度来制定工资标准。主要由岗位工资、技能工资两部分组成。岗位工资就现有的工作岗位进行科学的岗位评价，将岗位划分成不同的档次或等级，并制定出相对应的工资标准。其中，岗位评价的内容主要从劳动条件的好坏、劳动强度的大小、工作责任的轻重三个方面考虑。技能工资应根据员工具备的工作技能的多少、具备的劳动技能水平的高低来确定不同的等级，并制定出相应的工资标准。

3）提成工资制

提成工资制是根据完成业绩多少提取一定的百分比作为工资的主体部分，加上规定的基本工资构成提成工资总额。它适用于工作业绩完全能够量化的岗位，如汽车销售人员、汽车维修人员，可以根据他们销售或维修数量的多少提取一定的比例作为提成工资。

如有的小型维修企业，采用这种提成工资制时，一般上不封顶，下不保底，员工无最低基本工资。

如钣金工月收入＝当月工时费总额×40％

机修工月收入＝当月工时费总额×30％

喷漆工收入＝当月喷漆总收入×50％，当月喷漆总收入包括喷漆用的原材料费及工时费。

4）计件工资制或计时工资制

计件工资制或计时工资制大体结构相同，是由计件工资或计时工资、企业利润分成、奖金、津贴四部分加在一起构成员工的工资总额。

计件工资就是根据员工在规定的劳动时间内完成的作业量与事先规定的计件单价结合在一起的结果；计时工资就是直接以员工工作的时间计量报酬，可分为小时工资制、日工资制、月工资制三种。天数和一天工作的小时数可以由企业在符合国家有关规定的前提下根据自身的工作特点而定。

3. 企业利润分成

根据企业利润的一定比例来分配报酬，这种工资制度将员工和企业紧密结合在一起，使员工成为企业的真正主人，有利于调动员工的工作积极性，能够提高企业的生产效率。这些报酬可以直接以现金方式支付，也可以以股权方式支付。

4. 奖金

奖金是根据企业的整体经济效益或超额利润，结合个人的工作业绩用现金的形式发给员工的一种物质奖励。其形式有年终奖、季度奖、月奖、质量奖、安全奖、全勤奖、合理化建议奖、超额奖等。

5. 津贴

津贴主要指针对员工在一些特殊的岗位、特殊的工作条件下工作的一种补偿。其作用主要是保护员工的身心健康，稳定部分岗位的队伍。主要形式有夜班补贴、加班补贴、高温（取暖）补贴、保健补贴等。

【案例 4 - 10】

某 4S 店维修车间绩效工资考核办法

车间主管工资总额＝（车间机修技术人员工时总额×10％＋车间钣金技术人员工时费额×0.12＋油漆技术人员工时费额×0.15）/1.17×提成系数

各班组组长工资总额＝一般提成＋班组长津贴（300 元）

车间机修技术人员工资总额＝小组本月工时费额/1.17×0.1×技术等级系数×一次修理成功率

车间钣金技术人员工资总额＝小组本月工时费额/1.17×0.12×技术等级系数×一次修理成功率

4.5.2 激励

美国管理学家贝雷尔森（Berelson）和斯坦尼尔（Steiner）给激励下了如下定义："一切内心要争取的条件、希望、愿望、动力都构成了对人的激励——它是人类活动的一种内心状态。"

激励这个概念用于管理，是指激发员工的工作动机，也就是说用各种有效的方法去调动员工的积极性和创造性，使员工努力完成组织的任务，实现组织的目标。

员工的需要、动机、期望通过他在工作中的行为表现为完成相应的任务与目标，如果他感到满意，就会继续努力，进一步实现新的需要、动机、期望，形成一个持续循环。这种持续循环过程就是激励过程，如图 4－4 所示。

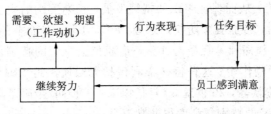

图 4 - 4　激励过程

有效的激励会点燃员工的激情，促使他们的工作动机更加强烈，让他们产生超越自我和他人的欲望，并将潜在的巨大的内驱力释放出来，为企业的远景目标奉献自己的热情。常见的激励方式可分物质激励和精神激励两种。

1. 报酬激励法

报酬激励法就是企业通过提供一定的报酬刺激，来激发员工努力完成一定的工作任务，以达到组织目标。报酬激励有两种形式：一是外在报酬激励，即公司通过提高工资、奖金、福利和社会地位等对员工进行激励；二是内在报酬激励，即通过工作任务本身（如成就感、影响力、胜任感、受重视、个人成长、工作自由度等）来进行激励。

调查研究表明，外在报酬因素虽然不是决定人们工作中表现的唯一主导因素，但是会直接影响员工对自己工作的满意程度，通常都能起到比较明显的激励效果。有效的报酬激励要求对组织成员工作绩效进行客观公平的鉴定，并给予应有的报酬。

2. 报酬激励法形式

1）对一般员工的报酬激励主要形式

（1）金钱。金钱的激励作用在人们生活达到宽裕水平之前是十分明显的。金钱包括工资、津贴、货币性福利等。显然，如果能将金钱激励与员工的工作成绩紧密联系起来，它的激励作用将会持续相当长的一段时期。

（2）认可和赞赏。认可和赞赏有时可以成为比金钱更具激励作用的奖酬资源。在管理实践中，用认可和赞赏的方式对员工进行奖励，可以采取多种灵活形式。

（3）带薪休假。带薪休假对很多员工来说都具有吸引力，特别是对那些追求丰富业余生活的员工来说，更是情之所钟。

（4）员工持股。许多公司的实践证明，一旦员工变成所有者，他们不仅不会做出损害公司效率和利益的行为，更会以主人翁的精神投入工作。

（5）享有一定的自由。对能有效地完成工作的员工，可以减少或撤消对他们的工作检查，允许他们选择工作时间、地点和方式，或者允许他们选择自己喜欢干的工作。

（6）提供个人发展和晋升的机会。这一方式几乎对所有的员工都有吸引力。

2）对管理人员的报酬激励

这里所指的管理人员包括中下层管理人员和组织的高层经营者。管理人员与一般员工相比，倾向于更高层次的需要。也就是说，管理人员的高层次需要的强度相对偏高一些。高层次需要更多是从工作本身得到满足。当然，经济刺激仍然是较为重要的激励因素。对管理人员的报酬激励，除去与一般员工相同之外，其主要特点有以下三个方面。

（1）长期奖励。相对来说，各级管理人员的工作对组织的长远发展能产生比较大的影响，因此，对管理人员的报酬激励要突出对其长期行为的引导。长期奖励的作用就是能克服管理人员的短期行为，从而保证组织的持续发展。长期奖励的主要形式有股票和股票期权等。有统计数字表明，参加股票期权计划者，80%以上都是企业的管理人员。

（2）特别福利。特别福利是管理人员在一定职位上享有的特别待遇。当这种待遇可观时，也能起到一定的激励作用。这种特殊福利包括无偿使用组织的车辆、带家属旅行、从组织获得无息和低息贷款等，20世纪80年代以来，一种叫"金降落伞"（即相当于一般员工被解雇时拿到的离职费）的特别福利变得非常流行。

（3）在职消费。由于管理人员在组织内都担任不同的职位，因此，都存在不同程度的在职消费。这类非货币性消费包括设备先进的办公室、高素质秘书、到风景胜地作经常的商业性旅游、增雇员工等。对管理人员的报酬激励要防止其报酬过高。在这方面，比较可行的办法有两个：一是在管理人员的报酬与一般员工的报酬之间建立明确的挂钩关系；二是将付给管理人员的报酬限制在一个事先约定的乘数之内。

【案例 4 - 11】

通用雪佛兰 4S 站实行的 7 大类、21 种非经济激励方法。

序号及类别名称	具体类别方面	激励方法
1 目标	生涯目标	用成功故事激励斗志，点燃员工心中的梦
	年度目标	让员工参与业务计划的制订，在执行自己制定的计划中获得成就感
	临时目标	将重要的短期项目交由员工推进
2 竞争	生存竞争	动态评估，末位淘汰，让员工明白在组织内生存的挑战
	新陈代谢	以绩效为标准能上能下，使员工产生紧迫感和责任感
	分组竞争	分成若干组形成对比，在攀比中提升
	破除垄断	让内部机构与外部企业形成市场化竞争，以机构的生存压力调动激情
3 危机	危机	灌输危机意识，生于忧患，死于安乐
4 沟通	方便沟通	建立各种沟通渠道以方便与员工的沟通，让员工感觉自己受重视
	反向沟通	在员工犯错误时给予帮助和指导，让员工自觉反省，主动改进
	积极沟通	在员工犯错误时沟通，消除员工被管的心里障碍，产生被重视的鼓励
5 兴趣	参与决策	适当让员工参与公司决策
	简化程序	减少和简化各类流程，以协助员工提高工作效率
	自选领地	给予费用支持员工创新
	留有余地	允许和鼓励员工做一些常规程序外的尝试

续表

序号及类别名称	具体类别方面	激励方法
6 空间	明确通道	建立明确的、可预期的晋升通道
	岗位轮换	轮换岗位，使员工在变动中求发展
	培训机会	提供多方位多层次的培训机会，提升员工软技巧和硬实力
7 赏识	亲情回馈	给一些带有情感的小礼物或纪念品，肯定成绩
	即时表扬	关注员工的工作，找到好的立即表扬
	给予名誉	给突出贡献的员工以头衔或称号

【知识拓展】

丰田员工培养之道

新员工到丰田报到后，会接受一些培训，包括丰田理念、历史，丰田技术，丰田的车，同时还有关于基本常识的培训。比如作为一个商务人员，作为丰田员工应该具备什么礼仪，还有工作方式，应该怎么开展工作，以及现状、未来发展计划等，在这里起到一个引导作用，即对新员工的工作和组织情况做正式的介绍。此外，公司还将建立传帮带的师徒制度，使新员工更快地熟悉环境，了解工作操作过程和技术，让他们知道，如果碰到困难和问题，应该通过什么渠道来解决。

丰田对员工的培训不同于别的公司，他们要分级别，包括晋升时候也有培训，如果升为管理人员就会有针对管理人员的培训，也有针对全员的培训。此外丰田也很重视工作中的培训，就是由老员工带新员工培训。在工作当中由老员工带新员工进行技术指导培训，这是丰田非常重视的一个培训环节。也有送到国外长期培训，回来之后继续从事工作。

丰田汽车制造公司入职训练的目的，除了给新员工提供关于公司背景等方面的知识之外，更重要的是改变他们的观念，接受该公司丰田式的质量观、团队精神、个人发展、开放式的沟通以及相互尊重。这一过程持续四天，时间安排如下。

第一天：简单概括训练内容

从早上 6：30 开始，先是概括地介绍入职训练的内容，表示对新员工的欢迎，负责公司人力资源的副总裁介绍公司的组织架构、公司的历史和文化，并与他们一起讨论，时间大约为一个半小时。此外用大约两个小时讨论公司的福利，另两个小时讨论丰田在质量和团队精神方面的政策。

第二天：灌输沟通思想

开始的两小时是题为"沟通训练——丰田汽车制造公司的聆听方式的训练，强调相互尊重、开放式的沟通、团队精神的重要性。其余的时间是普遍采用的内容，包括安全生产、环境事项、丰田的生产系统、公司图书馆等。

第三天：加强沟通训练

开始是两个半到三个小时的沟通训练，题为"提出要求与提供反馈"。其余的时间用于如丰田的解决问题方法、质量保证、安全以及危险的沟通方式等。

第四天：强调团队合作

上午的课程是强调团队精神，包括团队训练、丰田建议系统、加入"丰田团队成员活动协会"的活动，同时，课程内容也包括哪一个团队负责什么工作，怎样如一个团队般地在一起工作。下午的课程则包括防火、灭火训练。

在这四天里，员工做的是"适应环境、同化、社会化"都涵盖的过程，达到改变新员工的观念，接受和适应丰田的思维方式，特别是质量观、团队价值观、精益求精以及解决问题的方式等。这是朝着目标所迈出的很大一步，即赢得新员工对丰田、丰田的目标以及价值观的认同。

在丰田公司，每年4月1日招聘新员工时都有这类入职教育。由领导和人力资源管理部门对新员工进行职前教育引导，让他们了解公司文化，熟悉公司的情况，参观公司的主要设施，认识工作同伴等。成功的入职教育无论是正式的或非正式的，其目的是让新员工能尽快地从局外人顺利地成为公司的一员，让他们轻松愉快地进入工作岗位。

学习资源：

★慧聪网——企业管理：http://info.ceo.hc360.com/list/qygl-rlzy.shtml

★管理人网——人力资源管理：http://hr.manaren.com/

★中国人力资源网：http://www.hr.com.cn/

模块四同步训练

一、填空题

1. 人力资源管理的基本原理：_____、_____、_____、_____、_____。

2. 员工招聘的途径不外乎两种：_____、_____。

3. 员工绩效考评的方法有_____、_____、_____、_____、_____、_____、_____。

4. 报酬是指_____。

5. 激励就是_____。

二、判断题(打√或×)

1. 人力资源管理就是为了使企业的人力与物力、财力保持最佳的配合，并恰当地引导、控制和协调人的理想、心理和行为，充分发挥人的主观能动性，人尽其才、人尽其用、人事相宜，实现企业最终的企业目标。					(　　)

2. 员工招聘要把握以岗定员、双向选择、公开公正的原则。					(　　)

3. 在绩效考评工作中，首要考虑内容的科学性、合理性。而绩效考评的内容，根据考评对象的不同而不同。					(　　)

4. 报酬就是工资。					(　　)

5. 报酬越高激励效果越好。					(　　)

6. 绩效考评是指企业领导对员工工作的考核。					(　　)

三、问答题

1. 请叙述人力资源和人力资源管理的概念。

2. 人力资源管理的目标是什么？人力资源管理的任务是什么？

3. 企业的岗位说明书应包含的内容有哪些？

4. 员工招聘的基本原则是什么？

5. 简述员工培训的必要性。

6. 员工培训的形式有哪些？

7. 员工绩效考评的作用是什么？

8. 员工绩效考评的内容有些？

9. 常见的工资制度有哪些？

10. 报酬激励法的形式有哪些？

模块五　汽车维修企业的服务管理

知识目标：

了解汽车维修合同的作用和主要内容；

掌握汽车维修合同的签订、生效及履行；

熟悉汽车维修企业服务管理规范与流程；

掌握处理各类客户投诉的基本技能。

能力目标：

能够正确签订、履行汽车维修合同；

能够严格执行汽车服务管理规范；

能够建立和管理客户档案；

能够正确处理客户投诉。

任务 1　汽车维修合同管理

【案例 5-1】

法拉利车维修合同纠纷案

广东某汽车服务公司(原告)是一家专门从事高端豪华汽车维修保养的公司。2010 年 3 月 8 日，龙某(被告)将其一部严重撞坏的法拉利轿车交给原告维修，双方签订维修合同。损坏的法拉利轿车经原告检测，向被告出具了报价单，维修费用共 1 698 666 元。经双方协商，双方同意按 156 万元维修。双方的维修合同还约定，被告预付 50 万元，余额部分在车辆修理好经被告验收后支付。2010 年 6 月 3 日，原告按合同如期修理好了法拉利轿车，并通知被告来验收。被告一直没到原告处验收车辆，也没按约定支付维修费用余额 106 万元。原告对车辆进行了合法的留置，并委托某律师向法院提起诉讼，要求被告履行合同约定，支付维修费用。

律师接受委托后，多方收集证据，整理诉讼材料，向法院提起诉讼，其诉求为：被告支付维修费 106 万元及逾期利息；拍卖、变卖法拉利车优先偿还原告上述款项。

本案事实清楚，被告不答辩也不出庭参加诉讼。最后法院经审理，全部支持了原告的诉讼请求，依法拍卖了法拉利，原告得到了应得的高达 110 万元的维修费用余额。

汽车维修是承修方(维修业户)根据托修方(车主)的要求完成一定的维修作业、托修方接受承修方所完成的工作成果并给予相应报酬的一种加工承揽经营活动。双方在确立承修、托修关系时，必须依法签订汽车维修合同以维护汽车维修经营活动的正常秩序，保障双方的合法权益。

5.1.1　汽车维修合同的作用和主要内容

汽车维修合同是承修、托修双方当事人之间设立、变更、终止民事法律关系的协议，它属于加工承揽合同。加工承揽合同是承揽方按照定作方提出的要求，完成一定工作，定作方接受承揽方完成的工作成果，并给予约定报酬的协议。

1. 汽车维修合同的作用

1）维护汽车维修市场秩序

合同明确了承修方、托修方的权利义务，可以保障当事人的权益。因为依法订立的合同受到法律保护，可使当事人维修活动行为纳入法制轨道，合法的维修活动受法律的保护，并防止或制裁不法的维修活动，从而维护维修市场的正常秩序。

2）促进汽车维修企业向专业化、联合化方向发展

订立维修合同，可使各部门、各环节、各单位通过合同明确相互的权利义务和责任，便于相互监督、相互协作，从而有利于企业发挥各自的优势，实行专业化，促进横向经济联合。

3）有利于汽车维修企业改进经营管理

实行合同制，企业要按照合同要求组织生产经营活动，企业的生产经营状况与合同的订立和履行情况紧密联系在一起。企业只有改进经营管理，努力提高车辆维修质量，才能保证履行合同。也只有这样，企业才能有信用，有市场。企业不断地改善经营条件，才能获得更好的经济效益和社会效益。

2. 汽车维修合同的主要内容

按照交通部和国家工商行政管理局发布的《汽车维修合同实施细则》的规范，汽车维修合同主要有以下内容：

(1) 承修、托修双方名称。

(2) 签订日期及地点。

(3) 合同编号。

(4) 送修车辆的车种车型、牌照号、发动机型号(编号)、底盘号。

(5) 送修日期、地点、方式。

(6) 交车日期、地点、方式。

(7) 维修汽车类别及项目。

(8) 预计维修费用。

(9) 托修方所提供材料的规格、数量。

(10) 质量保证期。

(11) 验收标准和方式。

(12) 结算方式及期限。

(13) 违约责任和金额。

(14) 解决合同纠纷的方式。

(15) 双方商定的其他条款。

5.1.2 汽车维修合同的使用

1. 汽车维修合同的签订范围

汽车维修合同必须按照平等互利、协商一致、等价有偿的原则依法签订，承修、托修双方签字盖章后生效。凡办理以下维修业务的单位，承修、托修双方必须签订维修合同：汽车大修、汽车总成大修、汽车二级维护、维修预算费用在 1000 元以上的汽车维修作业。

2. 汽车维修合同签订的形式

汽车维修合同签订的形式分两种：长期合同和即时合同。长期合同即指最长在一年之内使用的合同；即时合同是指一次使用的合同。

承修、托修双方根据需要，可签订单车或成批车辆的维修合同，也可签订一定期限的包修合同。如果是代签合同，必须有委托单位证明，根据授权范围，以委托单位的名义签订，对委托单位直接产生权利和义务。

3. 汽车维修合同的履行

汽车维修合同的履行是指承修、托修双方按照合同的规定内容，全面完成各自承担的义务，实现合同规定的权利。维修合同的履行是双方的法律行为，若双方当事人中有一方没有履行自己的义务在前，另一方有权拒绝履行其义务。维修合同签订后，承修、托修双方均应严格按合同履行各自的义务。

1) 承修方的义务

(1) 按合同规定的时间交付修竣车辆；

(2) 按照有关汽车修理技术标准(条件)修理车辆；

(3) 保证维修质量，向托修方提供竣工出厂合格证，在质量保证期内应尽到保修义务；

(4) 建立承修车辆维修技术档案，并向托修方提供维修车辆的有关资料及使用注意事项；

(5) 按规定收取维修费用，并向托修方提供票据及维修工时、材料明细表。

2) 托修方的义务

(1) 按合同规定的时间送修车辆和接收竣工车辆；

(2) 提供送修车辆的有关情况，包括送修车辆基础技术资料、技术档案等；

(3) 如果提供原材料，必须是质量合格的原材料；

(4) 按合同规定的方式和期限交纳维修费用。

4. 汽车维修合同的变更和解除

汽车维修合同变更是指合同未履行或未完全履行之前，由双方当事人依照法律规定的条件和程序，对原合同条款进行修改或补充。

汽车维修合同的解除是指合同在没有履行或没有完全履行之前，当事人依照法律规定的条件和程序，解除合同确定的权利义务关系，终止合同的法律效力。

1）汽车维修合同变更、解除的条件

双方协定变更、解除维修合同的条件包括：必须双方当事人协商同意；不因此损害国家或集体利益，或影响国家指令性计划的执行。

单方决定变更、解除维修合同的条件有：发生不可抗力；维修企业关闭、停业、转产、破产；双方严重违约。

除双方协定和单方决定变更、解除合同的法定条件之外，任何一方不得擅自变更或解除合同。发生承办人或法定代表人的变动，当事人一方发生合并或分立，违约方应承担违约责任情况，均不得变更或解除维修合同。

2）变更、解除维修合同的程序及法律后果

汽车维修合同签订后，当事人一方要求变更或解除合同时，应及时以书面形式通知对方，提出变更或解除合同的建议，并取得对方的答复，同时协商签订变更或解除合同的协议。例如承修方在维修过程中，发现其他故障需增加维修项目及延长维修期限时，应征得托修方同意后，达成协议方可承修。

因一方未按程序变更或解除合同，使另一方遭受损失的，除一方可以免除责任外，责任方应负责赔偿。

5. 汽车维修合同的担保

汽车维修合同的担保是合同双方当事人为保证合同切实履行，经协商一致采取的具有法律效力的保证措施。其担保的目的在于保障当事人在未受损失之前，即可保障其权利的实现。

汽车维修合同一般采取的是定金担保形式。它是一方当事人在合同未履行前，先行支付给对方一定数额的货币。这种形式是在没有第三方参加的情况下，由合同双方当事人采取的保证合同履行的措施。定金是合同成立的证明。托修方预付定金违约后，无权要求返还定金；接受定金的承修方违约，应加倍返还定金。定金的制裁作用，可以补偿因不履行合同而造成的损失，促使双方为避免制裁而认真履行合同。

汽车维修合同的担保，也可以另立担保书作为维修合同的副本，其内容包括抵押担保、名义担保和留置担保等。

不履行或不完全履行合同义务的结果是承担违约责任。承修、托修双方中，任一方不履行或不完全履行义务时，就发生了违约责任问题。对违约责任处理的方式，一般为支付违约金和赔偿金两种。

5.1.3 汽车维修合同的管理事务

1. 汽车维修合同示范文本制度及填写规范

汽车维修合同是规范市场经营行为，保护承修、托修双方合法权益的法律措施，是道路运政管理部门处理汽车维修质量和价格纠纷的依据。为了规范汽车维修合同管理和使用，国家工商行政管理局和交通部联合发布了专门通知，在全国范围内，统一了汽车维修合同示范文本（GF - 92 - 0384），明确该文本由省工商行政管理部门监制，省交通厅（局）统一印制发放、管理，汽车维修企业和经营业户必须使用。

汽车维修合同示范文本如下。

汽车维修合同

托修方_____　　　　签订时间_____　　　　合同编号_____

承修方_____　　　　签订地点_____

一、车辆型号

车种		牌照号		发动机	型号	
车型		底盘号			编号	

二、车辆交接期限(事宜)

送修			接车		
日期		方式		日期		方式	
地点			地点		

三、维修类别及项目

　　

预计维修费总金额(大写)_____(其中工时费)_____

四、材料提供方式_____

五、质量保证期

维修车辆自出厂日起,在正常使用情况下,_____天或行驶_____千米以内出现维修质量问题承修方负责。

六、验收标准及方式_____

七、结算方式及期限

现金_____转帐_____银行汇款_____期限_____

八、违约责任及金额_____

九、如需提供担保,另立合同担保书,作为合同附件。

十、解决合同纠纷的方式:本合同在履行过程中发生争议,由当事人双方协商解决。协商不成,当事人双方同意由_____仲裁委员会仲裁(当事人双方未在合同中约定仲裁机构,事后又未达成书面仲裁协议的,可向人民法院起诉)。

十一、双方商定的其他条款_____

托修方单位名称(公章)：	承修方单位名称(公章)：
单位地址：	单位地址：
法定代表人：	法定代表人：
代表人：	代表人：
电话： 电挂：	电话： 电挂：
开户银行：	开户银行：
账号：	账号：
邮政编码：	邮政编码：

说明：

1. 承修、托修方签订书面合同的范围：汽车大修、主要总成大修、二级维护及维修费在1000元以上的。

2. 本合同正本一式二份，经承修、托修方签章生效。

3. 本合同维修费是概算费用。结算时凭维修工时费、材料明细表，按实际发生金额计算。

4. 承修方在维修过程中，发现其他故障需增加维修项目延长维修期限时，承修方应及时以书面形式(包括文书、电报)通知托修方，托修方必须在接到通知后_____天内给予书面答复，否则视为同意。

5. 承、托修双方签订本合同时，应以《汽车维修合同实施细则》的规定为依据。

注：本合同一式_____份；承、托修双方各一份，维修主管部门各_____份。

监制： 印制：

特别应注意：根据《道路运政管理规范》的规定，应按规定要求填写汽车维修合同。下面就以上的合同中某些相关内容填写时应遵守的规范作简单说明。

(1) 托修方栏：填写送修车辆单位(个人)的全称。

(2) 签订时间栏：填写托、承修双方签订汽车维修合同的具体时间(年、月、日)。

(3) 合同编号：由省级道路运政管理机构和地级道路运政管理机构核定，前两位数为地域代号，后六位数为自然序号。

(4) 承修方栏：填写汽车维修企业的全称和企业类别。

(5) 签订地点：填写承修、托修双方实际签订合同文本的地点。

(6) 车种：按货车(重、中、轻)、客(大、中、轻、微)填写。

(7) 车型：填写车辆型号，如"东风1090"、"桑塔纳2000"等。

(8) 底盘号：按生产厂家编号填写。

(9) 发动机编号：按汽、柴油及生产厂家编号填写。

(10) 维修类别及项目：填写托修方报修项目及附加修理项目。

(11) 预计维修费总金额：填写承修方初步估算的维修费(包括工时费、材料费及材料附加费等)总金额。

(12) 材料提供方式：按托修方自带配件、承修方提供需要更换的配件等填写。

(13) 质量保证期：用中文数字填写质量保证的天数和行驶里程数。

(14) 验收标准及方式：填写所采用的标准编号和双方认同的内容、项目及使用设备等。

(15) 结算方式：在双方认同的一栏内打勾，填写期限。

(16) 违约责任及金额：填写双方认同的各自责任和应承担的金额数。

（17）双方商定的其他条款：填写双方未尽事宜。

（18）托修方单位名称（公章）：盖单位的印章，没有印章的单位，要填写单位全称或个人姓名及身份证号。承修方单位名称（公章）：盖承修方单位的印章。

（19）单位地址：填写单位或个人所在地详细地址。

（20）法人代表：填写承修方或托修方法人代表的姓名。

（21）代表人：填写承修方或托修方法人代表指定的代表人姓名。

2. 汽车维修合同的管理

1）合同管理机构

国家工商行政管理局和地方各级工商行政管理局是法定的统一维修合同管理机关。其主要职责：统一管理维修合同，对合同的订立和履行进行监督和检查；确认无效合同；仲裁合同纠纷案件；查处违法合同及利用合同进行违法活动的行为；对维修合同进行鉴证。

交通运政管理部门是汽车维修合同的行业主管部门。其主要职责包括：认真贯彻国家关于汽车维修合同管理的法规，制定实施办法；负责汽车维修合同的印制发放、管理；组织指导和监督检查所辖单位之间的合同关系，处理合同履行中出现的问题，调解维修合同纠纷。

金融机关包括人民银行和信用合作社，在合同管理中，通过信贷管理和结算管理，监督经济合同的履行。对汽车维修合同的监督管理，主要是通过信贷管理及结算管理，监督汽车维修合同的履行；对发生法律效力的仲裁决定书、调解书或判决书、裁定书，在规定期限内当事人没有自行履行时协助执行。

汽车维修合同的管理机构如图 5-1 所示。

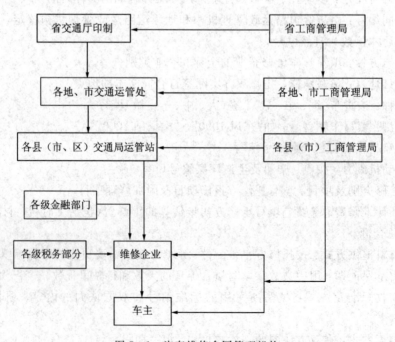

图 5-1　汽车维修合同管理机构

2）汽车维修合同的鉴证

鉴证是汽车维修合同管理的一项重要内容。通过鉴证，可以证明维修合同的真实性，使合同的内容和形式都符合法律要求；可以增强合同的严肃性，有利于承修、托修双方当事人认真履行；便于合同管理机关监督检查。

汽车维修合同鉴证实行自愿原则。在承修、托修双方当事人请求鉴证的情况下，约定鉴证的合同只有经过鉴证程序，合同才能成立。

经审查符合鉴证要求的，国家工商行政管理机关予以鉴证，鉴证应制作维修合同鉴证书。

3）汽车维修合同纠纷的调解和仲裁

汽车维修合同发生纠纷，承修、托修双方当事人应及时协商解决。协商不成，可向当地交通运政部门申请调解。由主诉方填写申请书，交通运政部门通过调查取证，作出调解意见书，并监督双方当事人执行。当事人一方或双方对调解不服的，可向国家工商行政管理部门及国家规定的仲裁委员会申请调解或仲裁，也可直接向人民法院起诉。纠纷费用原则由责任方负担，应根据承修、托修双方责任的大小分别负担。

当发生合同纠纷调解失败后，当事人可采用仲裁方式解决，纠纷双方当事人应当自愿达到仲裁协议。仲裁协议包括合同订立的仲裁条款和以其他书面方式在纠纷发生前或者纠纷发生后达到的请求。没有书面仲裁协议，一方申请，仲裁委员会不予受理，但仲裁协议无效的除外。

仲裁实行一裁终局的制度。裁决作出后，当事人就同一纠纷再申请仲裁或向人民法院起诉的，仲裁委员会或者人民法院不予受理。

当事人对仲裁协议的效力有异议的，可以请求仲裁委员会作出决定，或者请求人民法院作出裁定。一方请求仲裁委员会作出决定，另一方请求人民法院作出裁定的，由人民法院裁定。

仲裁委员会对维修问题认为需要鉴定的，可以交由当事人约定的鉴定部门鉴定，也可以由仲裁庭指定的鉴定部门鉴定。经仲裁委员会或人民法院仲裁，仲裁委员会或人民法院应向双方当事人下达裁决书。

【案例 5-2】

4S店不按合同维修车辆

汤某驾车发生交通事故，送至市某4S店维修。双方协议约定4S店维修该车，包括车辆拆检工作。协议签订后，4S店却依据保险公司定损单对变速箱部分仅更换了变速箱端盖等。汤某取车后感觉变速箱有异响，3个月后送至外地维修，更换了变速箱总成，支付38 230元。修车期间，另租其他车辆使用，花费2190元。汤某起诉4S店承担上述损失。

一审法院认为，汤某与某4S店签订的事故车辆委托修理协议合法有效。4S店应依约对车辆因本次事故而造成的那些损坏进行拆解检查、维修，而某汽车公司只是以保险公司的定损范围进行修理，应赔偿修理变速箱总成费用38 230元。

二审法院认为，汤某取车3个多月后更换变速箱总成，具体原因并不清楚，汤某并没有提供证据证明其二次维修是4S店维修不当所致，故不能认定汤某更换变速箱总成与4S

店的维修存在直接的因果关系。但 4S 店未依照协议拆检变速箱存在过错，应当对因漏检、漏修而导致汤某的损失即租车费 2190 元承担赔偿责任。

【评析】　该案件是典型的汽车修理合同纠纷。汤某不能举证证明更换变速箱总成与某汽车公司的维修不当有因果关系，其侵权的主张没有证据。某汽车公司与汤某签订的维修协议不包括更换变速箱总成，只应对其漏检、漏修而导致的损失承担赔偿责任。

消费者应提高防范意识，明确修理的范围，及时掌握车辆维修的真实情况是否与协议一致，而汽车 4S 店也应加强自律，规范修理作业，以免因合同履行而引发纠纷。

任务 2　维修服务规范和服务流程管理

服务竞争将成为汽车市场新的竞争目标，追求差异化服务是打造竞争优势的战略选择。

5.2.1　服务规范管理

1. 服务用语规范

常用的服务用语如下：

（1）接电话时，首先说"您好"。

（2）要求客户提供证件或询问时，要"请"字在先，结束时要说"谢谢您"。

（3）因某种原因表示歉意时，要说"很抱歉"、"对不起"。

（4）客户对你表示谢意，应回答"不客气"。

（5）在办理业务中，因某种原因需暂时离开或暂停一下，应向客户说"对不起，请稍候"。

（6）若因故离开岗位，回来后，应向用户说"对不起，让您久等了"。

（7）共用语：您好，请，谢谢，对不起，请原谅，很抱歉，不客气，没关系，欢迎光临，请多提宝贵意见，让您久等了，谢谢合作，欢迎再来，再见。

2. 身体语言规范

要成为好的服务者，首先要成为一个善于沟通的人。服务接待人员每天与客人打交道，时时刻刻离不开沟通。在服务过程中，你的一个动作、一个眼神及面部表情都将影响着你与客人之间的每一次沟通过程是否完美。

在与客户交流时应注意：眼神诚实可信；走路抬头挺胸，手臂摆动得体自然，不做作；面部肌肉放松，不紧张，表情友好和善；与人交谈对视时，让人感到自在；与客户保持合适距离，应不远不近；与客户谈话身体略微前倾，不要双臂交叉胸前；谈话时充满兴致，移动身体自然，不别扭，不随意。

3. 微笑服务规范

微笑服务是业务接待的基本服务手段。与客户交谈时要保持微笑；客户不满意时要保持微笑；电话服务时要保持微笑，让客户感到你在微笑。

4. 仪表形象规范

仪容仪表是员工个人形象展示的首要途径，也是传递企业形象的重要渠道。仪容仪表是以人为载体的视觉形象展示，规范而又极富内涵的个人形象不仅有利于营造和谐的工作氛围，更是企业风范的突出反映。如服装整洁、得体，整体修饰职业化，头发长短合适、不怪异，牙齿清洁、指甲干净、皮鞋擦亮、气味清新、化装得体、不浓妆艳抹。

5. 电话服务规范

通常来说，一个人对另一个人的印象取决于见面的前三秒钟，而电话中你问候客户的方式就决定了客户对你的感觉。企业的电话服务规范应统一，不应一个人一个样。

接听电话的四项基本原则：电话铃响三声之内接起；电话机旁准备好纸笔进行记录；自报家门，告知对方店名及自己的姓名；确认记录下的时间、地点、对象和事件等重要事项。

1）如何让客户等候

客户询问的事情或找人需等待，要妥善处理。一定要告诉客户需等待的原因，如配件需查询、找的服务顾问不在等；告诉客户大约需等的时间；时间长可以稍后给客户回电话；向客户表示感谢。

2）电话记录

企业应建立电话记录，不可随意找一张纸记录，过后不知丢到了什么地方，那样会很误事。电话记录应包括以下内容：客户姓名、联系方式；接电话的时间；电话内容；若需外出服务，应详细记录地址、车号、车的颜色、故障现象等。

3）结束电话

结束电话时应重复电话记录的主要内容。结束电话时，务必感谢来电或抱歉打扰，这会给客户留下良好的印象。让客户先挂断电话，并立即落实电话记录。

6. 与客户交谈规范

(1) 态度真诚。谈话态度应真挚、稳重、热情，不可冷淡、傲慢。

(2) 精神专注。专注是对人的一种尊重，交谈时不可东张西望、心不在焉。

(3) 语言得体。语言简洁明了，不要含糊其辞或啰嗦。

(4) 内容适宜。谈话内容应是有益的，不要谈及对方反感的问题。

(5) 谦恭适度。谈话要谦虚，可以适当地赞扬对方，但不可吹牛拍马，曲意逢迎。

【案例 5 - 3】

4S 店服务接待 SA 日常用语规范

汽车销售的 4S 店中的 SA 是客户服务代表的简称，汽车 4S 店的客户服务是一项与客户打交道的工作，了解、完善客户所需，最终促成相关的交易。规范、全面的服务接待流程是企业取胜的筹码，而规范 SA 服务接待的日常接待用语也是不可忽视的一部分。

以下情景，SA 接待用语规范如下。(仅供参考)

一、SA 迎客户礼仪

SA 看见客户开车到 4S 店，应主动迎上去，面带微笑，帮客户打开左前门，说："陈先生，(早上)好，欢迎光临×××，请问有什么可以帮到您?"

二、SA 给新客户递名片

首先起立，双手递名片，微笑并朝客户，说："我是××4S 店服务接待×××，这是我的名片。"

三、车间出报告，SA 和客户打电话沟通

"陈先生，您好，我是×××4S 店服务接待×××，不好意思，打扰一下，您车辆的维修技术报告已经出来，现在给您方便吗？"

四、交车前说明

结算清单已经打出，为客户说明，"陈先生，您好，您的车辆现已修好，我们再次确认维修项目好吗？"说明报修项目以及是否修好，工时费，零件费，总共合计等。如果没问题，SA说："如果您确认没什么问题，麻烦请在这里签个字。"签完字后说："我带您去看一下您的车吧。"如果SA知道客户要旧件，到车跟前说："所更换旧件已经放在后备箱，您是否需要核对一下？"如果结算清单说明时不知客户是否需要旧件，则询问："陈先生，请问换下旧件是否需要带走？"

五、引导结账

SA做手势，同时引导到收银处，说："陈先生，麻烦到收银处结算好吗？"。

六、收银

收银员看见客户，起立问好，说："您好"，接待员给结算清单后询问客户，"这次的总维修费用是××元，请问您是刷卡还是付现金？"坐下收钱，开发票，做相应说明，同时已经知道客户姓名，则起立，递给客户相应单据，面带微笑说："陈（先）生，谢谢，您慢走。欢迎下次光临！"

七、SA送客户离开

客户结账完，SA带客户去维修车辆前，说："陈先生，我带您去提车。"SA开车门，当着客户面取下座位套，脚垫，主动交钥匙给客户，同时说："这是您的车钥匙，以后有什么需要请随时和我们联系。"客户上车，SA主动关门，同时说："陈先生，请慢走，欢迎下次光临。"面带微笑，身体稍向前倾，目送客户，挥手离去，直到客户离开视线。

5.2.2　汽车销售流程

流程就是工作步骤和方法，汽车销售流程就是汽车销售工作的步骤和方法，这里只指汽车销售公司或汽车销售服务企业的展厅销售。不同汽车销售服务公司的销售服务流程大体相同，具体细节根据公司规模、销售品牌、人员配备而存在一定差异。汽车销售流程如图5-2所示。

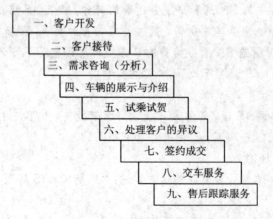

图5-2　汽车销售流程图

如图 5-2 所示，汽车销售流程从客户开发一直到最后的售后跟踪，一共有九个环节。

1. 客户开发

客户开发是汽车销售的第一个环节，这一环节主要是关于如何去寻找客户，在寻找客户的过程当中应该注意哪些问题。

2. 客户接待

在客户接待环节，主要注意怎样有效地接待客户，怎样获得客户的资料，怎样把客户引导到下一环节中去。此环节最重要的是主动与礼貌，语气尽量热情诚恳。

3. 需求咨询

需求咨询也称为需求分析。以客户为中心，以客户的需求为导向，让客户随意发表意见，认真倾听，对客户的需求进行分析，为客户介绍和提供一款符合客户实际需要的汽车产品。既不要服务不足，也不要服务过度。

4. 车辆的展示与介绍

在车辆的展示与介绍中，我们将紧扣汽车这个产品，对整车的各个部位进行互动式的介绍，将产品的卖点和优势通过适当的方法和技巧进行介绍，向客户展示能够带给他哪些利益，提高客户对产品的认同度，以便顺理成章地进入到下一个环节。此环节中主要用到六方位绕车介绍法、FAB 法和 FABE 法。

5. 试乘试驾

试乘试驾是对第四个环节的延伸，客户可以通过试乘试驾的亲身体验和感受以及对产品感兴趣的地方进行逐一的确认。这样可以充分地了解该款汽车的优良性能，从而增加客户的购买欲望。注意车辆要清洁，且处于最佳状态，在客户试驾时，不要过多说话，让其体会试驾乐趣。

6. 处理客户的异议

在这一环节，销售人员的主要任务是解决问题，解决客户在购买环节上的一些不同的意见。

如果这一环节处理得好，就可以顺利地进入下一环节，也就是说，可以与客户签订合同了。如果在处理异议这个问题上处理得不好，销售人员就应回头去检查一下到底问题出在哪里，为什么客户不购买你的车。

7. 签约成交

在签约成交阶段中，努力营造轻松气氛，不应有任何催促倾向，让客户有更充分的时间考虑和做出决定，应巧妙加强客户对所购车型的信心。

8. 交车服务

交车是指成交以后，要安排把新车交给客户。在交车服务里我们应具备规范的服务行为。如车辆要毫发无损，进行移交检查，清洗车辆，车身保持干净等。

9. 售后跟踪服务

最后一个环节是售后跟踪。对于保有客户，销售人员应该运用规范的技巧进行长期的维系，以达到让客户替你宣传、替你介绍新的意向客户来看车、购车的目的。因此，售后服务是一个非常重要的环节，可以说是一个新的开发过程。

规范汽车的销售流程、提升销售人员的营销技能和客户满意度，已成为当今各汽车公司以及各 4S 店的追求。

5.2.3　汽车维修服务流程

　　汽车维修服务流程中每一个环节，都有一套服务标准。有效执行汽车维修服务流程有助于售后服务顾问均化每天的工作量，增加维修业务量，减少返工率，提高劳动生产率和工作效率，从而增加企业利润。从维修服务流程中体现客户为中心的服务理念，展现品牌服务特色与战略，让客户充分体验和了解有形化服务的特色，以提升客户的忠诚度和满意度。下面以丰田公司售后服务流程为例介绍，如图5-3所示。

　　1. 预约

　　电话或网上接受预约，服务顾问提前一天跟客户确认车进厂的时间、需要保养维修的项目，提前为客户安排专业的维修技师，准备好零部件、工位，这样可以节省客户的等待时间，减少客户抱怨。预约时还应注意，每天都为未预约的客户和所谓的"紧急情况"保留一定的生产能力。

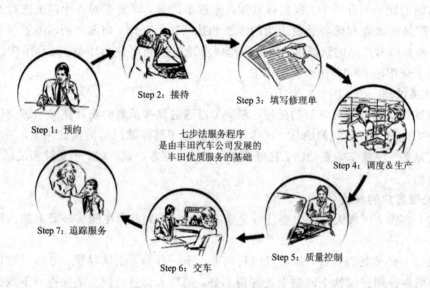

图5-3　丰田公司售后服务流程

　　2. 接待

　　由服务顾问热情地接待客户和车辆，与客户一同进行环车检查，填写《环车检查表》，记录车辆信息及客户的需求，并请客户在单据上授权签字确认。

　　3. 填写维修工单

　　由服务顾问与客户详细沟通行车中遇到的疑问和故障，确认车需要保养维修的项目，向客户预估保养维修的费用和时间，并请客户在《维修工单》上授权签字确认。

　　4. 调度/生产

　　安排专业的维修技师，根据《维修工单》对车辆进行保养维修，在与客户约定的时间内完成所有的保养维修项目。

　　5. 质量控制

　　由服务顾问和质检员一同，在把车交给客户之前进行检查，确认车辆保养维修的质量控制检查已经完成，确保达到与客户约定的要求。

6. 交车

保养维修完工，由服务顾问通知客户提车，向客户解释说明已经完成的保养维修项目，展示更换的零件，指导建议客户车辆的下一次保养时间和项目。结算费用后，服务顾问欢送客户离开公司。

7. 维修后跟踪服务

由客服人员致电客户，回访跟踪此次保养维修后客户车辆的使用情况，并请客户对维修服务过程进行评价，帮助公司改善和提升，更好地为客户服务。

【案例 5-4】

一汽大众奥迪和本田的售后服务流程

一汽大众汽车有限公司将经销商为客户服务的关键工作过程分为 7 个环节，如图 5-4 所示，并对每个过程提出标准的工作内容及要求。

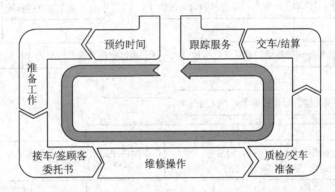

图 5-4　一汽大众奥迪汽车售后服务核心流程

本田提出为客户服务的 13 个环节，如图 5-5 所示，依靠每个环节间的相互配合，可以确保持续的客户满意度，从而实现客户量和利润的增加。

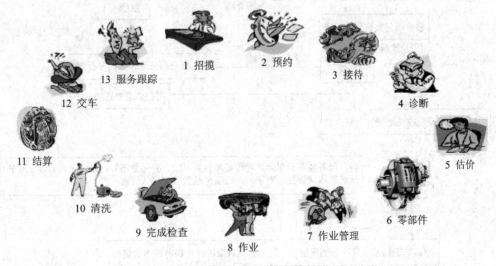

图 5-5　本田汽车的售后服务流程

从以上的两个流程图中可看出，不同品牌的 4S 店的售后服务流程大体类似。

5.2.4　事故车维修服务流程

鉴于事故车维修过程中需要与第三完善方(保险公司)进行沟通的特性,在实际工作中除应遵守维修服务流程基本原则外,还必须遵守事故车维修服务流程,两者互相补充,共同组成了事故车维修的标准服务流程。如图5-6所示是某汽车销售服务公司的事故车维修服务流程。

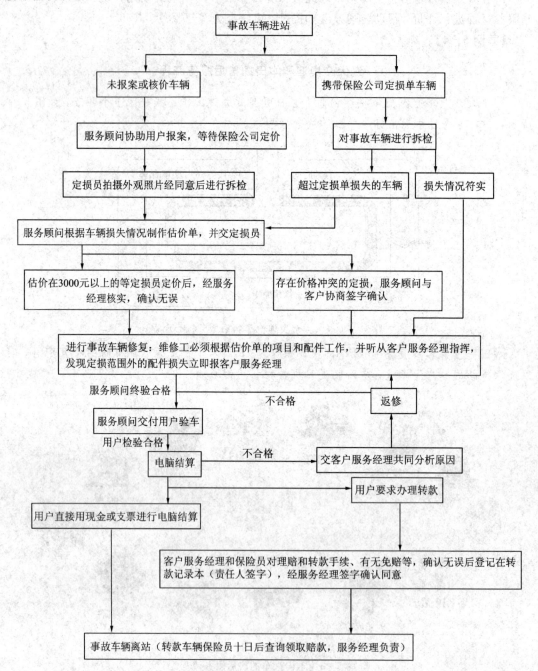

图5-6　事故车维修服务流程

任务 3　客户经营与管理

【案例 5-5】

　　在某市中心发生一起奔驰车与捷达车的交通事故，在事故发生后不到半小时，已有五六家维修厂赶到现场，找到车主要求到他们的维修厂去维修。奔驰车的前保险杠、大灯、机舱盖等都损坏了，维修费用不会低。小李是到现场的其中一个维修厂的维修工，他感觉这辆奔驰车以前好像到厂修过，就打电话让信息员查了一下顾客档案，结果查出该事故车确实来厂修过两次，车主姓马，是一家房地产公司的老总，但有半年没来厂维修了。在得知这些信息后，小李抱着试一试的心理接触一下马老板，这时，马老板正被其他几个维修厂的人围着，这些人正"师傅"、"老板"、"经理"地叫着，他显得很烦。于是，小李上去热情地称呼"马老板"，这个马老板还以为碰到了熟人呢，立即对小李有了好感，小李帮他与交警一起处理完事故现场，他特别感激，临走时小李留下了他的电话，并给他名片，马老板看名片后说：我们以前好像见过，你们修理厂挺正规的，这次处理完事故，修车还要麻烦你。就这样，办成了事情，马老板也成了小李的忠实顾客。

　　通过以上案例可以看出，小李能做成马老板这宗生意，多亏了修理厂建立了客户关系部，记录了详细的顾客管理档案，可见客户群的建立和管理对汽修厂是多么的重要。

5.3.1　客户群的建立和管理

　　对于任何一个企业或商家来说，利润都是来自客户的消费，客户永远是企业得以持续经营和发展的关键所在。汽车维修企业与客户的关系是从第一次维修车辆开始建立的（客户与汽车销售服务公司的关系是从购买一辆新车开始建立的）。之后企业的所有行为都要为与客户建立长期的业务关系而着想，必须始终着眼于如何提高客户的满意度。企业带给客户的是满意度，而客户带给企业的是忠诚度，满意的客户会不断地在企业里接受维修服务及购买新的汽车产品，同时，满意的客户还会乐于向他的朋友、熟人和同事推荐这家汽车维修服务企业。不满意客户对企业更多的是负面影响，一个不满意的客户可能会向至少15 个人诉说不满情绪。技术服务已不再是汽车维修服务中心的核心问题，如何长期维持老客户关系并赢得新客户，建立一个广泛而强大的忠诚顾客群，才是汽车维修企业竞争和发展的关键。

　　汽车维修企业在确定了以客户满意为发展战略后，接下来具体的事情就是要积极建立客户群。客户群是由老顾客和新顾客共同组成的群体。建立客户群的目的是实现现实顾客向满意顾客转变，满意顾客向忠实顾客转变，忠实顾客向终身顾客转变。建立客户群的基本方法是在巩固老客户的基础上吸纳更多的新客户。

1. 巩固老客户和发展新客户

　　做生意不是一锤子买卖，只赚一把。光顾攻城，不顾守城，终不能一统天下。善待每个客户，客户会为你介绍更多的新客户。服务好，才会有口碑和回头率，才会有源源不断的回头客。

1) 维护老客户的作用

（1）留住老客户可使企业的竞争优势长久。号称"世界上最伟大的推销员"的乔·吉拉德，工作 15 年中，他以零售的方式销售了 13 001 辆汽车，平均每个工作日售出 6 辆汽车，他所创造的汽车销售最高记录至今无人打破。他总是相信卖给客户的第一辆汽车只是长期合作关系的开端，如果单辆汽车的交易不能带来以后的多次生意的话，他会认为自己是一个失败者。在他的销售业绩中，65％的交易来自于老客户的再度购买。他成功的关键是为已有客户提供足够的高质量服务，使他们一次一次回来向他买汽车。可见，成功的企业和成功的营销员，把留住老客户作为企业与自己发展的头等大事之一来抓。留住老客户比开发新客户，甚至比市场占有率重要。据顾问公司多次调查证明，留住老客户比只注重市场占有率和发展规模经济对企业效益奉献要大得多。

（2）留住老客户还会大幅度降低成本。发展一位新客户的投入是巩固一位老客户的 5 倍。确保老顾客的再次消费，是降低销售成本和节省时间的最好方法。

（3）留住老客户，还会十分有利于发展新客户。在商品琳琅满目、品种繁多的情况下，老客户的推销作用不可低估。对于一个有购买意向的消费者，在进行购买产品前需要进行大量的信息资料收集。其中听取亲友、同事或其他人亲身经历后的推荐往往比企业做出的介绍要更加为购买者所相信。

客户的口碑效应在于：高度满意的客户至少会向周围 5 个人推荐。忠诚客户能给企业带来源源不断的新客户，一个忠诚的老客户可以影响 25 个消费者，诱发 8 个潜在客户产生购买动机，其中至少有一个人产生购买行为。如果客户忠诚度下降 5％，企业利润则下降 25％。

（4）获取更多的客户份额。企业着眼于和客户发展长期的互惠互利的合作关系，可以提高相当一部分现有客户对企业的忠诚度。忠诚的客户愿意更多地购买企业的产品和服务，忠诚客户消费，其支出是随意消费支出的二到四倍。而且随着忠诚客户年龄的增长、经济收入的提高或客户企业本身业务的增长，其需求量也将进一步增长。

2) 维护老客户的具体措施

可通过以下途径巩固已建立的客户群：

（1）用情感和优惠巩固老客户关系。在商界流传着一句众所周知的广告语："如果你真的在乎，就寄最好的贺卡。"研究调查表明，对一个产品或者服务的满意并不能保证稳定的客源，还需要在满意和忠诚之间建一座名为"情感营销"的桥梁。顾客只有感觉到受尊重受重视，才能建立起对你所做的品牌的忠诚度。

对现有客户群给予一定的优惠措施，也是巩固客户关系的常用手段。在得到服务满意程度相等的情况下，客户一般会选择有优惠措施的那家。例如，建立会员制度，对会员实行积分优惠，每年定期为会员车辆进行一次免费保养。可以通过减免维修工时费，发放优惠卡、贵宾卡或者会员卡等方式实现对老顾客的各种优惠。当客户在本店的服务达到一定次数或年限时，可以实行更大的优惠。

（2）更灵活和更长的营业时间。无论是维修接待、维修、销售，都应适应地域性客户、特殊客户的需求及根据市场情况做出调整，可以采用更灵活的营业时间和更长的营业时间。

（3）提供代用车和接送车服务。当客户的车辆进厂维修，又没有其他交通工具时，企业可以采取优惠条件向客户提供代用车。

对于有些客户想到维修厂去修车，但因时间原因无法将车送到维修厂；或车维修竣工后，不能到维修厂将车取回时，修理厂应该提供接送车服务。

（4）抛锚和紧急救援。对于客户的车辆，提供 24 小时紧急救援服务，可到现场拖车、抢修或提供代用车，必要时提供其他帮助，如预订饭店房间等。

（5）提供快修和其他服务。提供客户所需要的最快捷的服务，例如，排气管维修、轮胎安装。提供二手车品质保证和置换服务。

【案例 5 - 6】

美国有一家维修中心，经营汽车维修已经很多年了，做得很成功。有一次，一位客户在飞机场旁边把车钥匙锁到了车门里面，进不了车子，就打电话给他们，维修中心马上派了一个工程车和一个技工过去，车上面有制作车钥匙的设备，现在的车都是有代码的，只要顾客把密码告诉技术人员，就可以按照密码制作出钥匙。技工当场就重新制作了钥匙，为客户打开了车门。同时，技工还跟客户说："服务是免费的，我们谢谢你在遇到困难的时候想到我们。"

问题解决以后，老板的朋友表示不理解，他说："这样做太蠢了，你知道免费的服务要花掉多少钱吗？"老板回答说："是的，我计算过了，这次的举动我用掉了 25 美金，但是你别忘了，繁忙时段在收音机做广告，一分钟就是 700 美金。这一分钟过后，没有什么人能够认识我，可是如果我把 700 除以 25 的话，至少会有 28 位客户认识我。"

维修厂或经销店经常会在报纸上做广告，一段小的广告一天可能就要好几千元，而且往往没人注意去看。这个案例告诉我们，有时候我们要对客户做一些额外的工作。当然，如果是维修发电机、更换电池，都要收一些费用。但是如果是客户上班时发现车轮胎瘪了，你过去帮忙换个轮胎，这时如果能够做一些免费的工作，就会给客户留下深刻的印象。

3）开发新客户群

作为一个有所追求的企业，只巩固好已有的客户群是不够的。要想使企业获得持续的发展，还必须要不断开发新的客户群。这一目标主要通过以下形式实现。

（1）做好广告宣传。汽车维修企业要扩大经营规模吸引更多的顾客，适当的广告宣传是必须的。与各种媒体搞好关系，自夸不如人赞。酒香也怕巷子深，通过广告宣传，要让顾客知道你的维修企业是做哪些服务项目的，工作地点、维修的车型、维修的质量、价格如何等。

在进行广告宣传时，应该认真策划，精打细算，一定要制定一个宣传的长期目标和宣传计划，选择好进行广告宣传的有利时机、恰当有效的广告宣传手段、正确的广告投入时间。另外，进行每一次广告宣传时，都要有一个清楚的目标群体（是年轻人还是某一地区的顾客、上班族），对每一个具体的宣传行动都追求一个特定的具体目标（提高淡季的车间利用率、赢得新顾客、提高营业额等）。只有这样，才能达到宣传企业、赢得客户的目的。

（2）了解竞争对手，知己知彼。争取新客户也需要战略，要摸清维修企业主要竞争对手的情况，知己知彼，方能百战不殆。本企业与其他维修企业相比，竞争的优势是什么，劣势是什么，如何扬长避短，努力做到人无我有，人有我优，人优我精。

（3）主动上门寻找客户。有必要时，企业可专门聘用一名专门的客户开发人员。只要他每个月能拉到 10 名以上的稳定客户，那么对于规模小的企业或连锁店来说还是十分划算的。

（4）搞好服务促销。通过广告宣传只能让顾客知道企业，通过服务促销才能让顾客感受到企业周到、高品质的汽车维修服务。顾客有了第一次的满意服务，才会有第二次的光临。

在进行服务促销时，要通过市场调查确定服务促销的主题，明确服务促销项目、服务范围、有吸引力的价格。服务促销项目制定应以免费或廉价的方式达到广告宣传的目的，同时吸引顾客进行原本需要的维护项目。

【案例 5-7】

贵州某汽车销售服务有限公司 2012 年周年庆服务促销活动

活动时间：公司将于 2012 年 11 月 3 日至 12 月 31 日举办为期两个月的服务促销活动。

参与活动车型：长安福特车型。

客户利益：

预约客户可获赠免费清洗发动机机舱、预约精美小礼品一份。

养护品清洗享受零件工时 9 折现金优惠。

更换刹车油享受零件工时 9 折充值优惠。

刹车深度保养享受零件工时 8.5 折充值优惠。

更换轮胎享受零件工时 9 折充值优惠另赠送精美礼品，送完为止。

钣喷消费项目享受零件工时 9 折充值优惠。

保养套餐 1：更换美孚一号机油、更换防冻液赠送机油滤清器一个。

保养套餐 2：更换机油、发动机润滑积碳清洗、进气系统清洗、更换防冻液赠送机油滤清器一个。

保养套餐 3：更换机油、发动机燃油系统清洗、更换防冻液赠送汽油滤清器一个。

备注：现金优惠项目以 DMS 系统结算为准。客户消费后全额付款，优惠部分充入福卡下次维修抵扣。

【案例 5-8】

"维修保养奔驰"节日优惠多

为了答谢广大奔驰车主对我中心的长期支持与厚爱，我们将一如既往地以最优服务、最高技术服务于您及您的爱车。节日来临，我中心全体员工祝您节日快乐！同时推出"零配件优惠"及"免费检测"的回馈活动！

"零配件优惠"日期：2010 年 09 月 15 日至 2010 年 10 月 15 日

"车辆免费检测"日期：2010 年 10 月 25 日至 2010 年 11 月 07 日

梅赛德斯-奔驰授权经销商——北京博瑞祥驰汽车销售服务中心诚邀您莅临。

2. 客户管理

1）建立顾客档案

顾客档案是企业的重要资源，建立顾客群的一个主要方法就是要利用好顾客档案。顾客档案通常有以下三种来源：

（1）销售记录。对销售的每一辆车进行详细记录，从销售原始记录中，不仅可以看到现在顾客和曾经进行交易的顾客名单，还可以从中发现企业的顾客类型。

（2）从车辆管理部门直接提取所需的车辆档案。

（3）维修服务登记。当顾客进行维修服务时，进行登记，以获得更多、更准确的顾客信息。可以采取赠送小礼品方式鼓励顾客配合登记信息。

2）顾客档案分析

建立了顾客档案后，就可以根据企业不同时期的决策需要进行顾客档案分析。一般来说，常用的顾客档案分析内容有顾客需求和购买行业分析、顾客经济状况分析、顾客地区构成分析、收入构成分析、对企业的利润贡献分析等。除这些分析内容外，有的企业还利用顾客档案进行关系追踪与评价、顾客占有率分析、开发新顾客分析和损失顾客分析等。

建立顾客档案的目的是要利用这些信息，制订适当的营销计划以满足客户的要求，增加企业与客户间的亲密度，提高企业的客户服务水平，让顾客信息在企业面向顾客服务的各项工作中都具有广泛而重要的作用，这才是信息的价值所在。

3）建立车友俱乐部

车友俱乐部是建立顾客群的一种好方法。俱乐部有规章制度，入会和退会有严格规定，有会员奖励办法。俱乐部基于汽车又超出汽车本身，服务触角伸向会员所需的方方面面。俱乐部还会不定期组织会员活动，邀请专业人员为会员讲课或与其座谈，给会员提供一个交流、沟通的平台。

5.3.2 客户满意与客户关怀

顾客满意是顾客对其要求已被满足的程度感受。顾客抱怨是一种满足程度低的最常见的表达方式，但没有抱怨并不一定表明顾客满意。即使规定的要求符合顾客的愿望，也不能确保顾客满意度。

1. 顾客满意分析

学者诺曼（Earl Navman）引用赫兹伯格的理论解释顾客内心的期望。他将影响顾客内心期望的因素分为保健因子和满意因子。

1）保健因子

保健因子代表顾客所期望的产品或服务属性。在汽车维修中，保健因子有：正确判断故障；将车辆的故障排除；保证维修质量；在预定交车的时间内交车等。做到保健因子，只能降低客户不满，不能提升顾客的满意度。

2）满意因子

满意因子代表着顾客内心所期望能获得产品或服务的情境，在汽车维修中，满意因子有：被理解；感到受欢迎；感到自己很重要；感到舒适等。

　　大量调查表明，大多数顾客在送修之前几乎总是看到缺点：工时费高、配件费用高、送车和取车浪费时间以及修车时无代用车等。所有这些，原则上都是客户满意度的负面条件。如果企业在这两个方面表现都不好，顾客就会流失；如果企业只在保健因子上下功夫，却忽略了满意因子，很可能最后必须采取价格竞争，才能留住顾客。维修企业服务要在保健因子上达到顾客的期望，将更多的资源放在满意因子，想办法增加满意因子，这样才能赢得顾客的信任，让顾客满意，帮助企业创造独特的竞争优势。

2．顾客满意因素

　　学术上有一个理论，顾客满意等于 QVS（如图 5-7 所示）。Q 代表品质（Quality），V 代表价值（Value），S 代表服务（Service），所以全球的企业家都告诉我们顾客满意是品质、价值、服务三个因素的函数。可以用下式表示：

$$CS = f(Q, V, S)$$

CS 代表顾客满意，Q 代表品质，V 代表价值，S 代表服务。

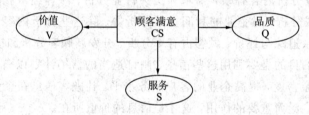

图 5-7　顾客满意因素

企业竞争优势要在品质、价值、服务上体现。

1）品质

品质包括以下几个因素：

（1）人员素质。包括基本素质、职业道德、工作经验、教育背景、观念、态度、技能等。

（2）设备工具。包括是否完善、是否会用、是否愿意用。

（3）维修技术。包括一次修复合格率、维修质量。

（4）服务标准化。包括接待、维修、交车、跟踪。

（5）管理体制。质量检验、生产进度掌控、监督机制。

（6）厂房设施。顺畅、安全、高效。

2）价值

价值包括以下几个因素：

（1）价格合理。包括工时费、配件价格合理。

（2）品牌价值。包括知名度、忠诚度。

（3）物有所值。包括方便、舒适、安全、干净。

（4）服务差异。服务品质与其他企业的差别。

（5）附加价值。包括免费检测、赠送小礼品。

3）服务

服务包括信任要素和便利性等要素：

（1）信任要素。信任要素包括以下几个方面：

① 厂房规划。CI 形象、区域划分、指示牌。

② 专业作业。标准程序、看板管理、专业人员负责、5S 管理、专业分工。

③ 价格透明。常用零件价格收费有公示标准。

④ 顾客参与。寻求顾客认同，需求分析，报告维修进度，告知追加项目，交车过程，车主讲座。

⑤ 专业化。服务语言要专业、热忱、亲切。

（2）便利性。便利性主要考虑以下几个要素：

① 地点。与顾客居住地的距离、顾客进厂的路线、天然阻隔、接送车服务、指示牌。

② 时间。营业时间、假日值班、24 小时救援、等待时间。

③ 付款。付款方式、有人指引或陪同、结账时间、单据的整理。

④ 信息查询。维修记录、费用、车辆信息、配件、工时费。

⑤ 商品选购。百货等的选购。

⑥ 功能。保险、四位一体、紧急救援、车辆年审、汽车俱乐部、接送车服务。

【案例 5-9】

随着私家车越来越多，到 4S 店或维修厂修车的顾客中不少都带着小孩。修车有时要等上一两个小时，而小孩往往没有耐性，一会儿就会又哭又闹，嚷着要离开，弄得大人也会心情不好。因此，现在 4S 店或维修厂都会在顾客休息室内专设一个儿童游乐区，设置滑梯、积木、蹦蹦床等。这样，来修车的顾客就可以很安心地等待，再也不会因为孩子着急离开而心烦意乱了。

3. 顾客关怀的基本原则

顾客关怀的基本原则：顾客满意第一；出自内心的主动关怀，在顾客困难时伸出援助之手；把顾客当成自己进行换位思考；帮助顾客降低服务成本，赢得顾客的信任；切勿出现明显的商业行为；在顾客满意和公司利益之间寻找平衡点。

4. 顾客关怀的具体做法

1）新车提醒

若顾客购买新车，应做到以下几点：新车交车的三周至四周内，用信函或电话询问新车的使用情况；主动告知服务站地点、营业时间、顾客需要带的文件，并进行预约；提醒首次保养的里程和时间。

2）维修回访

维修后 3 日内按照事前与顾客讨论好的回访的方式与时间进行回访，对顾客提出的意见要有反馈。

3）关怀函、祝贺函

在重大节日、顾客生日之时，要发出相关的关怀函、祝贺函，内容要着重体现关怀，勿出现明显的商业行为。

4）联系久未回厂顾客

对于久未回厂联系的顾客，在联系前应先了解顾客上次服务内容是什么，是否有不满。若顾客有不满，应表示歉意，并征求顾客意见，诚邀顾客来厂或登门访问。

5）定期保养通知

在距保养日期前两周发出通知函或一周前电话通知顾客，主动进行预约，告知保养内容和时间。

6）季节性关怀活动

在季节交替之时，主动告知顾客季节用车注意事项，提醒顾客免费检测内容。

7）车主交流会

定期举办车主交流会，内容有：正确用车方式、服务流程讲解、简易维修处理程序、紧急事故处理等。人数以10人～15人为宜，时间一般不要超过2小时。会上可以进行顾客满意度调研，可请顾客代表发言，可以赠送小礼品。

8）提供信息

向顾客提供与其利益相关的各种信息：顾客从事产业的相关信息；新的汽车或道路法规；路况信息等顾客感兴趣的相关信息。

5.3.3　客户投诉及预防

消费者对车辆和服务的诉求不断提高，同时维权意识日益增强，这是产生投诉的两种最直接因素。客户投诉是对商品质量或对服务品质不满的一种具体体现，一旦处理不当，会引致纠纷。从另一个角度来看，客户的抱怨是最好的产品情报，相关人员应该满怀感激之情前往处理。处理客户投诉不仅是找出症结所在，弥补客户需求而已，同时要努力恢复客户对我们的信任，将其化为提升客户满意度的良机。

1. 投诉应对的原则

（1）要早。早发现、早预防。通过各级管理者和员工敏锐的洞察力及时发现工作存在的不足，从而在最早的时间里进行改正和预防，将主动权牢牢掌握在维修企业手中。

（2）要快。反应快、效率高。第一时间与客户取得沟通，以高效的工作作风拉近企业与客户之间的距离，才能不断提高客户对企业服务的认知度。如果超出权限范围需要请示上级管理层的，也要向顾客说明，并迅速地将解决方案通知顾客，以此表示对顾客的重视和尊重。

（3）要诚。诚实、坦率、守信。"态度决定一切"，诚信的态度是企业形象的展示和自信的标志。只有不断超越客户才能赢得客户，在消费者心目中树立良好企业品牌的根本来源于诚信。

（4）要恒。时刻警惕、长久执行。企业不可能一朝一夕就把客户投诉控制为零。有客户消费就会有不满，当企业刚刚把某个共性的投诉解决时，另一个问题可能又会出现。企业必须时刻关注市场，坚持执行投诉管理。

2. 处理客户投诉的步骤

（1）听对方抱怨。首先不可以和客户争论，以诚心诚意的态度，耐心地、平静地、不打断顾客的陈述，聆听顾客的不满和要求。

（2）分析原因。聆听客户的抱怨后，必须冷静地分析事情发生的原因与重点。

（3）找出解决方案。冷静地判断这件事自己是否可以独自处理。如果是自己职权之外，必须由公司斡旋才能解决，此时应马上转移到部门经理处理。

（4）把解决方案传达给客户。解决方案应马上让客户知道，在客户理解前可能需要费番工夫加以说明和说服。

（5）处理。客户同意解决方式后应尽快处理。处理得太慢，不仅没效果，有时会使问题恶化。

（6）检讨结果。为了避免同样的事情再度发生，必须分析原因、检讨处理结果，记取教训，使未来同性质的客户投诉减至最少。

3. 提供解决方案时的注意事项

（1）为客户提供选择。通常一个问题的解决方案都不是唯一的，给客户提供选择会让客户感到受尊重，同时，客户选择的解决方案在实施的时候也会得到来自客户方更多的认可和配合。

（2）诚实地向客户承诺。因为有些问题比较复杂或特殊，不确信时不要向客户做任何承诺，诚实地告诉客户，你会尽力寻找解决的方法，但需要一点时间，然后约定给客户回话的时间。一定要确保准时给客户回话，即使到时仍不能解决问题，也要向客户解释问题进展，并再次约定答复时间。诚实容易得到客户的尊重。

（3）适当地给客户一些补偿。为弥补公司操作中的一些失误，可以在解决问题之外，给客户一些额外补偿。但问题解决后，一定要改进工作，以避免今后发生类似的问题。

有关研究报告显示，一次负面的事件，需要十二次正面的事件才能弥补。当场承认自己的错误须具有相当的勇气和品性，给人一个好感胜过一千个理由。即使是因客户本身错误而发生的不满，在开始时一定要向他道歉，就算自己有理由也不可立即反驳，否则只会增加更多的麻烦。这是在应对客户投诉时的一个重要法则。但是，一味地赔罪也是不当的，最好在处理时边道歉，边用应对法使对方理解。

正确把握、理解、应对、处理客户投诉，既是企业投诉管理能力的体现，也是企业精细化管理的缩影。

4. 投诉的预防

1）实行首问责任制

谁接待的顾客，那就由谁一直负责到底。即公司第一个接待顾客投诉的员工有责任指引、协助顾客完成整个投诉过程。

2）经常自行抽检

企业从接待、维修、质检到电话跟踪实行抽检，对发现的问题，及时查找原因，制定对策。有些汽车生产厂家对特约服务站实行"飞行检查"的做法很值得借鉴。即生产厂家的检查人员在不通知特约服务站的情况下，在某一顾客的车辆上设计几个故障，然后由顾客开车到服务站检查维护，通过对服务站检查维护效果的检查，来考察服务站的服务规范、服务水平及故障排除能力。生产厂家的检查人员有时也假设一个需救援的车辆，打电话让服务站前去救援，以考察服务站的反应和救援能力。

3）坚持预警和总结制度

对一些挑剔、易怒的顾客，提前通知各部门，让每个人都提高警惕。处理好投诉后，还需要及时总结投诉案例，为今后的工作做出改进和完善，以减少投诉。

4）落实标准工作流程

企业有了标准的工作流程，就要抓好落实。每个人都按照工作流程行事，就会堵塞漏洞，避免或减少顾客投诉。

5）加强员工培训

通过培训，让员工知道顾客抱怨是一份礼物，因为在所有不满意的顾客中只有5％会进行投诉，他们的意见反馈对我们工作的改进有非常重要的参考价值，因此值得我们表示真诚的感谢。这些抱怨可以不断改进企业的服务系统，优化企业的工作流程，使企业更了解顾客需求，使企业的评价体系更加完善。

千万要注意，在处理顾客投诉过程中，下列行为均是错误的：同顾客争吵、争辩；打断顾客讲话，不了解顾客关键需求；批评、讽刺顾客，不尊重顾客；强调自己的正确，不承认错误；不了解顾客需求就随意答复顾客的要求；员工之间不团结，表达给顾客的意见不一致。

【案例 5 - 10】

广州丰田汽车有限公司处理顾客投诉的七步法

第一步：以积极的方式接受顾客投诉；

第二步：应用 3L：倾听、观察、领会，一定要认真倾听。

第三步：获得事实来识别根本原因或误解。

第四步：做出如何解决投诉的决定。

第五步：说明决定并取得同意。

第六步：立即行动。

第七步：进行跟踪服务以确认客户是否满意。

【知识拓展】

产品介绍的方法

1. FABE 法和 FAB 法

FABE（Feature 为配置和特性；Advantage 为优势；Benefit 为利益；Evidence 为证据）和 FAB（Feature 为配置和特性；Advantage 为优势；Benefit 为利益）是产品介绍和说明的两种基本方法。销售顾问在向顾客介绍车辆时，先说明车辆这个配置是什么，有什么特性，接着介绍这个配置的优点或优势，再说明它能给顾客带来什么利益，最后举出一个证据（或实例）来说明这一切。FAB 和 FABE 相比只是没有举例证明。在销售中只有在了解顾客需求和对车辆有充分的认识后，销售人员才能根据顾客的实际生活和用车状况来对车辆进行有效的介绍。因此 FABE 不仅仅是产品介绍的技巧，更重要的是与顾客沟通的技巧。

2. 六方位介绍法

奔驰汽车公司是最先运用六方位绕车介绍法向顾客销售汽车的。后来，日本丰田汽车公司的凌志汽车也采用了这种销售方法，并将之发扬光大。我国绝大多数汽车销售也采用了该方法。

六方位绕车介绍法是指汽车销售顾问在向客户介绍整车的过程中，销售顾问围绕汽车的车前方、车左方、车后方、车右方、驾驶室、发动机盖六个方位展示汽车。六方位绕车介绍法是从车前方到发动机，刚好沿着整辆车绕了一圈。

在运用六方位绕车介绍法向客户介绍汽车时，销售顾问要熟悉在各个不同的位置应该阐述的、对应的汽车特征带给客户的利益，灵活利用一些非正式的沟通信息，展示出汽车独到的设计和领先的技术，从而将汽车的特点与客户的需求结合起来。

这种方法还可以让汽车销售顾问更有条理地记住汽车介绍的具体内容，也能够让客户对车型产生深刻的印象。

学习资源：

★汽车经理人俱乐部：http://www.carmanager.cn/
★汽车之家：http://www.autohome.com.cn/
★中国汽车销售网：http://www.auto-china.com/index.asp
★汽车人招聘网：http://www.qcr.cc/

模块五同步训练

一、填空题

1. 汽车维修合同是＿＿＿＿＿、＿＿＿＿＿双方当事人之间设立、变更、终止＿＿＿＿＿关系的协议，它属于加工承揽合同。

2. 为了规范汽车维修合同管理和使用，国家工商行政管理局和交通部联合发布了专门通知，在全国范围内，统一了汽车维修合同示范文本（GF-92-0384），明确该文本由＿＿＿＿＿监制，＿＿＿＿＿统一印制发放、管理，汽车维修企业和经营业户必须使用。

3. ＿＿＿＿＿是法定的统一维修合同管理机关。

4. 维修合同签订后，双方都必须遵守，否则，违约方要向守约方进行＿＿＿＿＿。

5. 汽车维修合同签订的范围包括：＿＿＿＿＿、＿＿＿＿＿、＿＿＿＿＿、＿＿＿＿＿。

二、判断题（打√或×）

1. 汽车维修合同是一种法律文书，具有法律效力。 （ ）

2. 在汽车维修合同中要注明保修期。 （ ）

3. 二级维护不需要签订维修合同。 （ ）

4. 汽车维修合同的担保形式一般为定金担保形式。 （ ）

5. 汽车维修企业和经营业户必须使用维修合同。 （ ）

6. 除发生承办人或法定代表人的变动，当事人一方发生合并或分立，违约方已承担违约责任情况，均不得变更或解除维修合同。 （ ）

7. 顾客抱怨是一种满足程度低的最常见的表达方式，没有抱怨就表明顾客很满意。（　　）

三、简答题

1. 简述汽车维修合同的作用。

2. 简述汽车维修合同的主要内容。

3. 汽车维修合同的签订原则是什么？

4. 简述汽车一般的销售流程。

5. 简述汽车维修服务流程。

6. 如何做好客户管理工作？

7. 顾客关怀的具体做法是什么？

四、能力训练题

1. 针对某汽车维修企业，设计建立客户群的一种方案。

2. 模拟演练：通过模拟训练，掌握汽车销售人员与顾客相处的基本礼仪规范，纠正认识偏差，做到与顾客相处的有礼有节。

（1）创设一个情境，演练接听客户电话的礼仪。

（2）创设一个情境，演练进行电话预约和电话回访的礼仪。

（3）创设一个情境，演练接近顾客的礼仪。

模块六　汽车维修企业的生产现场和技术管理

任务 1　生产现场管理及 6S 管理

6.1.1　生产现场管理及 6S 概念

　　汽车维修企业的生产现场是指在车辆接待、故障检测诊断、车间维修、试车、清洗、检验测试、交车等过程中为客户提供服务的场所(4S店还包括销售大厅)。

　　汽车维修生产现场管理是指运用科学的管理原则、管理方法和管理手段，对生产现场的各种生产要素进行合理的配置、优化组织，消除维修生产中的不合理现象，从而保证生产系统目标的顺利实现，并达到效率最高、质量最优和服务最佳的车辆维修目的。

1. 5S 管理

　　目前很多企业和商店都采用了 5S 管理，5S 管理是指对生产各要素(主要是物的要素)所处的状态不断地进行整理(SEIRI)、整顿(SEITON)、清扫(SEISO)、清洁(SEIKETSU)和提高员工素养(SHITSUKE)的活动。以上五个日语单词中罗马拼音的第一个字母均是"S"。5S 起源于日本的一种家庭方式，它针对地面和物品提出了整理和整顿两个 S，日本和西方一些企业将其引入生产现场管理。随着管理的需要和管理水平的提高，后来又加入了其他 3 个 S，这样就形成了今天被世界很多企业所采用的 5S 管理。

2. 6S 管理的内容

一些企业在 5S 管理实践中又加入了安全（SECURITY），形成了 6S 管理，再加入服务，形成 7S 管理。还有些企业提出了 10S 管理，使得 5S 管理的内容越来越丰富。

1）整理

将工作场所的物品按常用、不常用和不再使用区分开。

（1）常用。放置在工作场所容易取到的位置，以便随手可取，如工具、油盘、抹布等。

（2）不常用。贮存在专有的固定位置，如发动机吊装架、量具。

（3）不再使用。应及时清除掉，如废机油、废旧料、个人生活用品等。

通过整理只保留有用的东西，撤除不需要的东西，要达到工作场所无任何妨碍工作、妨碍观瞻、无效占用作业面积的物品，以腾出更大的空间，防止物品混用、误用，创造一个干净的工作场所。

2）整顿

把工作场所需要的物品按规定位置摆放整齐，并做好标识进行管理。

物品摆放位置要科学合理，对放置的场所按物品使用频率进行合理的规划。如经常使用的工具要放到工具柜，不常使用的专用工具要放到工具库。

物品摆放要有专用位置，如蓄电池充电室、专用设备存放架、总成修理间等。

物品摆放要目视化，要在显著位置做好适当的标识。

通过整顿把有用的物品按规定分类摆放好，并做好适当的标识，杜绝乱堆乱放，避免该找的东西找不到等无序现象的发生，减少找物品的时间，消除过多的积压物品，使工作场所一目了然，整齐明快。

3）清扫

将工作场所内所有的地方清扫干净，包括工作时产生的灰尘、油泥，工作时使用的仪器、设备、材料等。

清扫地面、墙上、天花板上的所有物品；

仪器设备、工具等的清理、润滑，破损的物品进行整理；

对洒漏的机油、防冻液等进行清扫，防止污染环境。

通过清扫使工作场所保持一个干净、宽敞、明亮的环境，以维护生产安全，保证工作质量。同时，清扫时也可以发现问题，例如，发现滴漏的废机油时，就要检查是维修时车辆的润滑系统存在问题，还是机油的容器泄露造成的。清扫时在地面上发现了螺母，就应马上查找螺母的来源。

4）清洁

经常做整理、整顿、清扫工作，并对以上三项进行定期与不定期的监督检查。

要求不仅物品、环境要清洁，而且员工本身也要"清洁"，要礼貌待人，友好和善。清洁的目的是消除工作场所产生的脏、乱、差。

5）素养

素养是 6S 管理的核心和精髓，没有员工素养的提高，6S 管理不能顺利开展，也不能坚持下去。素养要求员工：工作时精神饱满；遵守劳动纪律。素养的目的是要每个员工都养成良好的习惯，遵守规则，积极主动。

落实 6S 工作责任人，负责相关的 6S 责任事项。每天上下班花 3 分钟～5 分钟做好 6S 工作。经常性地自我检查、相互检查，定期或不定期检查等。

6）安全

企业一定要重视员工的安全教育，每时每刻都要有安全第一的观念，防范于未然。安全管理的目的在于建立起安全生产的环境，企业所有的工作都应建立在安全的前提下。

3. 6S 管理的作用

（1）给客户留下深刻的印象，提升公司形象。整洁的工作环境，饱满的工作情绪，有序的管理方法，使顾客有充分的信心，容易吸引顾客。6S 做得好，在顾客、同行、员工的亲朋好友中相传，产生吸引力，吸引更多的优秀人才加入公司。

（2）营造团队精神，创造良好的企业文化，加强员工的归属感。容易带动员工积极上进的思想，取得良好的效果，员工对自己的工作有一定的成就感，员工们养成良好的习惯，容易塑造良好的企业文化。

（3）提高工作效率，减少浪费，降低成本。物品分类分区摆放整齐，标识清楚，减少寻找时间，提高了工作效率。减少了浪费，减少人力、减少场所、节约时间，也就是降低成本。

（4）保障工作质量。员工养成认真的习惯，做任何事情都一丝不苟，工作质量自然有保障。

（5）改善情绪。清洁、整齐、优美的环境带来美好的心情，员工工作更认真。所有人员都谈吐有理、举止文明，形成融洽的氛围，工作自然得心应手。

（6）保证生产安全。通道畅通，地上不随意摆放、丢弃物品，使各项安全措施落到实处。另外，6S 活动的长期实施，可以培养工作人员认真负责的工作态度，也会减少安全事故的发生。

【案例 6-1】

某修理厂管理混乱，物品随意摆放，就连顾客的车钥匙也随意乱放。一天，一辆丰田佳美轿车来厂大修，一连几天钥匙都放在桌上，这事被一个近几天常来厂的大宇车司机发现了，就趁人不备拿着钥匙出去配了一把。丰田佳美车大修出厂的第二天就被盗了，公安局组织人力、物力侦察此案，三天下来一点线索也没有。后来一位民警分析，车晚上停在居民区内，日夜警卫值班，佳美车的车门锁、点火开关锁都很坚固，若是破锁不大可能，民警认为此案还应从车钥匙入手，一边查找开锁高手，一边查找配钥匙的业户。于是，公安人员拿着佳美车的钥匙进行调查，最后在一个配钥匙店找到了线索，店主说前几天有一人开着大宇车来配过钥匙，车号记不清了。公安局查到配钥匙的日期正好车辆在某大修厂大修，于是找到了修理厂，很容易查到了大宇车车主，侦破此案。修理厂管理混乱给了不法分子可乘之机，此事引起周围人议论，该修理厂信誉受到影响，客户也越来越少。

6.1.2　6S 的实施及检查

1. 实施 6S 管理应注意的问题

（1）6S 管理要长期坚持，不能平日不做整理、整顿，而靠临时突击将物品整理摆放一下；创造良好的工作环境，不能靠购置几件新设备、刷刷墙面；素养的形成更不能靠一个会议解决问题。

（2）6S 管理要依靠全体员工自己动手，持之以恒来实施，并在实施过程中不断培养全体员工的 6S 意识，提高 6S 管理水平。

2. 6S 实施的场所

应该针对以下场所实施 6S 管理：厂区、办公室、生产车间、仓库、工具库及其他地方（包括宿舍、餐厅、停车场等）。

3. 6S 实施步骤

6S 的实施主要有以下步骤：

1）成立组织

企业领导必须重视此项工作，把 6S 管理纳入议事日程，企业一把手任组长，车间、配件、服务主管任组员，可根据需要设立副组长或秘书。

小组主要负责的工作：制订 6S 推行的方针目标、日程计划和工作方法；推行过程中的培训；推行过程中的考核及检查工作。

2）制定 6S 管理规范、标准和制度

成立组织后，要制定 6S 规范及激励措施。根据企业的实际情况制订发展目标，组织基层管理人员进行调查和讨论活动，建立合理的 6S 规范表、建立 6S 标准和检查考评制度、岗位责任制度和奖罚条例等。

3）宣传和培训工作

很多人认为维修工作的重点是质量和服务，将人力放在 6S 上很浪费时间；或认为工作忙，劳民伤财；或认为 6S 是领导的事，与个人无关。所以，要推行 6S 管理，应做好宣传和培训工作，针对全体干部和员工主要做好以下内容的宣传和培训：6S 基本知识，各种 6S 规范；6S 的功效；推行 6S 与公司、个人的关系；将 6S 推行目标、竞赛办法分期在宣传栏中刊出；将宣传口号制成标语，张贴在各部门显著位置；举办内容丰富的关于 6S 的活动。

4）推行 6S

由最高层做总动员，各办公室、车间、仓库等对照适用于本场所的 6S 规范严格执行，各部门人员都清楚 6S 规范，并按照规范严格要求自身行为。

此阶段是推行 6S 的实质性阶段，可以是样板单位示范办法，即选择一个部门做示范部门，然后逐步推广；也可分阶段或分片实施；还可以是 6S 区域责任和个人责任制的办法。

5）实施 6S

在以上提到的各个场所实施 6S 管理。

6）6S 检查

6S 检查分为定期检查和非定期检查。

（1）定期检查。又分为日检（重点是下班前对辖区进行的整理和清扫）；周检（利用周末下班前 30 分钟对辖区进行 6S 检查，重点是清洁和素养）；月检（月底最后一个下午对全厂检查）。

（2）非定期检查。一般是企业中、上层在维修工作繁忙或接到客户、员工投诉时，临时对基层进行的 6S 检查。

7）6S 考核

6S 考核不但是对前期进行的 6S 管理的总结和评估，还是促进 6S 管理进一步落实和改进的有效手段，考核的形式主要有以下几种：

（1）早会考评。每天上午上班前的早会时间，简单对前一天或前一周 6S 检查情况小结，表扬做得好的，指出存在的问题和改进方法。

（2）板报考评。利用统计图表直观对每天、每周、每月的检查评比结果公布于众。

（3）例会考评。利用每周或每月的生产例会，把 6S 检查结果作为议题进行讲评，树立典型，推广经验，解决问题，提出以后 6S 重点和目标。

（4）客户考评。利用客户问卷表、座谈会等形式，广泛收集客户对本企业 6S 活动的意见。

（5）奖罚考评。按 6S 奖罚制度，表扬 6S 做得好的部门或个人，批评和处罚做得差的部门和个人。并把考评结果与员工的加薪、晋级和聘用直接挂钩。

8）6S 实施中常见的问题

常见的问题有：6S 规范制订不太完整；检查时仅作形式上的应付；不认真执行规范；突击整理，检查完后又恢复原样。

9）坚持 PDCA 循环，不断提高 6S 水平

所谓 PDCA 循环是质量管理的基本方法之一。PDCA 循环也就是"计划"、"执行"、"检查"和"处理"循环。其主要特点是循环是转动的，每转动一周就提高一步。通过推行 6S，坚持 PDCA 循环，使 6S 活动得以坚持和不断提高。

4. 6S 实施的办法

1）检查表

根据不同的场所制订不同的 6S 管理规范检查表（见表 6-1），即不同的 6S 操作规范如《车间检查表》、《货仓检查表》、《厂区检查表》、《办公室检查表》、《宿舍检查表》等。

通过检查表进行定期或不定期的检查，发现问题及时采取纠正措施。

表 6-1　6S 管理规范表

序　号	项　目	规　范　内　容
1		工作现场物品（如旧件、垃圾）区分用与不用的，定时清理
2		物料架、工具柜、工具台、工具车等正确使用与定时清理
3		办公桌面及抽屉定时清理
4	整理	配件、废料、余料等放置清楚
5		量具、工具等正确使用，摆放整齐
6		车间不摆放不必要的物品、工具
7		将不是立即需要（三天以上）的资料、工具等放置好

序号	项目	规范内容
1	整顿	物品摆放整齐
2		资料、档案分类整理入卷宗、储放柜、书桌
3		办公桌、会议桌、茶具等定位摆放
4		工具车、工作台、仪器、废油桶等定位摆放
5		短期生产不用的物品，收拾定位
6		作业场所予以划分，并加注场所名称，如工作区、待修区
7		抹布、手套、扫帚、拖把等定位摆放
8		通道、走廊保持畅通，通道内不得摆放任何物品
9		所有生产使用工具、零件定位摆放
10		划定位置收藏不良品、破损品及使用频率地的东西，并标识清楚
11		易燃物品定位摆放
12		电脑电缆绑扎良好、不凌乱
13		消防器材要容易拿取
1	清扫	地面、墙壁、天花板、门窗清扫干净、无灰尘
2		过期文件、档案定期销毁
3		公布栏、记事栏内容定时清理或更换
4		下班前，打扫和收拾物品
5		垃圾、纸屑、烟蒂、塑料袋、破布等扫除
6		工具车、工作台、仪器及时清扫
7		废料、余料、待料等随时清理
8		地上、作业区的油污及时清理
9		清除带油污的破布或棉纱等
1	清洁	每天上下班前 5 分钟做 5S 工作
2		工作环境随时保持整洁干净
3		设备、工具、工作桌、办公桌等保持干净无杂物
4		花盆、花坛保持清洁
5		地上、门窗、墙壁保持清洁
6		墙壁油漆剥落或地上划线油漆剥落修补
1	素养	遵守作息时间，不迟到、早退、无故缺席
2		工作态度端正
3		服装穿戴整齐，不穿拖鞋
4		工作场所不干与工作无关的事情
5		员工时间观念强
6		使用公物时，用后保证能归位，并保持清洁
7		使用礼貌用语
8		礼貌待客
9		遵守厂规厂纪

序　号	项　目	规 范 内 容
1	安全	按规定穿戴好安全防护用品，遵守安全操作规程，特殊作业人员持证上岗
2		电器绝缘良好，设备防护装置齐全，有安全附件
3		维修作业现场无违章作业，无不安全因素
4		消防器材放置完全符合要求，紧急出口、消防通道畅通。危险品按安全规定区域隔离摆放，规定标识
5		员工运输配件及货物时小心谨慎、以防碰伤

2）红色标签战略

制作一批红色标签，红色标签上的不合格项有：整理不合格、整顿不合格、清洁不合格，配合检查表一起使用，对6S实施不合格物品贴上红色标签，限期改正并且记录，公司内分部门、部门内分个人绘制红色标签比例图，时刻起警示作用。

3）目标管理

目标管理即一看便知，一眼就能识别，在6S实施上运用，效果也很好。

任务2　汽车维修企业的生产管理

6.2.1　生产(作业)计划

车辆维修生产计划就是由生产管理部门编制的关于承担车辆维修作业的人员、物料和时间等的安排，是企业组织生产的依据，也是进一步编制车辆维修工艺卡等技术文件的依据。

1. 车辆维修生产计划的作用

车辆维修生产计划能从时间上保证客户的维修车辆按期出厂，为客户节约时间，为企业增加信誉。科学合理的维修生产计划还可以提高人员、设备、场地、资金等的利用率，减少浪费，做到过程连续、生产均衡、质量保证。

2. 维修生产计划的分类

维修生产计划按计划所辖的范围，可以分为厂或车间的维修生产计划、单车或单台总成的维修生产计划等；按计划时期可以分为年度、季度、月度、周或日的维修生产计划；一般生产计划还可以分为长期、中期、短期或阶段性等几种，也有以大日程、中日程、小日程来区分生产计划的。

3. 编制维修生产计划

1）编制生产计划的依据

生产计划的依据应该是企业根据客户资料统计的维修量和预计的维修增量、季节性的维修需求、阶段性的活动安排、突发性的事件处理等对不同维修工种的工作量的需求，以及对企业的场地、人力、设备、设施和各工种的实际生产能力的需求。

2）编制维修生产计划时应遵循的原则

（1）严格遵守维修工艺规程，保证维修质量，不得擅自变更和省略规定的工艺程序。

（2）压缩车辆维修在厂车日（或在厂车时），尽量妥善安排平行交叉作业。

（3）充分利用人力、场地、设备设施等资源条件，提高维修生产效率和效益。

（4）做好生产调度，以应对各种因素（如待料、停电、故障和意外损坏等）对生产计划的影响。

3）编制维修生产计划应考虑的因素

编制维修生产计划要根据车辆运输企业提供的车辆维修计划和市场预测，要考虑车辆维修企业的生产能力等因素，经综合平衡后确定。维修生产计划要按照一定的表格形式，有生产指标和作业形式等内容。编制维修生产计划应考虑的因素如下：

（1）各种生产形态（订单维修生产与预约维修生产或小修、维护、大修等）。

（2）当地过去 5 年的车辆销售量（保有量）和销售量（保有量）增长率。

（3）当地未来 3 年预计的车辆销售量（保有量）和销售量（保有量）增长率。

（4）本企业去年的维修量和维修项目结构。

（5）本企业的作业工位数量、场地面积、工具设备和检测仪器的种类和数量。

（6）车间、部门、班组人员的结构，管理人员和技师、技工的数量以及技能状况。

（7）员工的工作时间和工作效率，客户送修车辆车况和需要维修作业的时间。

（8）季节性的维修需求、时段性的活动安排、突发性的事件处理等对各工种的不平衡需求。

4）车辆维修生产能力

车辆维修生产能力指维修企业在计划期内可以提供的有效生产工时量。其计算方法如下：

（1）按车辆维修计划列出作业次数 a。

（2）根据作业定额规定列出工时定额 b。

（3）根据本厂自制配件和修理旧件的计划工时及机具维修、革新计划等工时列出修旧革新工时 c，一般为所担负车辆维修作业总工时计划的 $18\%\sim20\%$。

（4）作业总工时按作业范围分工种计算，作业总工时等于 a、b 两项乘积再与 c 之和，即

$$作业总工时＝ab+c$$

（5）根据作业总工时计算需要的生产工人数：

$$需要生产工人数＝\frac{作业总工时}{每个生产工人年有效工时}$$

$$每个生产工人年有效工时＝(365-例假日数)\times工作制时间\times工时利用率$$

比较生产工人数与现有维修工人数，若等于或小于则说明维修能力足够或有余，原则上应提请劳动工资部门列入劳动工资计划予以调整。

4. 生产计划的编制

维修企业的生产计划是汽车维修企业中各项生产活动的行动计划，它通常根据市场经营管理部门按月或按周下达的汽车维修合同进行编制。其主要内容包括：维修车型与台数，维修作业等级，生产进度要求。

编制生产作业计划的基本要求如下：

（1）生产作业计划要尽可能地具体化和细化，以分解落实到每个车间、各个班组和各生产工人。

（2）按照生产任务提前做好必要的生产工艺准备，以保证各生产环节（各工序和各工位）的相互协调，保持均匀有序的生产节奏。

5. 生产计划的实施

在维修作业实施过程中应通过各种方法、手段，分析计划的执行情况，要加强派工调度、维修统计、维修分析、进度检查，发现计划实施中存在的问题，以便及时更正计划的偏差，使它继续指导生产。

6.2.2　维修调度（派工）

维修调度是指车间主管根据所接车辆情况，协调配件仓库有服务接待后，分派技工执行工作任务的过程。

1. 对维修调度的基本要求

维修调度在组织维修生产过程中要做到以下几点：

（1）确保维修工作过程的连续性。保证汽车维修过程的连续性，可使汽车维修工作在各个工序之间紧密衔接，确保维修工艺流程有效进行，提高汽车维修的生产效率。为此，在安排维修任务时应充分考虑汽车维修的工艺特点、维修技术、材料供应等因素。

（2）确保维修生产过程的协调性。在安排维修任务时，在维修生产能力（如技术水平、小组人数、诊断仪器、车型及材料供应等）方面要始终保持各工序、各工种之间的比例协调，消除生产薄弱环节，工艺流程方面不能出现瓶颈，从而使维修生产有序进行。

（3）确保维修生产过程的均衡性。在派工时，要保证承修小组的技术水平与所承担的维修任务相适应，要确保和维修小组的工作量基本平衡，以避免忙闲不均。

2. 维修调度的具体职责

维修调度的基本职责为安排车间维修计划、派工、指挥生产活动及协调各小组、各部门的工作衔接。

（1）服务顾问将工单交给维修调度，由维修调度具体安排车间维修计划。

（2）维修调度在工单上写明维修小组以及应完成工单的时间等内容后，将工单交给车间维修小组，安排工单的过程就是派工。维修小组对工单上的维修项目、故障原因等内容不清楚时，由服务顾问或生产调度负责向维修小组具体说明情况。

（3）调度负责统一指挥生产车间所有的生产活动，监督工单的进度及项目内容，协调各维修小组、工位、维修车间的关系。

（4）调度负责组织召开维修调度会，每天开一次调度会。在维修调度会上主要解决前一天在执行生产计划过程中所出现的问题，逐项检查工单的执行情况，控制工单的执行进度，布置当天工作应注意的事项，做好各方面工作的协调准备工作。

（5）由技术总监协同生产调度对前一天的典型故障案例进行案例分析，由主承修技师进行主讲，全体维修人员讨论并进行故障剖析，最终达到共同积累经验、共同提高技能的目的。

现阶段有些企业由于维修车间维修人员较多，车辆维修工作量很大，每天到车间维修的车辆可达 100 辆以上，这时由维修调度一人统一指挥车间生产有一定的难度，因此，向车间派工及维修进度的跟踪由服务顾问(6人~10人)来完成。将维修车间的维修人员分成几个维修小组(每组6人~10人),然后,每个服务顾问对应一个维修小组,服务顾问所接待维修车辆只给其负责的小组派工,原则上只安排其所负责的维修小组生产。

表6-2为一汽大众特约服务站的任务委托书(或称派工单)。在向各维修小组下达维修任务时,还应向承修班组交待具体的承修要求和注意事项等。

表6-2 一汽大众特约服务站的任务委托书

客户: 委托书号:

地址: 生产日期:

联系人: 送修日期:

电话: 移动电话: 约定交车:

牌照号	收音机密码	颜色	底盘号	发动机号	万公里	领证日期	付款方式
车型				旧件带走	是 否	油箱	满 空
维修工位	维修项目名称	性质	工时	工时费	主修人	备注	
备件估价							

检查员: 机修 钣金 油漆

注:客户凭委托书提车,请妥善保管

站长:

地址: 服务顾问:

电话: 制单:

说明:请您带走随车贵重物品

同意以上的维修项目及费用请签字

请您结算费用后取车 客户签名:_____

工序\姓名	自检	互检	备注	增加修理项目	应修但未修理项目(为行车安全,特别提醒)
机修					
钣金					
喷漆				用户签名:_____	用户签名:_____
路试					

3. 利用车辆维修进度看板对维修车辆进行调度

在执行维修生产计划过程中,为随时掌握工单状态及工单进度,确保为客户提供准确的维修进度信息,除采用计算机系统对维修服务流程进行管理外,调度常利用维修进度看板来管理车间生产计划的实施。

（1）调度通过车辆维修进度看板对维修车辆在车间的状态进行控制。

（2）在每一步操作过程中，看板上的员工板以及工单必须随着移动。

这种看板直观地反映了车间工作流程和信息流程，为内部和外部（客户）获取最新车间维修信息提供了方便。车间维修进度看板见表6-3。

表6-3 车间维修进度表

状态 工种	维修中	待修	估价中	待答复	待配件	待试车	试车终检中	完工
机修1组								
机修2组								
机修3组								
电工组								
钣金1组								
喷漆1组								
喷漆2组								

调度通过车间人员动态表（见表6-4）对车间人员的动态进行控制。

表6-4 车间人员动态表

状态 工种	在岗	请假或出差	外出服务
机修			
电工			
钣金			
喷漆			
试车人员			

4. 生产进度检查

检查生产进度以及在执行现场生产调度应侧重于以下4个方面：

（1）按生产作业计划，抓好竣工车辆的收尾。

（2）抓住生产工艺流程中明显影响生产作业计划的薄弱环节与关键环节（例如生产效率较低环节、质量不稳定环节等）。

（3）抓短线原材料或配件以及外购件、外协件的供应。

（4）抓先进生产劳动组织和计划管理方法的试点和应用。

5. 生产进度统计

生产进度统计的目的，不仅是为了统计劳动成果，而且也是为了掌握生产情况以及所存在的问题。因此对生产进度统计的基本要求是准确、及时、全面、系统。

以车辆为户头做工时统计，其目的是为了统计该车辆在维修过程中各工种所消耗的定额工时总数，以便在该车辆维修竣工出厂时结算和核算维修费用。

以作业班组或主修人为户头做定额工时统计，其目的是为了对维修班组或主修人实施劳动分配，以实现多劳多得。

6.2.3　生产资料管理

　　为了保证生产进度和生产节奏，缩短汽车维修过程中的待工待料时间，应该抓好生产资料管理(包括材料配件与原材料的采购管理、库房管理、外加工管理等)。所谓待料是指由于配件或材料原因而造成的停工；所谓待工是指由于非配件或材料的因素(如人的因素、停电等)而造成的停工。

　　维修企业的生产资料管理可分为对内服务(即汽车维修)和对外服务(如配件销售)两个部分。其中，对内服务在业务上应该归属于生产管理系统，这样可以由生产管理部门根据生产进度统一调度企业的生产资料，以充分体现生产供应为生产服务的原则；对外服务则可在业务上归属于汽车营销部门管理。

　　在汽车维修企业的生产资料管理中，工具类(如工具、量具、刃具、夹具、模具等)以及维修机具和维修设备类的日常使用维修应该归属于生产管理，但其选型购置、更新改造、折旧报废等全过程管理等仍归属于技术管理。

6.2.4　生产安全管理

【案例6-2】

　　某修理厂的一名维修工，在晚上更换一辆奥迪A6L轿车的汽油滤芯时，使用一只220 V的白炽灯照明，结果导致拆汽油滤芯时飞溅出的汽油喷到灯泡上，引起火灾，当场将汽车烧毁。

　　所谓安全生产就是要防止日常的生产劳动中出现事故，以保护职工的人身安全，保证机器设备及其他财产免受损失，保证企业生产过程的正常进行。

1. 安全教育与安全责任制

　　(1)组织安全生产、开展安全教育。为了保证安全生产，必须开展安全教育(包括安全思想教育与安全技术教育)，以教育职工遵章守纪、组织安全文明生产。安全生产是汽车维修企业中每个职工的职业责任和职业道德，而遵章守纪应作为汽车维修企业中每个职工的职业纪律。

　　(2)建立安全生产责任制度。在汽车维修企业的各级生产管理中，必须强调生产安全措施的检查和落实，即要强调在布置生产的同时实施安全教育，在检查生产的同时检查安全设施。

　　(3)严格遵守安全技术操作规程。汽车维修企业要制订和实施各工种、各工序、各机具设备的安全技术操作规程。其中对于某些特殊工种(如电气、起重、锅炉、受压容器、电焊、汽车运输等)还要经过专门训练，严格考核后方能操作。

　　(4)加装安全防护装置。主要有以下几个方面：

　　① 在电力电路、受压容界、驱动设备应加装超负荷保险装置。

　　② 在机器的外露传动部位(如传动皮带、传动齿轮、传动轴、砂轮等)应加装防护罩。

　　③ 在冲压设备的操作区域应加装联锁保护装置。

　　④ 在危险地段和事故多发地段应加装信号警告装置。

　　⑤ 应经常检查电器设备的绝缘状况，并加装触电防护装置。

　　⑥ 对于起重运输设备要规定其活动区域，锅炉与受压设备要设置隔离带。

⑦ 要保证机器设备的正确安装，保持间距，车间内设置安全通道，并加强机器设备的使用维修管理。

⑧ 抓好车间的防火、防爆工作。例如，严格规定防火要求，配置适当的消防器材和必要的消防设施，厂房设计应符合防火标准等。

2. 生产现场安全管理

1）停车场安全管理

生产车间内只能停放在修车辆（即待修车辆及修竣车辆须移出生产车间），在修车辆的钥匙统一由生产调度人员保管。对停车场的基本要求如下：

（1）停车场地坚实平整，停车场内应有照明。

（2）车辆停放地点不准堆放易燃易爆物品和火种。场内不得加注燃油，不准鸣放鞭炮及吸烟。

（3）停车场内应设"停车"、"限速 5 km"、"严禁高音喇叭"、"严禁烟火"等禁令标识以及安全停放指示标识，并备有消防器材，如灭火器、沙箱沙袋、消防栓等。

（4）停车场内车辆应靠边停放、排列整齐并保持不少于 0.6 米的车距，车头向着通道，并留出安全通道，以保证每辆汽车都能顺利驶出。

（5）竣工车辆与待修车辆应分别摆放。其中，凡能行驶的车辆都应保持在随时可开动状态（挂车与车头保持连接）；封存、停驶车辆以及外单位临时停放车辆应另行集中停放；凡装有易燃易爆物品的车辆应单独停放，并应有专人看管。

（6）停车场内车速不得高于 5 km/h，场内不准试车。无驾驶证的人员一律不准开车。

（7）汽车维修厂的厂门口应建立门杆和门卫值班制度。进出车辆都应接受门卫的清点和检查，门卫应对场内停放车辆负有安全保管的职责。

（8）进厂车辆均须由本厂专职驾驶员操作，出厂车辆须凭生产调度室的出门条才准放行。

2）维修车间的安全管理

维修车间的安全管理包括车辆维修技术安全和人员安全。

（1）车辆维修技术的安全管理。着重应做好以下几个方面：

① 所有维修人员在上班到岗后都应先报到、后就位，并做好开工前的技术准备。

② 由厂部或车间下达《派工单》或《返工单》，并由专人将待修车辆送至指定工位。

③ 各维修班组应根据《派工单》或《返工单》所规定的作业项目对车辆进行必要的检查诊断，以判断故障原因，确定维修方法（对于疑难故障可委托技术检验人员会诊）。

④ 若发生超范围作业或涉及更换重要基础件或贵重总成时，主修人应及时报请车间主管，并及时报告生产调度和车主，在获准后增补作业。

⑤ 维修人员在维修过程中应严格遵守汽车维修操作规程、工艺规范和技术标准。

⑥ 承修项目竣工后，主修人应做好各自工位的自检（并签字）和各工序之间的互检（并签字），最后交专职检验人员验收（并签字）。

⑦ 汽车维修竣工后，主修班组应清理车辆卫生，做好收尾工作，并交由质量总检验员验收签字，竣工车辆的钥匙应交回生产调度人员。如需要路试的可由质量总监指派专职试车员负责。

⑧ 汽车维修竣工后，各维修工位应及时清理和清扫，例如，将设备恢复原状、切断电源、关闭电源等。

（2）人员的安全管理。人员安全包括身体安全和精神安全两部分。员工是为企业创造效益、为社会创造价值的主力军，企业一定要做好车间的管理工作，为员工身心健康着想，为其提供一个安全的生产环境。

车间纪律如下：

① 维修人员的职责是维修汽车，严禁维修人员向客户洽谈业务或索贿受贿。

② 维修人员有责任妥善保管承修工单、零部件及维修车辆上的客户物品，不得遗失。

③ 维修人员必须遵守作息制度和劳动纪律，遵守岗位责任制，上班时间不得擅离岗位或串岗会客。

④ 严格遵守安全技术操作规程，严禁野蛮违章操作。

⑤ 不得随意动用承修车辆或擅自将客户车辆开出厂外，不准在场内试车和无证驾车。

⑥ 上班时间必须佩带工作证、穿戴劳保用品，并严禁吸烟。

⑦ 工作后应及时清除油污杂物，并按指定位置整齐堆放，以保持现场整洁。

6.2.5　生产劳动管理

1. 综合作业法

综合作业法指在实行定位作业（车架位置固定不变）、就车修理的汽车修理企业中，除了车辆的车身与车架的维修作业（如钣金和油漆、锻焊、轮胎等）由专业工种完成外，其余机电修理作业（如发动机、底盘、电器的维修作业）均由一个 8 人～10 人的综合性的全能维修班组包干完成。在此综合性的全能维修班组内，所有的机电维修工都按"分桥定位、专业分工"的原则被分配在车辆的各维修部位上，并要求在额定时间内平行交叉地完成其各自规定的维修任务。

优点：占地面积较小，所需设备简单，机动灵活，生产调度与企业管理简单，仅由班长协调、全班包干完成。

缺点：由于全能班组内的作业范围很广，需要有全能维修技工，对维修技工的技术水平要求较高，不仅不利于迅速提高工人的技术熟练程度，而且笨重总成来回运输，劳动强度较大，汽车维修周期较长，修理成本较高，修理质量也不易保证，常用于生产规模较小、承修车型较为复杂的中小型汽车维修企业。

2. 专业分工法

专业分工法指在实行流水作业（车架沿流水线移动）、总成互换修理（综合拆装、总成互换）的汽车维修企业中，根据汽车维修工艺流程的先后程序和流水作业要求，将车辆所有维修作业沿着流水线划分为若干工位，待修汽车在流水线上依靠本身动力或利用其他驱动力有节奏地连续或间歇移动；各维修技工及各专用设备则分别安排在流水线两侧的指定工位上，每个工位只承担某一特定的维修作业（各维修工位的专业分工细化程度取决于汽车维修企业的生产规模）。

优点：分工较细，专业化程度高。不仅能迅速提高工人单项作业技术水平和操作技能，而且还可以大量应用专用工具和工艺装备，缩短总成和笨重零件的运输距离。便于组织各工种之间的平衡交叉作业，从而大大提高生产效率、压缩停厂车日、保证维修质量和降低维修成本。

缺点：维修工人技术单一，工艺组织和企业管理较为复杂（要求协调各工序进度，搞好生产现场计划调度及零配件供应，以确保其生产节奏），因而只适用于承修车型单一、生产规模较大和有足够备用总成的现代汽车维修企业。

任务 3　汽车维修收费管理

汽车维修收费管理工作直接关系到维修业户的经营成果，对维护维修业户的经济利益和企业声誉、维护消费者合法权益都有十分重要的意义。《中华人民共和国道路运输条例》以法律的形式明确指出："机动车维修经营者应当公布机动车维修工时定额和收费标准，合理收取费用。"

6.3.1　汽车维修收费管理的措施

汽车维修业户必须从以下方面抓好汽车维修收费的管理工作：

（1）严格执行交通行业主管部门和物价管理部门制定的汽车维修收费标准，按规定计算维修作业工时和收取维修费用，不随意增加工时、随意加价、乱收费用。

（2）各类维修作业的收费项目、工时定额、工时单价公布于众，明码标价，让顾客明白消费。

（3）在承接客户、确定作业项目时，应该向客户报出维修价格，并估算出维修费用，对个别特殊维修项目收费不能立即确定的，或维修费用较高的项目，应事先向客户作必要的解释。

（4）在维修过程中，如果有重要零件需更换或需要添加维修项目、增加维修工时时，应通知客户，由客户确认维修费用的变动。

（5）严格按照汽车维修技术规范进行维修作业，严禁虚报维修作业项目或遗漏、减项。

（6）严禁使用假冒伪劣配件、偷换汽车零部件、乱收材料费用；严格按规定收取材料管理费。

（7）遵守国家法律法规，合理结算费用，列明收费清单，依法开具发票。

6.3.2　汽车维修收费项目标准与计算方法

汽车维修收费内容主要包括工时费用、材料费用和其他费用。

1. 汽车维修工时费用

汽车维修工时费用是指汽车维修所付出的劳务费用，即完成一定的维修作业项目而消耗的人工作业时间所折算的费用。汽车维修工时费用的计算公式为

$$工时费用 = 工时单价 \times 定额工时$$

1）汽车维修工时单价

汽车维修工时单价是统一规定的完成某种汽车维修作业项目每小时的收费标准。

汽车维修工时单价的类别一般根据汽车维修作业项目的不同，划分为汽车大修（包括发动机、车架、变速器、前桥、后桥、车身等总成大修）、汽车维护（包括一级维护、二级维护）和专项修理（包括小修）三种，各类维修作业项目规定不同的工时单价标准。

汽车维修工时单价一般由各省交通行业主管部门和物价管理部门统一制定并向社会公布执行。

2）汽车维修定额工时

汽车维修定额工时就是统一规定的、完成某种维修作业项目所需要的工时限额，通常也称为工时定额。

汽车维修工时定额除了用于计算汽车维修工时费用以外，在汽车维修业户内部还可用作维修作业派工、维修工作量考核等依据。

2．汽车维修材料费用

汽车维修材料费用＝配件费用＋辅助材料费用＋油料费用

1）配件费用

配件费用包括外购配件费用、自制配件费用、修旧配件费用三种。

（1）外购配件费用。外购配件费用即使用汽车维修业户购进的汽车配件的费用。按实际购进的价格收费。

（2）自制配件费用。自制配件费用指使用汽车维修业户自己制造加工的汽车配件的费用。属于国家（或省）统一定价的，按统一价格收费；无统一定价的，按实际加工成本价收费；对个别加工成本较高的配件，可与用户协商定价。

（3）修旧配件费用。修旧配件费用是指由汽车维修业户将具有修复价值的旧件，经过加工，使其几何形状及机械性能得以恢复，以备车辆修理时使用。旧件修复成本及必要的管理费用之和就是修旧配件费用。

2）辅助材料费用

汽车维修辅助材料费用是指汽车维修过程中消耗的棉纱、砂布、锯条、密封纸垫、开口销、通用螺栓、螺母、垫圈、胶带等低值易耗品的费用。汽车维修过程中这类材料的消耗不易单独核算费用，因此，交通行业主管部门和物价管理部门统一规定了"汽车维修辅助材料费用定额"，作为汽车维修辅助材料费用的收费标准。汽车维修业户应依据汽车维修辅助材料费用定额收取汽车维修辅助材料费用。

汽车维修辅助材料费用定额一般按汽车维修作业的不同类别和车辆的不同类型规定不同的费用定额标准。

3）油料费用

油料费用是指汽车维修过程中消耗的机油、齿轮油、润滑脂、汽油、柴油、制动液、清洗剂等油品的费用。对汽车维修过程中各种油料的消耗，交通行业主管部门和物价管理部门一般也规定统一的"油料消耗定额"。各种油料的费用应依据规定的油料消耗定额与油料的现行市场价格进行计算和收取。

汽车维修过程中各种油料的消耗定额一般也按汽车维修作业的不同类别和车辆的不同类型规定不同的消耗定额标准。

3．其他费用

1）材料管理费

材料管理费是指在汽车维修过程中使用维修业户的外购汽车配件时，在其购进价格的基础上加收的一部分费用。材料管理费的实质是对汽车维修业户外购汽车配件过程中所发生的采购费用、运输费用、保管费用以及材料损耗等费用的补偿。

在汽车维修过程中使用维修业户的外购汽车配件时，允许汽车维修业户按规定收取一定比例的材料管理费。

材料管理费的计算方法为

材料管理费＝汽车维修过程中所消耗的外购配件费用×材料管理费率

材料管理费率由交通行业主管部门和物价管理部门统一规定，一般为 7％～8％。但是，在汽车维修过程中使用的辅助材料和油料以及使用维修业户的自制配件和修旧配件，都不允许加收材料管理费。

2）外协加工费

外协加工费是指在汽车维修过程中，由于承修业户的设备与技术条件所限不能进行的加工项目，由承修业户组织到厂外进行的加工费。

外协加工项目，如果属于客户报修的维修类别规定的作业范围之外的项目，其外协加工费用一般由承修业户事先垫付，然后向客户照实收取。但如果外协加工项目包含在客户报修的维修类别规定的作业范围之内，承修业户应按相应的标准工时定额收取工时费用，不得再向客户加收外协加工费。

4. 汽车维修总费用的计算

汽车维修总费用的计算方法如下：

汽车维修维修总费用＝工时费用＋材料费用＋其他费用

任务4 汽车维修工时定额与时间控制

定额是单位产品或单位工作中人工、材料、机械和资金消耗量的规定额度。

在汽车维修生产作业中，定额就是在一定作业条件下，利用科学的方法制定出来的完成质量合格的单位作业量，所必需消耗的人力、物力、机械班次或资金的数量标准。

维修工时定额是汽车维修生产中许多经济技术定额的最重要的一种定额，是在一定生产技术条件下进行维修作业所消耗的劳动时间标准，即具有标准熟练程度的维修人员在标准的维修作业条件下完成某一车型的某一维修项目所需要的工作时间，一般用小时数来表示。

6.4.1 维修工时定额的类别

根据汽车维修作业的类别及维修工艺要求，汽车维修工时定额包括以下 4 种。

1. 汽车大修工时定额

汽车大修工时定额是指对一部汽车完成大修作业所需要的工时限额。汽车大修工时定额应分别按照车辆的类别、车辆型号、并参考车辆厂牌制订。

2. 汽车总成大修工时定额

汽车总成大修工时定额是指对汽车某一总成完成大修作业所需的工时限额。汽车总成大修工时定额应分别按照车辆的类别、车辆型号、并参考车辆厂牌的总成特点制订。

3. 汽车维护工时定额

汽车维护工时定额是指对一部汽车完成维护作业所需的工时限额。汽车维护工时定额应分别按照车辆的类别、车辆型号、并参考车辆厂牌维护级别标准而制订。

4. 汽车小修工时定额

汽车小修工时定额是指对一部汽车进行每项小修作业所需的工时限额。汽车小修工时定额应分别按照车辆的类别、车辆型号、并参考车辆厂牌的每项具体作业特点制订。

6.4.2　制订汽车维修工时定额的原则和方法

汽车维修工时定额的制订是汽车维修行业管理和维修企业经营管理的基础工作。

1. 制订汽车维修工时定额的基本原则

1）客观现实性

劳动定额水平相对合理，要从行业管理水平、企业管理水平、维修人员的技术水平以及设备、工具、仪器、材料、辅料、配件的实际条件出发，经过评估，把定额制订在行业平均先进水平上。这个水平就是绝大多数在短期内争取达到的定额水平。

2）合理性

要求不同车型之间、不同工种之间的定额水平保持平衡，要使其定额的现实比例和超额比例大体接近，避免相差悬殊，宽严不等。

3）发展性

要求定额的水平要有超前意识，即对一个新时期内的新技术、新工艺、新结构应考虑到。

4）特殊性

对在不同条件下或特殊情况下的作业，应采取不同定额标准。

2. 制订维修工时定额的方法

1）经验估计法

经验估计法是由定额员、维修人员、技术质量检验人员根据自己的维修生产实际，对维修项目、工艺规程、生产条件（设备、工具、仪器）以及现场实际情况等诸多因素分析并结合同类维修作业的经验资料，用估计的方法来确定维修工序的时间。

优点：简便易行，易于掌握，工作量小，便于定额的及时制订和修改，主要用于维修量小、工序多或临时作业中。

缺点：由于此方法对构成的各因素缺乏定量分析，技术依据不足，且容易受到评估人员的主观因素影响，因而定额的准确性差一些。

2）统计分析法

统计分析法是根据过去同类维修项目的实际工时消耗的统计资料，进行分析整理，并根据当前维修项目施工的组织技术和生产条件来制订工时定额的方法。

优点：以大量统计资料为依据，简便易行，工作量也不大，在资料数据比较多、统计制度健全的条件下运用此方法是比较准确的。

缺点：当维修工艺较复杂时，统计工作量繁重，从而影响到资料数据的准确性。

3）技术测定法

技术测定法是根据对生产技术条件和组织条件的分析研究，通过技术测定和计算确立合理的维修工艺和工时消耗，从而制定出维修工时定额。

根据确定时间所用方法的不同，可分为分析研究法和分析计算法两种。

优点：分析维修工艺技术条件和生产组织结构条件的内容比较全面、系统，有较充分的技术数据，因而是一种比较科学严谨的方法，准确性较高。

缺点：此法细致复杂，需要大量的人力、大量的资料积累，所以操作起来时间较长。

4）类比法

类比法是以现有车型的维修项目工时定额为基本依据，经过对比分析，推算出另一种车型同类维修项目工时定额的方法。用来比较推理的必须是相近似车型的统一维修项目。

优点：简便易行，结果分析对比细致，也能保证维修工时定额具有一定的准确性。

缺点：容易受到统一维修项目的可比性限制，故应用的广泛受到局限。

5）典型定额法

典型定额法是根据同一维修项目挑选出代表性的车型作为样板，首先为样板车型制订出工时定额（可以采用经验估计法、统计分析法、技术测定法等），将其作为典型车型的工时定额。然后，其他同类维修项目根据其相同维修部位构造、维修难易程度等情况，用样板车型的工时定额比较修正其工时定额。

6）幅度控制法

幅度控制法是根据主管部门或维修企业历史资料或同类车型的先进企业或同类维修项目的工时定额，结合本地区、本企业的实际情况，考虑不断提高维修生产效率的可行性制订工时定额的方法。

以上介绍的六种确定维修工时定额方法，各有其优缺点，各有其适应性。在实际工作中，应当根据地区情况、维修企业特点、生产环境、技术装备、维修人员的技术水平与数量程度，综合考虑经济上的合理性、操作上的现实性、技术上的先进性，也可以采用几种方法互相结合，取长补短，充分发挥各种方法的优越性。

6.4.3　维修工时定额指标

1. 维修工时定额考核指标

维修工时定额也是汽车维修企业进行经济核算和向用户收费的依据，是维修企业进行成本管理、进行内部业绩考核以及员工激励的基本依据，是企业经营管理水平的标志之一。维修工时定额考核指标主要有"平均修理工时"和"完成修理工时定额百分比"。

$$平均修理工时 = \frac{实际修理作业消耗的工时数}{修理竣工车辆次数}$$

$$完成修理工时定额百分比 = \frac{实际消耗的工时}{定额工时}$$

2. 工时定额

当修理工时用作汽车修理业务收费依据时，汽车修理企业需严格执行当地汽车维修管理部门所规定的统一工时定额。一般情况下，汽车维修管理部门所规定的统一工时定额是当地进行汽车维修核计工时的最高定额，不得突破。表6-5为辽宁省机动车维修工时定额（轿车部分）。

表6-5　辽宁省机动车维修工时定额(汽车部分—轿车维修工时定额)

（2010年7月1日起）实施　　　　　　　　　　单位:工时

序号	项　目	轿车(分五个等级)					备注
		1	2	3	4	5	
	合计	58	66	77	95	110.5	
1	维护前检测诊断	2	2	2	3	4	
2	更换发动机润滑油、清洁或更换机油滤清器	1	1	1	2	2.5	
3	检查补给各处润滑油	1.5	1.5	2	2	2.5	
4	清洁空气过滤器	0.5	1	1	1	1.5	
5	检查维护供油系	2	2.5	2	3	4	
6	检查、清洁或更换燃油蒸发控制装置	0.5	1	1	1	1.5	
7	检查、清洁曲轴箱通风装置	0.5	0.5	1	1	1.5	
8	检查维护冷却系	2	2	2.5	2.5	3	
9	检查、校紧汽缸盖、进排气歧管、排气管、消声器	3	4	5	5.5	6.5	
10	检查、清洁增压器、中冷器			1	2.5	3	
11	检查、紧固支架			1	1	1.5	
12	清洁、检查、紧固化油器及联动机构		2.5	2.5	3	4	
13	检查、调整喷油器、喷油泵	2	2	2	2.5	3.5	
14	清洁、检查、调整分电器、高压线	1	1	1	1.5	2	
15	清洁、检查或更换火花塞	1.5	1.5	1.5	2	2	
16	检查、调整气门间隙	2	3	3	4	4	
17	检查维护电控燃油喷射系统供油管路1	1	2	2	3	4	
18	检查或更换三元催化净化装置	2	2	4	4	2	＊1
19	检查调整离合器		1.5	1.5	1.5	1.5	
20	拆检前轮制动	2	3	3	6	6	
21	拆检后轮制动			2		5	
22	检查、调整转向器及传动机构	2	2	2	2.5	3.5	＊2
23	调整前束转向角	2	2	2	2	2	
24	检查维护变速器差速器	2	2	2.5	2.5	2.5	
25	检查维护传动轴	1.5	1.5	2	2	2.5	
26	清洁、维护气泵、储气筒、安全阀						

续表

序号	项　目	轿车(分五个等级)					备注
		1	2	3	4	5	
27	检查、维护制动阀、制动管路、制动踏板	1	1	1.5	2	2.5	
28	检查、维护驻车制动	0.5	0.5	1	1	1.5	
29	检查、紧固悬架	2	2.5	2.5	3	3.5	
30	检查、紧固、维护轮胎(包括后备胎)	1	1	1	2	2	
31	清洁、润滑维护发电机、起动机、蓄电池	6	6.5	6.5	7	8	
32	检查、调整维护或更换前照灯、仪表、喇叭、雨刮器、全车电器线路	4	4	4	4.5	5	
33	检查、紧固车身、车架、安全带、座椅	2	2	3	3	3.5	
34	检查、紧固内装饰	1	1	2	2	3	
35	检查、维护空调装置	1.5	2	2	2.5	2.5	
36	竣工检查	2	2	2	3	3	

注：＊1对应表中检查的工时定额，若更换三元催化净化装置，则在表中的定额中再增加2工时；＊2对应助力转向，再增加1个工时。

【案例 6 - 3】

《天津市事故车辆修复工时定额标准》出台

(2011 年 7 月 1 日起开始执行)

　　天津市保险行业协会、汽车维修汽车用品行业协会近日在共同协商达成一致的基础上，参照《天津市汽车维修工时定额》和各保险公司《事故车修复工时定额标准》，组织事故车定损专业方面的资深人士，编写制定了《天津市事故车辆修复工时定额标准》。自2011年7月1日起，《天津市事故车辆修复工时定额标准》将在本市各财产保险公司和事故车辆维修企业开始执行。今后保险事故车辆维修工时将有据可查。

　　长期以来，由于本市没有行业统一的事故车修理工时定额，各保险公司对事故车修理工时费用的确定大多是由本公司自定标准。由于各公司制定的工时费用标准项目不全，定损员就拥有了较大的自主裁量权，有些定损员凭自己的工作经验和主观感觉来确定工时费用。这样往往同一台事故车辆、损失相同，经不同的保险公司、不同的定损员定损，最后得出的修复费用不同，甚至可能相差较大。同时，目前汽车维修市场中的修理价格也比较混乱，车主在向汽车维修企业询价时，有时会遇到漫天要价的情况，车主不懂行也不知要价是否合理，吃亏上当的情况时有发生。在这种情况下，经常会出现保险公司和车主因修理费用达不成协议而发生争执甚至诉讼的情况。

　　此次出台的《天津市事故车辆修复工时定额标准》共收录了近400个代表车型。其中，车种分为轿车、客车和货车三大类，针对保险事故车辆易损的3000多个部位，根据其修理工作量、难易和复杂程度分别制定了相应的工时定额标准。

　　按照新标准，"工时单价"是指具备熟练技能的车辆修理人员有效工作一个小时的人工费用，维修厂家类型和承修车辆车型车种不同，工时单价也不同。

在工时单价方面，考虑到不同等级的轿车整车价值相差较大，将轿车分为五种等级，适用不同工时费单价。

① 微型（如夏利 N3 系列、自由舰、吉利）。

② 普通型（如捷达、飞度、速腾）。

③ 中级（如锐志、迈腾、凯美瑞）。

④ 中高级（如奥迪 A6、别克君威、宝马 3 系）。

⑤ 高级（如法拉利、保时捷卡宴、劳斯莱斯）。

新标准中将维修厂家则分为一、二类维修厂和特约维修站两类。工时费单价还对二类以上维修企业与轿车特约维修站进行区分，让事故车维修费的计算结果尽量贴近市场实际，更具使用价值和可操作性。

新标准按照拆装、更换、钣金、修复、校正等事故车辆修复主要工艺流程、修复部位及损失程度等，对维修所需的工时进行了详细规定。比如对于微型、普通型、中级、中高级和高级五类车型，更换一个发动机盖，所需工时分别为 1 个、1.2 个、1.2 个、1.5 个和 2 个；拆装一个水箱框架，所需工时分别为 3 个、4 个、4 个、6 个和 8 个；为一个保险杠喷漆，所需工时分别为 7.5 个、12 个、11.7 个、12.5 个和 16 个。

$$工时费用 = 工时单价 \times 工时定额$$

比如为一辆普通型轿车的一个保险杠喷漆，所需工时为 12 个，如果是在一、二类维修厂，工时单价为 25 元，即工时费用为 300 元；如果是在特约维修站，工时单价为 30 元，则工时费用为 360 元。

要修复一辆迈腾（中级轿车）的保险杠，假设是在一二类维修厂维修，则其工时单价为 30 元，而工时定额为 3，其修复的工时费用就为 90 元。

据悉，该标准首批将在本市 18 个具备车险业务的保险公司开始推行并逐步扩大，目前已印刷装订成手册，由保险协会和汽修协会分别发放至所有会员单位，保险查勘定损人员每人一册，方便保险车辆定损时查阅使用。今后，在客户利益受到侵害时，可以依据该标准向有关部门投诉，维护自身权益。

6.4.4　维修的时间控制

汽车维修工时定额是依据一定的技术组织条件制订的，应有一定的稳定性，但随着行业技术水平的进步和维修人员素质、熟练程度的提高、维修技术装备的升级以及检测诊断技术的发展、汽车产品车型的发展，原来先进合理的工时定额会变成落后不合理的工时定额，因此汽车维修工时定额需要及时地修订和完善。

1. 实际维修时间和维修工时定额关系

在日常的维修生产中，维修项目的实际维修时间总是和维修工时定额标准不完全一致，但应该基本符合维修工时定额标准，或高一些，或低一些，不应有太大的出入。实际的维修时间与维修工时定额之间应当存在一个相对理想的比值。目前，一些先进维修企业的统计资料表明，实际维修时间与维修工时定额的理想比值为 0.9～1.05 之间。如果比值在此范围内且较小，说明维修生产效率较高；如果比值在此范围之内而且比值较大，说明维修生产效率较低，但可以接受；如果比值超出此范围，说明维修生产效率或工时定额存在一定问题。

（1）实际维修时间与维修工时定额的比值小于 0.9，意味着维修效率太高，可能存在的问题如下：

① 实际维修时间过短，有可能维修作业不规范，省略工序，片面追求维修效率，忽视维修质量。

② 标准维修定额值太大，即标准维修定额值制定得脱离实际，不合理。或随着维修技术的发展，维修人员熟练程度的提高，标准维修工时定额已经落后过时，需要调整。

（2）实际维修时间与维修工时定额的比值大于 1.05，意味着维修效率太低，可能存在的问题如下：

① 维修效率太低，维修作业的有关环节存在问题，有怠工现象。

② 标准维修定额值太小，即标准维修定额值制定得脱离实际，不合理。

2. 维修作业的时间控制

（1）管理人员和维修人员要树立并强化时间观念，充分认识到"时间是最宝贵的资源，时间的浪费是最大的浪费"。

（2）树立以维修业务量、维修质量为主要内容的员工激励与业绩考核制度，鼓励维修人员提高维修效率，缩短维修时间。

（3）在业务接待或车间调度员向维修人员下达维修任务委托书或派工单时，应明确维修完工的时间要求，以使维修作业人员心中有数。完工交车时间以及工序交接时间做好精确记录。可以在车间采用维修进程的作业看板目视管理，维修看板上对于每一台在修车辆的车牌号、维修项目、维修时间进程随时记录、更新，使维修车间管理人员对维修生产情况一目了然，为维修派工时快速提供方便、可靠的依据，以提高派工效率。

（4）维修车间工艺布局、设备安置合理化，维修工艺流程中各个工序衔接合理化，检测、拆卸、清洗、更换、质检、试车及时交接，缩短辅助工序的作业时间，避免不必要的等待时间。

（5）配备足够的设备、专用工具、检测仪器，且齐全良好，减少不必要的等待、借用时间。

（6）配件部门充分配合，有足够的库存，制单、发料人员业务熟练，尽量缩短配件材料领发的时间。

（7）对维修人员开展技术培训、岗位练兵，不断提高维修人员的技术水平与熟练程度。

（8）充分利用先进的管理手段进行时间管理，如应用前台业务接待、配件库领发料、车间调度派工的计算机局域网管理信息系统，安装各维修工位的计时器、用于车间与维修前台通讯联系的对讲机等。

任务5　汽车维护技术管理

汽车维修企业是一个多工种、多环节构成的服务性工业企业。在实际汽车维修过程中，由于维修车型和维修技术复杂，而且各工种、各环节有着不同的操作规程、工艺规范和技术标准，各工种、各环节在生产过程中又彼此交叉，每一工种或每一环节的工作质量都可能影响到汽车维修的整体质量，因此汽车维修企业的技术管理日益重要。

汽车维修企业的技术管理按作业的类别分为汽车维护技术管理和汽车修理技术管理。本节简单介绍技术管理的任务和职责以及汽车维护的技术管理内容。

6.5.1　技术管理的任务、组织机构及岗位职责

1. 汽车维修企业技术管理的基本任务

汽车维修企业技术管理的基本任务是采用先进合理的汽车维修技术工艺，并选用生产上适用、技术上先进的汽车维修设备及汽车检测设备，确保维修质量与维修效率，降低维修消耗和环境污染，实现汽车维修企业的经济效益与社会效益。

1）建立健全技术管理组织机构和各种技术文件

结合企业的具体情况，设置必要的管理机构，配备必要的技术人员。如制定各类汽车保养工艺及验收标准、各种设备安全技术操作规程及各项技术经济定额等。

2）建立技术管理制度及技术责任制度

如维修服务流程、车辆维护和修理制度、质量检验制度、技术培训制度及工时定额管理制度等。

3）坚持技术为生产服务的原则

要以提高汽车维修质量为中心，为维修生产现场提供技术支持。对车间维修过程中的疑难问题要亲自参与，并制定最终方案，直到问题解决。

4）搞好汽车维修的机具设备管理

配合企业的实际生产过程，对本企业所有的运输车辆及汽车维修机具设备进行全过程的综合性管理。

5）搞好技术教育和技术培训

积极开展员工技术教育、质量教育和质量评比；配合做好员工的技术业务素质培训；改进维修技术和维修工艺，提高车辆维修质量。

2. 汽车维修企业技术管理的组织机构

汽车维修企业应在建立厂长/经理负责制的同时，根据企业的生产规模和工作特点，相应建立以总工程师（年大修能力在 500 辆以上的汽车维修企业）、主任工程师（年大修能力在 300 辆以上的汽车维修企业）或技术负责人（年大修能力在 300 辆以下的汽车维修企业）为首的技术管理组织机构，并在总工程师、主任工程师或技术负责人的直接领导下建立相应的技术管理机构，配备精干的技术人员。车间技术负责人、主修人以及专职检验人员在业务上也受总工程师、主任工程师或技术负责人的直接领导。

3. 汽车维修企业技术管理的岗位职责

（1）执行上级颁布的技术管理制度，制定本企业各级技术管理部门及技术人员的技术责任制度。

（2）编制并实施本企业的科技发展规划和年度技术措施计划（包括企业设备购置和维修计划），搞好本企业的技术改造和技术革新工作；推广新技术、新工艺、新材料、新设备；开发新产品。

（3）解决本企业生产经营管理中的疑难技术问题和质量问题，努力提高产品质量，并努力降低产品成本。

（4）切实做好本企业技术管理的各项基础工作，参与制订并实施本企业技术经济定额。

（5）领导并组织本企业的科技工作和技术培训工作，做好本企业技术职务的评定和聘任。

6.5.2　汽车预防维修制度

我国从 20 世纪 50 年代就开始在运输车辆中普遍推行计划预防维修制度，即实行定期维护、计划修理。1954 年首次颁布的《汽车运输企业技术标准与技术经济定案》（俗称"红皮书"）是当时汽车运输技术管理的法规文件，体现了"以预防为主"的指导思想，它根据汽车机件的磨损规律和技术状况的变化规律，在预计其将要发生故障之前，对汽车进行强制保养和计划修理。

随着公路运输业的发展，原来的"红皮书"显然落伍了，于是交通部提出了"严格管理、合理使用、强调保养、计划修理"的十六字方针，并于 1964 年在原"红皮书"基础上，重新编写和颁发了《汽车运输企业技术管理规定》和《汽车运用技术规范》，在修理制度中取消了中修。20 世纪 80 年代，交通部再次编印了《汽车运输和修理企业技术管理制度》和《汽车修理技术标准》，并提出了"科学管理、合理使用、定期保养、计划修理"的新十六字方针，把计划预防维修制度提高到了一个新的水平。

随着科学技术的进步，检测手段的提高，汽车制造技术不断更新，上述计划保修体系也暴露出了许多难以克服的缺陷。1990 年交通部发布了 13 号部令《汽车运输业车辆技术管理规定》，1991 年发布了 29 号部令《汽车综合性能检测站管理办法》，2001 年发布了 GB/T 18344—2001《汽车维护、检测、诊断技术规范》，2005 年发布了《机动车维修质量管理规定》，这些部令和规范的发布为我国建立新汽车维修制度提供了政策、法规、标准和依据，推动了我国汽车维修制度的改革。

车辆技术管理是对运输车辆实行择优选配、正确使用、定期检测、强制维护、酌情修理、合理改造、适时更新与报废的全过程综合性管理。其核心就是要管好、用好、维修好车辆，以提高企业的装备素质。其基本原则是坚持以预防为主，技术与经济相结合。

我国的汽车预防维修新制度的主要内容："预防为主、定期检测、强制维护、视情修理"。将过去的定期保养改为强制维护，强调了要在加强定期检测的基础上，将过去的计划修理改变为视情修理。

现在的视情修理与过去的计划修理相比，区别在于以下两点：

（1）确定汽车修理的依据由原来仅以车辆行驶里程为依据，改变为现在的以车辆实际技术状况为主，并参照车辆行驶里程。

（2）车辆修理的作业范围由汽车修理前的实际检测诊断结果确定，因此检测诊断是实现车辆视情修理的重要保证。

显然现在的视情修理纠正了过去在计划修理中由于计划不周或执行不严所造成的拖延修理而导致的车辆技术状况急剧恶化情况，或者由于提前修理而造成的浪费，充分体现了技术与经济相结合的原则。

6.5.3　汽车维护的原则和分类

汽车维修是指汽车维护与汽车修理。汽车维护也称汽车保养或汽车养护。

所谓汽车维护，就是在车辆技术状况完好时，为维持汽车完好的技术状况或工作能力而进行的技术作业。其作业内容主要包括清洁、补给、润滑、紧固、检查、调整以及发现消除汽车运行故障和隐患等。

根据交通部的《汽车运输业车辆技术管理规定》，汽车维护应贯彻"预防为主、定期检测、强制维护"的原则。

1. 汽车维护的目的

实际汽车维护可降低汽车机件的磨损速度，预防故障发生，使汽车经常保持良好的技术状况，延长汽车使用寿命；降低车辆使用过程中的运行材料（如燃润料、轮胎及配件等）和环境污染。

2. 汽车维护的分类

汽车维护的分类如图 6-1 所示。

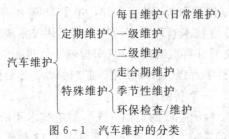

图 6-1　汽车维护的分类

6.5.4　汽车维护作业内容

1. 日常维护

日常维护是驾驶员为保持汽车正常工作状况的经常性工作，其作业的中心内容是清洁、补给和安全检视，通常是在每日出车前、行车中和收车后进行的车辆维护作业。日常维护也称为例行维护、每日维护或行车三检制。日常维护由驾驶员完成。

1）日常维护作业的工艺流程

日常维护作业的工艺流程如图 6-2 所示。

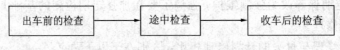

图 6-2　日常维护作业的工艺流程

2）日常维护作业内容

（1）出车前检查。出车前，环视汽车，看车有无损坏部位，车身有无倾斜；检查并加注机油、燃料、冷却水；检查电器系统工作情况；检查传动系统工作情况及连接情况；检查制动系统及转向系统工作情况及连接情况；检查行驶系统工作情况；检查发动机及底盘有无漏油、漏水现象；检查轮胎状况和气压；检查后视镜位置、大灯玻璃和挡风玻璃的清洁程度。启动发动机，检查发动机工作情况，并检查各仪表和指示灯是否正常，启动发动机后，查看各种报警灯是否正常熄灭。

（2）途中检查。行驶中应注意观察机油压力报警灯、水温报警灯、发电机充电指示灯、转向指示灯和液面高度指示灯是否报警。注意观察制动是否可靠，转向是否灵活，车辆在行驶过程中是否有跑偏及异响现象；注意观察大灯、转向信号灯及喇叭是否正常；注意观察各种电子控制系统的故障报警灯是否点亮；观察轮胎气压是否正常（若车辆有轮胎气压监测系统）。

（3）收车后检查。应保持整车外观清洁，附件齐全；检查燃油消耗量；应检查各连接件连接处的坚固情况，如有松动应紧固；应关闭车窗和天窗，中控锁应能保持正常，防盗报警指示灯应正常。检查轮胎气压，清除轮胎胎面的杂物。

2. 汽车一级维护

一级维护一般是按汽车生产厂家规定的行驶里程进行的，应由专业维修企业的专业维修工负责执行。其作业内容除了日常维护作业外，以清洁、润滑、紧固为主，并检查有关制动、操纵等安全部件。一级维护作业项目见表6-6。

表6-6　一级维护作业项目

系统	序号	作 业 项 目
发动机部分	1	检查润滑、冷却、排气系统及燃油系统是否渗漏或损坏
	2	更换发动机机油及机油滤清器滤芯
	3	检查冷却系统液面高度及防冻能力，必要时添加冷却液或调整冷却液浓度
	4	清洗空气滤清器，必要时更换滤芯
	5	检查清洗火花塞，必要时更换
	6	检查V型传动带状况及张紧度，视情况调整张紧度或更换V型传动带
	7	检查调整点火正时，怠速转速及CO含量
底盘部分	1	检查离合器踏板行程
	2	检查变速箱是否渗漏或损坏
	3	检查等速万向节防尘套是否损坏
	4	检查转向横拉杆球头固定情况、间隙及防尘套是否损坏
	5	检查制动系统是否渗漏或损坏
	6	检查制动液液面高度，必要时添加制动液
	7	检查制动蹄摩擦衬片或衬块的厚度
	8	检查调整手制动装置
	9	检查轮胎气压、磨损及损坏情况，检查轮胎花纹深度
	10	检查车轮螺栓扭紧力矩
车身部分	1	润滑发动机舱盖及行李厢盖铰链，润滑车门铰链及车门限位拉条
	2	检查车身底板密封保护层有无损坏
电器系统	1	检查照明灯、警报灯、转向灯及喇叭的工作状况
	2	检查调整前大灯光束
	3	检查风挡玻璃刮水器及清洗装置，必要时添加玻璃清洗液
	4	检查蓄电池液面高度，必要时添加蒸馏水
	5	检查空调系统是否泄漏，检查清洗空调新鲜空气滤清器
路试	1	检查整车各部性能

3. 汽车二级维护

二级维护是在一级维护的基础上，以检查和调整为主，二级维护由企业的专业维修工负责执行。二级维护也是按汽车生产厂家规定的行驶里程进行的，大约是一级维护行驶里程的2倍～3倍。

二级维护是汽车维护制度中规定的最高级别维护，其目的是为了维持汽车各总成、机构的零件具有良好的工作性能，及时消除故障和隐患，保证汽车动力性、经济性、排放性、操纵性及安全性等各项综合性能指标满足要求，确保汽车在二级维护间隔期内能正常运行。

二级维护除了完成一级维护的作业项目外，还要增加二级维护项目，具体见表6-7。

表6-7　二级维护作业项目

系统	序号	作业项目
发动机部分	1	测量气缸压力，发现并消除发动机故障
	2	更换三滤（空气滤清器、机油滤清器、燃油滤清器）
	3	检查调整气门间隙，检查及调整油路、电路
	4	检查冷却系及润滑系，排除"四漏"（漏水、漏电、漏油、漏气）
	5	检查及紧固发动机各部螺栓，检查及调整各皮带张紧度，润滑水泵轴承，调整机油压力
底盘部分	1	检查调整离合器，拆盖检查变速器各齿轮及换挡机构工作情况，添加或更换润滑油
	2	拆洗及润滑传动轴各万向节叉及轴承、里程表软轴
	3	执行半轴及万向节的定期换位
	4	拆检及调整转向横直拉杆球头，检查前束及前轮定位、最大转向角及转向盘松动量
	5	调整制动效能（包括驻车制动），检查制动管路，添加或更换制动液
	6	润滑底盘各润滑点，检查及紧固底盘各部的连接螺栓
	7	排除"四漏"（漏水、漏电、漏油、漏气）
	8	检查胎面，拆检及润滑或修补内胎，充气后检查轮胎气压；执行轮胎换位
车身部分	1	检查车架及横梁有无裂损变形，铆钉有无松动
	2	检查钣金表面有无裂损变形，必要时敲补修整；在破损部位局部补漆
电器系统	1	检查蓄电池电压及电解液密度，进行常规性充电
	2	拆检发电机及起动机，清理电刷，检查调整起动机开关
	3	检查灯光及仪表，清理线路，检修喇叭、转向灯及制动灯
	4	检查电动车窗，中控锁
质量检验	1	按各作业项目要求进行综合性质量检验，进行必要的路试检验，检查整车各部性能

4. 汽车走合期维护

走合期是指新车或大修竣工后的汽车最先行驶的一段里程（不同车辆在说明书中规定出的新车走合期的里程略有不同）。在这段进程行驶过程中，应严格按照车辆使用说明书规定的技术标准驾驶车辆及维护车辆，在走合期内所做的维护内容称为走合期维护，也称磨合期维护。

新车在走合期的维护保养内容主要是清洁、润滑、紧固等项目。走合期间汽车磨合的状态好坏直接关系着汽车寿命的长短。

（1）走合期实施的维护，要求驾驶员特别注意做好每日维护。

（2）走合期还要执行减载减速，并经常检查和紧固外露的螺栓螺母，注意各总成在运行时的声响和温度变化，及时进行调整。

（3）在走合期满后，由专业维修工负责进行走合期维护，作业内容在一级维护基础上，还要进行拆除限速器（或限速片），重新调整油路和电路，检查异响异热等内容。

5. 汽车的季节性维护

由于季节、气候的变化，必然影响汽车运行条件的变化。为了使汽车在不同的地区、不同的季节里都能可靠地工作，在季节转换之前，结合定期维护，并附加一些相应的作业项目，使汽车能适应变化的运行条件，这种附加性维护称为季节性维护，或称换季维护。季节维护有换入夏季和换入冬季两种情况。其作业内容是按季节更换润滑油、风窗玻璃洗涤液，并调整油路、电路和检查维护冷却系统和空调系统。

6. 汽车环保检查/维护

环保检查/维护（Inspection/Maintece，I/M）制度，是为防止汽车尾气排放超标而针对在用车辆采取的强制维护措施。环保检查也就是尾气检查，现阶段我国是采取强制执行，每年检查一次，所有车辆需要到汽车检测站进行环保检查，环保检查合格的车辆发放环保合格证，可以上路行驶。不合格的车辆需要到汽车维修企业针对环保检查进行维护，主要是对进排气系统、点火系统、燃油品质等影响汽车尾气排放的系统进行维护，然后再到汽车检测站进行环保检查，直到合格为止。

目前，我国各地执行的汽车尾气排放标准不一致，北京地区在2013年2月1日前执行国Ⅳ标准，其他地区执行国Ⅲ标准。北京市从2013年2月1日起已经实施北京市第五阶段机动车排放地方标准（简称"京Ⅴ"，相当于欧洲Ⅴ号标准）。执行新标准后，将停止受理汽车企业申报符合第四阶段标准轻型汽油车型，不再发布符合第四阶段排放标准轻型汽油车型环保目录；同时停止销售注册、不符合第五阶段排放标准的公交和环卫用途重型柴油车。新标准实行后，将采用"新车新标准、老车老标准"的管理原则，执行新标准的范围是市场销售新车和在京首次申领牌照的机动车，对在用车使用不会产生影响。

【案例6-4】

追求最严格的机动车尾气排放标准

（2013—2—8）

空气污染已经成为现在威胁都市人们健康的一个非常伤脑筋的问题，像我国最近罕见的区域性灰霾事件，北京市甚至在2013年1月13日拉响了气象史上首个霾橙色预警。

1月中下旬，在北京举办的"加强机动车污染防治，推进空气质量改善"论坛上，科技日报记者采访了国际清洁交通委员会前董事会主席、"2010年外国专家友谊奖"获得者迈克尔•P•沃尔什先生，关于国外如何成功去雾除霾，这位对大气中PM2.5研究多年的专家分享的经验是：政府通过法规大力打出清洁技术与低硫燃油的"组合拳"，就能显著改善空气质量。

追求最严格的机动车尾气排放标准。

美国人均汽车保有量在世界上最高，但是美国的大气质量并未因此变得一团糟，这是因为美国实施了更加严格的排放标准且有更清洁的燃油做保证。

美国总统奥巴马曾宣布将实施该国历史上最严格的汽车燃油效率标准，即 2012 年至 2016 年间把小型汽车和轻型卡车的平均燃油效率标准上调至每升约 15 千米，到 2016 年使其平均能耗达到每加仑汽油行驶 35.5 英里（1 英里＝1.6093 千米，即每 100 千米耗油约 8 升）。据称这可使该国节省 18 亿桶原油，环保功效相当于减少 1.77 亿辆车行驶。

欧盟委员会 1 月 4 日发布公告称，从今年起，欧盟对新型公交车和重型卡车执行"欧Ⅵ"排放标准的法规正式开始生效。这意味着，欧盟进一步加大了对相关车辆污染物排放的控制力度。由此，欧盟境内新型公交车和重型卡车尾气中的氮氧化物将减少 80%，尾气中的颗粒物含量能减少 66%。

值得一提的是，欧盟刚刚生效的这个排放标准直接以法令的形式出台，而以前的相关排放标准都是以指令的形式发布，这样免去了还要 27 个成员国把指令变成法令的程序。该标准一旦生效，欧盟各个成员国就得照章执行。

在巴西，2009 年时，由于不能提供相应的燃油，政府推迟了相当于"欧Ⅳ"排放标准的实施；但到了 2012 年，由于更加清洁的燃油已经能够在市场上供应了，该国就直接跨越到实施"欧Ⅵ"标准。

提高油品质量是关键。

目前低劣的燃油质量成为制约机动车排放标准进一步提升的最大障碍。美国环保署一项研究表明，如果能够把汽油当中的硫含量从 30 ppm（1 ppm 为一百万分之一）降低到 10 ppm 的话，相当于所有高速公路上能够削减 3300 万辆汽车排放的氮氧化物量。

降低 PM2.5 的前提是要保证低硫燃油的供应。如果燃油中硫含量增加，在燃烧的过程中就会释放出大量硫酸盐，这是组成 PM2.5 的成分之一，因此，即使有最先进的颗粒物捕集技术，如果硫含量增加，PM2.5 还是会迅速增加。

实际上现在降低燃油中硫含量的技术已经存在了，关键的问题是要投资改造炼油厂。这个过程中可能要对油品进行提价。对此，沃尔什说，其实升级炼油厂所需的成本并不高。去年国际清洁国际委员会和相关机构一起开展了一项关于炼油厂分析的研究，对于亚洲一些国家的炼油厂进行分析，最后发现把柴油和汽油的硫含量降到 10 ppm 的成本分别是 0.11 元/升和 0.04 元/升。

泰国在政策上推行无铅汽油，有效的做法是当国际油价上升的时候，该国的汽油价格也上升；当国际汽油下降，该国只允许无铅汽油的价格下降，于是含铅汽油就在该国市场上消失了。

沃尔什说，美国曾做过一个提供清洁燃料和严格汽车排放标准的成本和效果分析，结果发现，最后获得的效果是成本的 10 倍，如果能够一方面推进更先进的汽车排放控制技术，一方面供应低硫燃油，就能够改善空气质量。

加强防止大气污染法规效力。

改善大气污染，离不开一个国家法律法规的完善和效力，这样才能对紧急的大气污染事件作出快速反应。

沃尔什说，英国在遭遇 1952 年伦敦雾霾事件后，推出了一系列严厉措施控制污染。1954 年，英国通过治理污染的特别法案；1956 年，《清洁空气法案》获得通过，成为全国通行法律。

这些法令禁止使用多种烟雾排放燃料，提高工业烟囱的最低限高，并将发电站搬出城市。

大气污染物排放标准是防治空气污染、限制污染物排放的关键措施。美国的大气污染物排放标准体系以清洁空气法和联邦法规法典为依托，分为固定污染源和移动污染源两个子系，其中固定源标准体系中又以针对新污染源排放标准（NSPS）和针对有毒有害污染物排放标准（NESHAP）为核心，对常规污染物的现有排放源通过各州的实施计划进行控制和落实。整个标准体系技术导向明显，行业划分细致，注重公众健康。

在美国，车和油是作为一个整体来对待的，美国环保署既有控制车的权利，也有控制油的权利，使其能够及时协调车和油相关的问题，以期达到更好的效果。加州作为美国机动车排放法规最为严格的地区，是世界上第一个对机动车尾气进行控制的地区，也是目前世界上排放法规执行最严格的地区，其所执行的标准比全美其他地区要超前1年至2年。在美国造成污染的事故，最高的罚款相当于人民币50万元，有的还会没收所有的收益，同时有些机构还可以通过公益诉讼来获得赔偿。

另外，在美国环境署专门负责大气污染的工作人员有1400人，各个州也有专门的人员，如加州空气质量管理局有1200人，还分了35个空气质量管理区，并有专人管理。

采取临时性应急措施。

国际上越来越多的研究表明，PM2.5对人体的健康有直接影响，包括过早死亡、心脏病突发等。

知名医学杂志《柳叶刀》去年年底发布的《全球疾病负担》报告中强调，空气污染现已位列全球十大"杀手疾病"排行之首。从全球来看，2010年共有320万人过早死于空气污染，而在2000年这一数字还为80万人。其中亚洲地区超过210万人，主要原因是一些快速发展的城市中汽车使用量激增，小汽车和机动卡车排放柴油烟的微小颗粒，导致这些地方成为全球空气污染的"核心地区"，其他原因还包括建设和工业活动所产生的污染。在上述死亡数字中，有120万人位于东亚地区，还有71.2万人位于南亚地区。

所以，应对特殊的气象条件，非常有必要采取临时性应急措施，特别是在大气污染严重时，政府应该采取统一的强制性措施，实行严格的行动，对此，公众也会十分理解。

把历史翻到上世纪。1952年伦敦发生1.2万人死于雾霾的事件，其中主要受害者是儿童和患有呼吸系统疾病的人。后来，伦敦在出现雾霾的时候，往往采取让中小学、托儿所停课的措施，同时让家长留守家中照顾孩子不必去上班，这样便减少了很多交通需求。1994年圣诞节，美国遇到恶劣的天气情况，以致电力系统支撑不了，于是当地政府启动紧急应对方案，人们在上班前会接到电话通知，被告之不要上班，如果有公司有人上班的话，按注册人数会受到每人1000美元的罚款。

任务6　汽车修理技术管理

由于在汽车在使用过程中其技术状况的恶化是不可逆转的，当汽车技术状况恶化到完全丧失工作能力而不能继续使用时，就需要对汽车进行修理。汽车修理就是为恢复汽车完好技术状况（或工作能力）和使用寿命而进行的技术作业。

交通部13号部令《汽车运输业车辆技术管理规定》中规定：汽车修理应贯彻以"预防为主、视情修理"的原则。视情修理的前提在于加强检测与诊断，而不是人为随意地确定。

6.6.1　汽车修理及分类

1. 汽车修理的分类

按照汽车修理的对象和作业深度划分，正常的汽车修理类别有：汽车大修、总成修理、汽车小修、零件修理；非正常的汽车修理类别有：事故性检修和质量性返修。

2. 汽车修理的作业范围

1）车辆大修（汽车翻新）

汽车大修是指新车或经过大修后的汽车在行驶一定里程或时间后，经过检测诊断和技术鉴定，用修理或更换汽车零部件的方法，完全或接近完全恢复车辆技术性能的恢复性修理。

汽车大修工艺主要包括汽车和总成解体、零件清洗、零件检验分类、零件修理、配套和装配、总成磨合和测试、整车组装和调试等。汽车大修工艺要求比较严格。修理后的总成和一些附件必须经过性能测试，合格后方可装车。大修后的汽车要按照修理技术标准调整、试验，符合标准方可出厂。

汽车大修一次工料费用颇大，往往达到汽车购置费用的四分之一甚至三分之一，而且大修后的汽车性能不可能完全恢复到新车水平。因此，汽车大修次数过多，在技术上和经济上是不合理的。目前美国、日本和西欧一些国家，大多不进行汽车大修，只对总成进行更换或大修。

2）总成大修（总成翻新）

汽车总成包括发动机、车架、车身、变速器、后桥、前桥等。总成大修是当各总成在行驶一定的间隔周期后，由于该总成的基础件和主要零件已经严重磨损或损伤，经过技术鉴定，用修理或更换总成零件的方法，恢复总成技术状况和使用的恢复性修理和翻新。

3）汽车小修和零件修理

汽车小修是指汽车在正常使用过程或维护作业过程中，为消除因零件磨耗、间隙失调所发生的故障或隐患，必须通过技术调整或零件修理、更换的方法，保证或恢复汽车工作能力的运行性修理。

零件修理则纯粹是为了消除某总成因为个别零件磨损、变形、损伤而不能继续使用所进行的恢复性修理作业。

汽车小修和零件修理都属于汽车运行性修理，应遵循技术上可行、经济合理的原则，尽可能修旧利废，以节约原材料，降低维修费用。除特殊情况外，汽车小修和零件修理作业都应结合到各级维护作业中完成，这样的修理也称为汽车各级维护的附加修理作业。

4）事故性检修和质量性返修

由于操作不当，违章肇事而造成的汽车局部机件严重损坏而需要的恢复性修理称为事故性检修。

凡因汽车维修不良、检验不严而在汽车维修质量保证期及保证范围内发生的异常故障或损坏而需要的恢复性修理称为质量性返修。

以上这两种都属于恢复性修理，应严格控制。一旦发生，应先经过技术鉴定，分清责任，并拟定修复方案后再安排抢修。

为确保修理质量，各级修理作业都应根据国家和交通部发布的相关规定和修理技术标准进行。

6.6.2　车辆和总成的送修规定与装备规定

由于现阶段汽车修理采用视情修理的原则，因此，汽车修理的内容及作业深度主要依据是对车辆的检测及诊断，根据检测与诊断的结果，结合车辆的行驶里程及工况来确定。

汽车修理技术管理的主要内容就是确定车辆各总成的大修条件、大修工艺及大修检验标准。不同车辆的各总成的大修条件、大修工艺及大修检验标准都不相同，在进行修理时，要结合车辆生产厂家提供的修理技术数据，确定最终修理方案。

目前对于轿车来说，主要还是各总成的修理。

1. 汽车和总成送修规定

（1）在车辆和总成在送厂大修时，其承修、托修双方不仅应当面清点所有随车物件，填写交接清单，而且应当面鉴定车况，签订相应的《汽车维修合同》，以商定送修项目、送修要求、修理车日、质量保证和费用结算，办理交接手续（车方交车、修方接车）等。汽车维修合同一旦签订，合同双方必须严格执行。

（2）汽车送修时，除肇事或特殊情况外，送修车辆必须是在行驶状态下送修，且装备齐全（包括备胎及随车工具等），不得拆换和短缺。发动机总成在单独送修时也必须保持在装合状态，且附件与零件齐全，不得拆换和短缺。必要时承修厂有权拆开检查。若因事故损坏严重、长期停驶或者因零部件短缺等特殊原因不能在行驶状态下送修的车辆，在签订《汽车维修合同》时应做出相应的规定和说明。

（3）总成送修时应在装合状态，附件、零件均不得拆换和缺少。

（4）肇事汽车或因特殊原因不能行驶和短缺零部件的汽车，在签订合同时，应做出相应的约定说明。

（5）车辆或总成在送修时应将汽车大修送修前的车况鉴定书以及有关的车辆技术档案或技术资料随同送厂交承修单位。

2. 汽车和总成大修的送修标志

根据交通部13号部令《汽车运输业车辆技术管理规定》，要确定汽车及其总成是否需要大修，必须掌握汽车和总成大修的送修标志。

1）汽车大修送修标志

客车以车身（车厢）为主，结合发动机总成是否符合大修条件确定；货车以发动机总成为主，结合车架总成或其它两个总成是否符合大修条件。

2）挂车大修送修标志

挂车车架（包括转盘）和货箱符合大修条件；定车牵引的半挂车和铰接式大客车，按照汽车大修的标志与牵引车同时进厂大修。牵引半挂车和铰接式客车应同时按牵引车与挂车是否符合大修条件确定。

3）总成大修送修标志

总成大修的送修标志中，多数仅为定性规定，在执行中会遇到一定困难。各级交通运输管理部门在制定实施细则时，应结合本地区的具体情况，提出便于执行的各总成大修送修标志(或称送修技术条件)。

各主要总成大修的送修标志如下:

(1) 发动机总成大修送修标志。气缸磨损,圆柱度误差达到 0.175 mm～0.250 mm 或圆度误差已达到 0.050 mm～0.063 mm(以其中磨损量最大的一个气缸为准);最大功率或气缸压缩压力比标准值降低 25% 以上;燃料和润滑油消耗显著增加。

(2) 车架总成大修送修标志。车架断裂、锈蚀、弯曲、扭曲变形逾限,大部分铆钉松动或铆钉孔磨损,必须拆卸其他总成后才能进行校正、修理或重铆,方能修复。

(3) 变速器(分动器)总成大修送修标志。壳体变形、破裂、轴承孔磨损逾限,变速齿轮及轴恶性磨损、损坏,需要彻底修复。

(4) 后桥(驱动桥、中桥)总成大修送修标志。桥壳破裂、变形,主轴套管承孔磨损逾限,减速器齿轮恶性磨损,需要校正或彻底修复。

(5) 前桥总成大修送修标志。前轴裂纹、变形,主销孔磨损逾限,需要校正或彻底修复。

(6) 客车车身总成大修送修标志。车厢骨架断裂、锈蚀、变形严重,蒙皮破损面积较大,需要彻底修复。

(7) 货车车身总成大修送修标志。驾驶室锈蚀,变形严重、破裂;货厢纵、横梁腐蚀,底板、拦板破损面积较大,需要彻底修复。

3. 修竣出厂车辆装备规定

汽车维修企业对于修竣出厂车辆,不仅应保证经常性装备一律配齐有效,且维修中不得任意改变(但不包括除经常性装备以外的临时性装备)。

所谓车辆的经常性装备,是指基本型汽车的原厂装备。车辆的经常性装备应符合 GB 7258—2012《机动车运行安全技术条件》、GB/T 17275—1998《货车全挂车通用技术条件》和 GB/T 23336—2009《半挂车通用技术条件》等有关规定。

所谓车辆的临时性装备是指除经常性装备以外而临时增加的装备。例如,当车辆运输特殊物资(如超长、超宽、超高、保鲜、防碎、危险货物等)时,或当车辆在特殊条件下使用时(如防滑、保温预热、牵引等),根据需要所配备的临时性装备或临时性设施。

6.6.3 汽车维修方法和汽车维修工艺

1. 汽车维修方法

汽车维修方法是按汽车修理以后对汽车属性保持程度来区分的,汽车维修方法包括就车修理法、总成互换修理法。

1) 就车修理法

就车修理法是指进行修理作业时,所有的零部件和总成除无法修复而必须更换的外,其余一律在修复后装回原车,不能互换。这种方法由于各零部件损伤程度及修复工艺不尽相同,各总成修理周期也不一样,因此可能会影响到汽车修理过程的连续性(只有等修理周期最长的总成修竣后才能进行最后总装)。使用就车修理法的修理作业周期较长。

2) 总成互换修理法

总成互换修理法是指在修理过程中,除车架与车身等重要基础件仍采用就车修理外,其他待修总成均由综合性拆装班组负责拆除，并换装储备的已修好的完好总成（或换装新的总成），进行汽车装配。从原车上拆下的总成或零件均由综合性拆装班组送往各专业修理班组去修复，修复后的总成一律存入旧件库。

这种方法分工很细，专业化程度很高，旧件库管理较复杂（要求所互换的旧件质量的成色与原车匹配，否则会造成互换困难），而且还需有机械化运输设备（以运送笨重总成）。但它作业周期短，维修质量高，修理成本低。例如，城市公共交通维修企业一般会采用这种方法。

2. 汽车修理作业形式

汽车修理作业形式是按汽车和总成在修理过程中的相对位置业区分的，汽车修理的作业方式包括定位作业法和流水作业法两种。

1）定位作业法

定位作业法指汽车在固定工位上进行修理作业的方法。汽车大修采用定位作业法时，将汽车的拆解和总装作业固定在一个工作位置（车架不移动）来完成，而拆解后总成和零件修理作业仍分散到各个工位上进行。采用这种作业方式占用工作场地较小，拆解和总成作业不受流水生产线连续性限制，生产调度和调整较方便。但是，总成和零件要来回搬运，工人劳动强度大。因此，定位作业法适用于生产规模不大、修理车型较复杂的维修企业。

2）流水作业法

流水作业法指汽车汽车拆解和总装作业在流水线上完成，在流水线上各个专业工位上进行总成和零件的修理。这种作业方法专业化程度高，分工细致，修理质量高。但是占地面积大，设备投资大。此法适用于生产规模较大、修理车型单一的维修企业。

3. 汽车修理工艺

汽车修理工艺是指利用生产工具按一定要求修理汽车的方式。汽车修理工艺一般包括进厂检验、外部清洗、汽车及总成的拆卸、零件清洗、零件检验分类、零件修理、总成装配、总成试验、汽车总装、竣工检验和出厂验收等主要过程。

1）进厂检验

进厂检验指对送修汽车的装备和技术状况的检查鉴定，以便确定维修方案。主要内容：对送修汽车进行外观检视，注明汽车装备数量及状况，听取客户的口头反映，查阅该车技术档案和上次维修技术资料，通过检测或测试、检查，判断汽车的技术状况，确定维修方案，办理交接手续，签订维修合同。进厂检验由专职检验员填写汽车大修进厂检验单。

2）外部清洗

汽车解体之前须进行外部清洗，除去外部灰尘、泥土与油污，便于保持拆卸工作地的清洁和拆卸工作的顺利进行。为了便于清洗，有时可将载货汽车车厢拆下。

3）汽车及总成的拆卸

汽车及总成的拆卸工作量比较大，直接影响到汽车的修理质量与修理成本。从拆卸工作本身来看，并不需要很高的技术，也不需要复杂的设备。但是，由于不重视这项工作，往往在拆卸工作中会造成零件的变形和损伤，甚至无法修复。

4）零件清洗

汽车和总成拆解成零件以后，须进行零件清洗，以清除油污、积炭、水垢和锈蚀。对于不同的污垢要采用不同方法清除，所以零件清洗工作分为清除油污、清除积碳、清除水垢和清除锈蚀等。

5）零件检验分类

根据修理技术条件，按零件技术状况将零件分类为可用、可修和不可修的检验，称为零件检验分类。零件检验分类一般都采取集中检验的方法，即在整车和总成分解清洗后，由专职检验员对集中在一起的零件进行检验和分类。

6）零件修理

零件修理的目的就是为了恢复它们的配合特性和工作能力。零件修复的基本方法有尺寸修理、补偿修理和压力加工修复等。凡规定有修理尺寸的零件都应修理尺寸进行修复加工，以便换用配件厂生产的相应修理尺寸的配合件。每种厂牌汽车的主要零件及易损零件，如气缸、活塞、活塞环、活塞销、曲轴、转向节等都规定有它的各级修理尺寸。我国生产的汽车主要及易损零件的修理尺寸分级多半是每级相差 0.25 mm，如曲轴、气缸、活塞等。

7）总成装配

总成装配是把已经修好的零部件（或更换的新件）按技术要求装配成一台完整总成的过程，在整个汽车修理过程中非常重要。总成装配质量的好坏，直接影响汽车修理的质量。

8）总成试验

在生产中广泛采用的是无负荷的冷磨合和热调试，习惯上称为冷磨和热试。

（1）冷磨。由外部动力驱动总成或机构的磨合。对发动机而言，冷磨的目的是对关键的部位（如气缸与活塞环、曲轴颈与轴承、凸轮轴颈与轴承等）进行的使表面平整光滑，建立能适应发动机正常工作的承载与表面质量要求的磨合过程。冷磨时，将发动机装在磨合架上，不装火花塞或喷油器，采用低黏度的润滑油，为改善磨合质量，缩短磨合时间，可以润滑油中加硫、磷、石墨、二硫化钼等添加剂。

（2）热试。将冷磨后的发动机装上全部附件后起动，以自身的动力运转，除进一步磨合外，主要是对发动机的工作进行检查调整。

9）汽车总装

汽车总装配是将经过修理和更换，并经检验合格的各总成、组合件及连接件，以车架为基础，装配成一辆完整汽车的过程。汽车总装配质量的好坏，直接影响着汽车使用性能及运行安全。

10）竣工检验

汽车总装后，要进行一次全面综合性检验，其目的是检查整个汽车的修理质量，消除发现缺陷和问题，使修竣的汽车符合技术标准的规定，为客户提供性能良好、质量可靠的汽车。

竣工检验包括如下几个方面：

（1）试车前检验。试车前检验主要是静态检查汽车各部分是否齐全完好，装配是否正确妥善，发动机、仪表的工作是否良好。

（2）试车检验。试车检验主要是动态检查汽车底盘各总成的工作是否正常。试车时发现故障，要及时排除，特别是转向系和制动系的故障，必须排除后才能继续试车。

（3）试车后的检验。试车后，检查制动鼓、轮毂、变速器壳、驱动桥壳、传动轴中间轴承等处是否有裂纹，联接螺栓是否松动；检查各部位是否有四漏现象，运行温度正常；检查灯光信号应工作正常。

11）出厂验收

汽车经竣工检验并消除了各种缺陷后，即可通知送修方接车，经送修与承修双方确认合格后，办理出厂交接手续。汽车修竣出厂验收包括出厂规定和客户验收。

6.6.4　汽车修理技术标准

汽车修理技术标准是对汽车修理全过程的技术要求、检验规则所做的统一规定。汽车修理技术标准是衡量修理质量的尺度，是企业进行生产、管理的依据，具有法律效力，必须严格遵守。认真贯彻技术标准，对保证修理质量、降低成本、提高经济效益和保证安全运行都有重要作用。我国的汽车修理技术标准分为四级：国家标准、行业标准、地方标准、企业标准。

1. 国家标准

国家标准是国家对本国经济发展有重大意义和工农业产品、工程建设和各种计量单位所作的技术规定，由国务院标准化行政主管部门制定。相关的汽车修理国家标准如下：

GB 7258—2012《机动车运行安全技术条件》

GB/T 3798.1—2005《汽车大修竣工出厂技术条件　第1部分：载客汽车》

GB/T 3798.2—2005《汽车大修竣工出厂技术条件　第2部分：载货汽车》

GB/T 3799.1—2005《商用汽车发动机大修竣工出厂技术条件　第1部分：汽油发动机》

GB/T 3799.2—2005《商用汽车发动机大修竣工出厂技术条件　第2部分：柴油发动机》

GB/T 5336—2005《大客车车身修理技术条件》

GB/T 18344—2001《汽车维护、检测、诊断技术规范》

2. 行业标准

行业标准就是以前的部标准，是全国性各行业范围内的技术标准，由国务院有关行政主管部门制定，并报国务院标准化行政主管部门备案。在公布国家标准后，该项行业标准即行废止。

3. 地方标准

地方标准是省、自治区、直辖市标准化行政主管部门对未颁布国家和部标准的产品或工程所颁布的标准。汽车维修地方标准由各省、市、自治区标准化行政主管部门制定，并报国务院标准化行政主管部门和国务院有关行政主管部门备案。在公布国家标准或行业标准之后，该项地方标准即行废止。

如北京市质量技术监督局2008年发布的地方标准：DB11/T 135-2008《汽车发动机大修竣工出厂技术条件》，自2009年4月1日开始实施。

4. 企业标准

汽车维修企业在维修汽车时，若遇到没有国家标准、行业标准或地方标准能参照的情况，应该以该汽车的生产厂商提供的维修手册、使用说明书等相关技术资料为依据，制定企业标准，指导组织生产。企业标准须报当地政府标准化行政主管部门和有关行政主管部门备案。对已有国家标准或行业标准的，国家鼓励企业自行制定严于国家或行业标准的企业标准，在企业内部实施。

6.6.5　汽车修理技术检验

汽车修理技术检验是按规定的要求确定所修理的汽车、总成、零部件技术状况而实施的检查。这种检查对不同对象，借助某些手段测定质量特性，并将测定结果同技术标准相比较，判断是否合格。汽车修理技术检验可分为整车技术检验、总成技术检验、零部件技术检验。

1. 整车技术检验

整车技术检验是按一定的检验规则，对大修竣工汽车的一般技术要求和主要性能要求，采用一系列检视或测量的方法。

（1）汽车性能测试应在平坦、干燥、清洁的高级或次高级路面，长度和宽度适应测试要求，纵向坡度不大于1%的直线道路上往返进行。测试数据取平均值。

（2）大修竣工的汽车，经检验合格，应签发合格证。

（3）大修竣工的汽车，应在明显部位安装铭牌，内容包括发动机、车架号码、承修单位名称、修竣出厂日期等。

（4）修竣的车辆，经送修与承修单位双方确认合格后，办理出厂手续。出厂合格证和有关技术资料随车交付送修单位（或个人）。

2. 总成技术检验

总成技术检验主要是指总成修竣后检验，其目的是检查总成的修理质量，消除发现缺陷和问题，使修竣的总成符合技术标准的规定，确保装上汽车使用性能良好和安全可靠。

3. 零部件技术检验

零部件技术检验包括对被检零部件的尺寸误差、表面误差、形状和位置误差以及零件内部缺陷等进行检测。

任务7　汽车检测与诊断

6.7.1　汽车的检测与诊断概述

所谓汽车的检测诊断技术是指通过一定的检测诊断设备，在车辆不解体（或仅拆卸个别零件）的情况下，确定车辆工作能力和技术状况（汽车检测）以及查明汽车运行故障及隐患（指汽车诊断）的技术措施。

1. 汽车检测的分类

汽车检测可分为以下几类。

1）安全环保检测

汽车安全环保检测是指在不解体情况下对汽车的安全、环保性能所做的技术检测，常用于车管监理部门。其目的是进行对在用车辆及修竣车辆的安全性能和排放性能等做车况技术鉴定，以建立在用汽车安全环保及维修质量监控体系，确保在用车辆良好的技术状况，保证汽车安全、高效和低污染运行。

2）综合性能检测

汽车综合性能检测是指在不解体情况下对车辆的综合性能和工作能力所做的技术检测，常用于汽车设计、制造、研究部门对新车的技术状况鉴定，也常用于汽车运输部门对在用车辆的性能检测和技术状况鉴定，以保证汽车运输的完好车率（如车辆技术管理中的车况鉴定，以确定车况技术等级），也为实行"强制维护、视情修理"提供必要的依据（如汽车大修送修前的车况鉴定）。

3）故障检测

汽车故障检测是指在不解体的情况下，以检测为手段、诊断为目的，对汽车目前所存在的故障所做的技术检测，常用于汽车维修企业。

现代汽车维修企业必须加强汽车故障的检测与诊断，以确定故障现象，查明故障的部位和原因，最后进行有效的故障排除。

2. 汽车故障诊断的方法

由于在用汽车的故障检测大多在不解体的情况下进行，因此大多属于间接检测方法（如根据烟色、振动、异响、异热等）。为了提高其检测精度和检测精确性，应该采用适当的检测方法。

1）人工经验诊断法

人工经验诊断法俗称中医疗法，这种方法是凭借于技术诊断人员的丰富实践经验和理论知识，在不解体或局部解体的情况下，根据汽车故障现象，通过眼看、手摸、耳听等手段，或者利用简单仪器工具，边检查，边试验，边分析，最后定性地判断汽车的故障部位和故障原因。不需专用的仪器设备，但对诊断人员的经验依赖性强，诊断速度慢，准确性差，不能定量分析。

2）仪器设备诊断法

仪器设备诊断法俗称西医疗法，利用各种专用的检测仪器或诊断设备，在汽车不解体或局部解体的情况下，对汽车、总成或机构进行性能测试，并通过对检测结果的分析判断，定量地确定汽车技术状况以及诊断汽车的故障部位和故障原因。此法诊断速度快、准确性高、能定量分析，但该方法需占厂房，投资大。

3）自诊断法

对于由电脑控制的电控汽车大多附带有故障自诊断功能。所谓自诊断法是根据故障警示灯的警示信号，利用汽车电控单元的自诊断功能，通过一定操作方法，提取电控单元ECU内存储的故障码，查阅故障码表来确定故障的部位和原因。这种方法对该型汽车的故障诊断更快捷有效，但因它只能自诊断具有传感器的电控系统故障，而不包括其他机械、液压系统，也只是一种辅助诊断。

3. 汽车检测诊断技术的发展方向

1）汽车检测技术基础规范化

随着汽车业和交通业的不断发展，汽车检测诊断技术的不断完善，将来应重点开展汽车检测技术的基础规范化，进一步完善与硬件相配套的检测技术软件，如制定和完善汽车检测项目的检测方法和限值标准；制定营运汽车技术状况检测评定细则，统一规范全国各地的检测要求和操作技术；制定用于综合性能检测站的大型检测设备的形式认证规则，以保证综合性能检测站履行其职责。

2）高新技术在汽车检测诊断上的应用步伐加快

（1）光电技术和计算机处理技术的运用。目前国外的汽车检测设备已大量应用光、机、电一体化技术，并采用计算机测控，能对汽车技术状况进行自动识别检测，并能诊断出汽车故障发生的部位和原因，引导维修人员迅速排除故障。因此，我国应尽快将光电技术和计算机处理技术运用于汽车检测诊断技术上，如将光电技术运用于前照灯的检测上，以提高光轴定位，光度测试的精度。

（2）汽车检测设备智能化。国外的有些汽车检测设备具有专家系统和智能化功能，而目前我国的汽车检测设备在采用专家系统和智能化诊断方面与国外相比还存在较大差距，如四轮定位检测系统、电喷发动机综合检测仪等还主要依靠进口。因此，今后我们要在汽车检测设备智能化方面加快发展速度。

（3）显示技术、高精度传感器的应用。在汽车制动试验台的设计上，已完全淘汰了测力弹簧，而代之高精度的应变计（压力传感器），具有很高的现行精度。而这种高精度传感器，由于其通用化、标准化、清晰化程度大大提高，已成为检测设备显示方式今后的发展方向。随着显示技术的进一步计算机化，通过图形、数据来动态显示测量值的方式，将使得人们更为直观、清晰地理解检测数据。

（4）向综合化方向发展。为了节省汽车检测的费用、场地、人员和提高汽车的检测效率，当前汽车检测设备的功能正从单机单功能向单机多功能的综合测试台方向发展。

3）监控和汽车技术状况的预测

现在国外已经在汽车技术状况监控和预测方面进行了研究，如预测汽车制动鼓、制动蹄的配合，气缸、活塞、活塞环的配合，不久将会有新的进展和突破，并将会进一步扩展到系统状态和元件状态的预测。因此，当前我国也应向监控和汽车技术状况的预测方向发展，以提高汽车的综合性能，延长汽车的使用寿命。

4）汽车检测管理网络化

目前我国的汽车综合性能检测站已实现了计算机管理系统检测，但由于各个站的计算机测控方式千差万别，尤其是数据接口不统一，不符合全国检测行业大网络的要求。因此，随着现代技术和管理的进步，汽车检测要利用好信息高速的平台，真正实现网络化（局域网），从而做到信息资源共享、硬件资源共享、软件资源共享，提高检测网络化管理效率。

6.7.2　汽车维修的检测项目与工艺布局

1. 汽车维修的常用检测项目

（1）发动机检测。发动机功率检测、发动机气缸磨损量检测、气缸密封性检测、发动机实际压缩比与实际配气相位检测、汽油机供油系统检测、汽油机点火系统检测、柴油机供油系检测、发动机电控系统故障检测、润滑油品质检测与冷却系统密封性检测、发动机的异响检测。

　　（2）底盘检测。底盘输出功率、传动系统检测、转向系统检测、制动系统和制动性能检测、行驶系统检测。

　　（3）车身检测。车身损伤检测、车身变形测量、安全气囊检测、汽车空调系统检测。

　　（4）电器检测。电源系统检测、起动系统检测、仪表及照明系统检测、辅助电器系统检测。

　　（5）废气排放检测、油耗检测、噪声检测。

2. 轿车综合性能检测线的工艺布置

　　汽车维修企业综合性能检测线的设备配备，应根据汽车维修企业的主要维修车型确定。

　　例如，对于轿车维修企业来说，宜选择小型（≤3 吨）汽车综合性能检测线。为了能将检测结果直接联网，要求所有的检测诊断设备都配有与微机联机的接口。

　　汽车维修企业综合性能检测线的布局主要应考虑其检测工艺流程。例如，可设置两条检测线共 8 个工位。这 8 个工位包括：尾气、烟度计轴重、车速；制动、制动踏板力计、操纵力计；灯光、侧滑、声级；地沟；惯性式底盘测功试验台、油耗计；发动机综合分析仪；转向参数测量仪、油质分析仪、车轮动平衡机、车轮定位检测仪；汽车底盘间隙检测仪、传动系游动角度检测仪以及安装在检测车间外的汽车悬架性能检测仪。其中，第 1～第 4 工位为第一条检测线；第 5～第 8 工位为第二条检测线。

任务8　技术责任事故及处理

6.8.1　技术责任事故

　　由于技术状况不良或岗位责任失职所造成的事故统称为技术责任事故。技术责任事故包括行车交通事故、机电设备事故、维修质量事故、经营商务事故、工伤事故等。

1. 技术责任事故的若干表现

　　（1）管理不善，指挥失误或岗位失职造成的事故。

　　（2）无照开车，无证操作或混岗作业造成的事故。

　　（3）违章操作或操作失误造成的事故。

　　（4）超载超速运行造成的事故。

　　（5）不符合安全运行技术条件，未采取必要防范措施或措施不力不当，冒险运行而造成的事故。

　　（6）失保失修，漏报漏修，维修不良，偷工减料或粗制滥造而造成的事故。

　　（7）未经培训或试用合格而操作不当或操作失误、未经检验合格而擅自使用或者不尊重检验人员意见而造成的事故。

　　（8）应检或可检范围内，由于错检漏检或检验不严而造成的事故。

　　（9）在销售、生产、供应和财务业务往来中发生订货错误、合同错误、收支错误以及服务差劣等所造成的商务性事故。

　　（10）不按规章制度滥用职权、擅自处理而发生的事故。

2. 技术责任事故损失费用

技术责任事故损失＝直接经济损失＋间接经济损失

1）直接经济损失

（1）修复设备或车辆损伤部位所发生的修理费用。

（2）损坏其他车辆、设备及建筑设施的赔偿费用。

（3）引起人员伤亡所发生的补偿费用。

（4）处理事故现场所发生的人工机具费。

（5）由于商务事故直接造成生产经营损失的费用以及直接造成浪费或亏损的费用。

2）间接经济损失

（1）在修复设备或车辆的事故损伤部位时，牵涉到其他未损伤部位的拆装费和维修费。

（2）伤亡者及其他有关人员的交通费、住宿费、工资奖金及其杂费支出。

（3）由事故造成的停工停产和生产经营损失的费用。

3. 事故等级的确定

确定事故等级应以直接损失为依据，但在事故统计和经济处罚时应以事故的总损失（包括直接经济损失及间接经济损失）为依据。

技术责任事故的等级划分，主要根据该事故造成的伤亡人数以及当地规定的直接经济损失额确定。

6.8.2　技术责任事故处理

1. 技术责任事故的责任划分

事故责任分为全部责任、主要责任、次要责任、一定责任四种。

（1）凡管理不善、指挥失误或岗位失职造成的事故，由管理者、指挥者或岗位失职者负主要责任；

（2）凡属操作者无视安全操作规程，违章操作或操作失误，或无视工艺纪律及质量标准，偷工减料、粗制滥造而造成的事故，应由主操作人负主要责任。

（3）在应检及可检范围内经检验合格，在质量保证范围及质量保证期内发生质量事故，由检验员负主要责任；凡未经检验合格或属检验人员无法检验无法保证的部位发生事故，由主操作人负主要责任。

（4）在汽车维修过程中若发现问题且有可能危及安全或质量时，在生产经营管理中或商务活动中若发现问题且有可能危及企业利益时，经请示而获批准继续使用或继续执行而造成的事故由批准人负主要责任；应请示而不请示，或虽经请示而未获批准，擅自决定继续使用或继续执行而造成的事故，由擅自决定者负主要责任。

2. 技术责任事故的处理原则

凡发生技术责任事故，无论事故大小、责任主次或情节轻重，事故者应首先保护现场，救死扶伤，并及时如实地报告，采取有效应急措施，做好善后工作，听候处理。

事故处理必须坚持"四不放过"原则，即事故原因不查清不放过，事故责任者未得到处理不放过，事故整改措施不落实不放过，事故教训未吸取不放过。

3. 技术责任事故的处理的负责部门

凡发生立案事故,应由厂部负责部门登记申报、现场勘察、责任分析及事故处理。事故处理的负责部门如下:

(1)行车交通事故由车队负责。

(2)设备事故由设备管理部门负责。

(3)质量事故由质量管理部门负责。

(4)商务事故由经营管理部门负责,厂长监督。

(5)工伤事故由人力资源管理部门负责,工会监督。

《事故登记表》、事故分析会记录、《事故处理裁定书》以及对工伤者的"劳动鉴定书"都应当归档存查。

4. 技术责任事故的处罚办法

(1)不立案事故,由事故所在单位适当处罚。

(2)立案事故的处罚规定如下:全部责任者应赔偿损失的75%~100%;主要责任者应赔偿损失的50%;次要责任者应赔偿损失的25%;一定责任者应赔偿损失的10%。赔偿损失是指事故总损失费用。

(3)行车交通事故由交通监理部门负责处罚。

(4)发生伤亡事故,可根据《厂矿企业劳动安全条例》进行处理。

当发生重大事故或重大恶性事故,并由本企业负主要责任或全部责任的,除事故本人应按规定给予处罚及必要行政处分外,事故单位的各级领导和相关业务管理人员也应给予相应的处罚。

任务9 汽车维修企业的科技管理

6.9.1 汽车维修企业的科技活动

1. 科技活动的内容

1)科技发展规划

汽车维修企业的科技发展规划是指汽车维修企业关于技术管理系统开展科技活动的发展规划。内容如下:

(1)企业科技活动的发展方向、奋斗目标及技术措施。

(2)生产工人及技术人员的业务培训计划。

(3)机具设备更新添置计划。

(4)技术改进及技术改造计划。

(5)科技经费计划。

2)科技小组与科技活动

汽车维修企业的科技小组应参加当地汽车工程学会的科技活动。

(1)了解当前汽车维修行业的科技发展动态,交流科技情报和资料,确定科技活动的具体项目和措施。

（2）研究当前企业生产经营管理活动（特别是质量管理）中所存在的问题和改进措施。

（3）企业中维修机具设备技术改造。

（4）职工的技术教育和技术培训。

2. 技术改进与合理化建议

技术改进包括技术革新、技术推广、技术改造和技术改装。其中技术革新是指改革汽车维修机具与维修工艺的；技术推广是指推广应用维修机具与维修工艺的；技术改造是指改变维修设备的性能结构达到挖潜目的的；技术改装是指改变维修设备用途而不改变设备性能结构的。合理化建议是指为实现汽车维修技术改进而提出的建议。

技术改进与合理化建议的实施办法有以下几条：

（1）按技术改进与合理化建议的形式，提出科技项目的名称、实施方案、实施依据及预期效果等，由技术管理部门汇总并审议。其中效果较好并可以立即实施的可报总经理审批。

（2）被批准实施的科技项目由生产技术管理部门牵头，以提出人为主成立"项目攻关小组"。在项目实施完成后，应由项目负责人写出总结报告，汇同项目技术资料交生产技术管理部门验收，技术资料统一归档。

（3）被批准实施的科技项目所需经费由企业科技经费中列支。

6.9.2 科技资料与技术档案

科技资料与技术档案都是生产技术人员进行日常工作的重要资料。其中科技资料是指并非在本单位生产经营管理活动中产生的，如外购的各类科技图书和技术资料手册、订阅的各类科技杂志及交流的各类科技情报等。科技档案是指在本单位生产经营管理活动中产生的、经过整理归档的技术资料。

1. 技术档案的分类与要求

1）技术档案的分类

（1）生产类。如企业营业执照及批文、生产经营合同或汽车维修合同、技术经济定额及技术经济报表等。

（2）技术类。如技术管理制度、技术规范、技术标准等。

（3）科技类。如技术改进及合理化建议、技术教育培训及技术考核、科技活动记载等。

（4）设备类。如车辆及机具设备技术档案。

（5）基建类。如基建工程项目、房地产文件及其他。

2）技术档案的基本要求

（1）完整。所记载的各种资料应全面完整，即全过程记载。

（2）准确。所记载的各种资料应真实可靠和准确。

（3）系统。即各类文件资料在归档时应分类编号，建立索引目录，明确系统和归属。

（4）方便。除原始文件外，所归档的原始材料应由专人按规定格式重新复制和整理，以保证归档材料字迹工整、图样清晰、查找方便。

（5）安全。对具有机密性质的科技档案应有保密措施；对重要档案应使用复制件而保存原件。

3）需要归档的原始材料

（1）企业重要生产经营管理文件。如营业执照、房地产文件、生产经营合同、各类技术经济定额及技术经济报表、企业管理制度及技术标准等。

（2）汽车维修原始技术资料。如大修前技术鉴定记录、汽车维修进出厂检验记录、维修过程检验记录、换料记录及车辆返修记录、技术责任事故处理记录等。

（3）车辆及设备在管理、使用、维修、改造等方面的全过程记录。

（4）技术改进与合理化建议等。

2. 归档制度和阅档纪律

为保证归档材料的安全，应建立归档制度，明确阅档纪律。

（1）归档的原始材料均来自于企业的日常生产经营管理活动中，因此要求把档案材料的形成、积累、整理和归档纳入企业各职能部门的日常工作程序中，应作为各职能部门的职责范围和考核内容。

（2）待归档的材料必须保证在工程项目竣工验收前完成归档手续，否则不予验收。

（3）借阅技术档案应履行档案借阅手续，并限期归还。

（4）借出的档案材料不得涂改和变动。需要对其中内容进行更改或补充时，应作为附页附在档案中，附加的内容应有附加人及批准人签字。

3. 技术资料的储备和借阅

利用计算机管理和建立信息网络是现代汽车维修企业管理的重要组成部分。企业技术资料的管理规定如下：

（1）应由技术部门指定专人，按门类统一管理。

（2）应尽可能采用计算机保管技术资料（并留备份）。

（3）应制订企业技术资料相应的借阅、查阅办法。

【知识拓展】

召回与三包的区别

从表面上看，汽车召回和三包都是为了解决汽车出现的一些质量问题，维护消费者的合法权益。但就问题的性质、法律依据、对象、范围和解决方式上是有区别的。

（1）性质不同。汽车召回的目的是为了消除缺陷汽车安全隐患给全社会带来的不安全因素，维护公众安全；汽车三包的目的是为了保护消费者的合法权益，在产品责任担保期内，当车辆出现质量问题时，由厂家负责为消费者免费解决，减少消费者的损失。

（2）法律依据不同。汽车召回是根据《产品质量法》对可能涉及对公众人身、财产安全造成威胁的缺陷汽车产品，国家有关部门制定《缺陷汽车产品召回管理规定》维护公共安全、公众利益和社会经济秩序。汽车三包对经营者来讲在法律关系上属特殊的违约责任，根据《产品质量法》对在三包期内有质量问题的产品，国家制定有关"三包规定"，由销售商负责修理、更换、退货，承担产品担保责任。

（3）对象不同。召回主要针对系统性、同一性与安全有关的缺陷，这个缺陷必须是在一批车辆上都存在，而且是与安全相关的。"三包规定"是解决由于随机因素导致的偶然性产品质量问题的法律责任。对于由生产、销售过程中各种随机因素导致产品出现的偶然性产品质量问题，一般不会造成大面积人身的伤害和财产损失。在三包期内，只要车辆出现质量问题，无论该问题是否与安全有关，只要不是因消费者使用不当造成的，销售商就应当承担修理、更换、退货的产品担保责任。

（4）范围不同。"三包规定"主要针对家用车辆。汽车召回则包括家用和各种运营的道路车辆，只要存在缺陷，都一视同仁。国家根据经济发展需要和汽车产业管理要求，按照汽车产品种类分步骤实施缺陷产品召回制度，首先从 M1 类车辆（驾驶员座位在内，座位数不超过 9 座的载客车辆）开始实施。

（5）解决方式同。汽车召回的主要方式是汽车制造商发现缺陷后，首先向主管部门报告，并由制造商采取有效措施消除缺陷，实施召回。汽车三包的解决方式是：由汽车经营者按照国家有关规定对有问题的汽车承担修理、更换、退货的产品担保责任。在具体方式上，往往先由行政机关认可的机构进行调解。

学习资源：
★中国汽车维修网：http://www.motors-cn.cn/
★中国汽车召回网：http://www.qiche365.org.cn/
★《汽车维护与修理》杂志网站：http://www.autorepair.com.cn/
★汽车之家：http://www.autohome.com.cn/
★汽车维修技术网：http://www.ephua.com/

模块六同步训练

一、填空题

1. 5S 指的是_____、_____、_____、_____、_____。

2. 汽车维护作业内容主要包括_____、_____、_____、_____、_____、_____以及发现和消除汽车运行故障和隐患等。

3. 汽车维护的指导原则是："_____、_____、_____"。

4. 二级维护作业中心内容除_____外，以_____、_____为主，并拆检轮胎，进行轮胎换位。

5. 汽车检测可分为_____、_____、_____三类。

6. 汽车维修收费内容主要包括：_____、_____、_____三类。

二、选择题（注：1～6 题为单项选择题，其余为多项选择题）

1. （　　）不属于一级维护作业范围。

A. 润滑　　　　　　B. 紧固　　　　　　C. 检查　　　　　　D. 调整

2. 二级维护的周期为（　　）

A. 10 000～12 000 km（或 2 个月～3 个月）

B. 1500～2000 km（或 10 天～20 天）

C. 1500～2500 km（或 10 天～25 天）

D. 30 000～60 000 km（或 6 个月～12 个月）

3. 汽车大修后一次大修间隔里程定额应为前一次大修间隔里程定额的( )

A. 50%～60%　　　B. 75%～85%　　　C. 80%～95%　　　D. 100%

4. 发动机大修竣工后，气缸压缩压力应符合原设计规定，各缸压缩压力差，汽油机应不超过各缸平均压力的( )，柴油机应不超过 10%。

A. 10%　　　　　　B. 5%　　　　　　C. 8%　　　　　　D. 15%

5. 发生行车交通责任事故由( )负责处理。

A. 设备管理部门　　B. 质量管理部门　　C. 车队　　　　　D. 经营管理部门

6. 汽车预防维修新制度的基本原则是：坚持以预防为主，( )相结合。

A. 维护与修理　　　B. 检测与维护　　C. 技术与经济　　D. 环保与经济

7. 非正常的汽车修理类别有( )

A. 事故性检修　　　B. 总成大修　　　C. 质量性返修 零件修理

8. 汽车维修企业的技术改进包括( )

A. 技术革新　　　　B. 技术推广　　　C. 技术改造　　　D. 技术改装

9. 汽车维修企业技术责任事故包括( )

A. 行车交通事故　　B. 机电设备事故　　C. 维修质量事故　　D. 经营商务事故

E. 工伤事故

10. 汽车修理技术检验可分为( )

A. 整车技术检验　　B. 总成技术检验　　C. 零部件技术检验　　D. 进厂检验

三、判断题(打√或×)

1. 汽车维护是为维持汽车完好技术状况或工作能力而进行的技术作业。　　　( )

2. 日常维护和一级维护都是由驾驶员完成的。　　　　　　　　　　　　　( )

3. 车辆的走合期、走合中、走合后的维护内容是相同的。　　　　　　　　( )

4. 汽车修理应贯彻以预防为主、视情修理的原则。　　　　　　　　　　　( )

5. 汽车修理就是为恢复汽车完好技术状况(或工作能力)和使用寿命而进行的技术作业。　　　　　　　　　　　　　　　　　　　　　　　　　　　　　　　( )

6. 汽车大修的间隔里程定额一般为 15 万千米～20 万千米。　　　　　　　( )

7. 货车以发动机总成为主，结合车架总成或其他三个总成符合大修条件。　( )

8. 汽车修理作业形式是按汽车和总成在修理过程中的相对位置来区分，有定位作业形式和流水作业形式两种。　　　　　　　　　　　　　　　　　　　　　　( )

9. 定位作业形式一般适用于规模不大或修理车型较杂的汽车修理企业。　　( )

10. 技术责任事故造成的损失就是直接的经济损失。　　　　　　　　　　( )

四、问答题

1. 什么是 6S？6S 管理的具体内容有哪些？6S 管理的作用是什么？

2. 什么是车辆维修生产计划？编制维修生产计划应考虑的因素有哪些？

3. 汽车维修工时费用是指什么？如何计算？其中汽车维修材料费用包括什么？

4. 什么是维修工时定额？制订汽车维修工时定额的基本原则是什么？

5. 现在的视情修理与过去的计划修理相比，区别在哪？

6. 什么是环保检查/维护制度(I/M)？

7. 什么是汽车维护？汽车维护可分哪些等级？其主要作业项目各有哪些？

8. 如何进行车辆和总成的送修前技术鉴定？

9. 车辆和总成的大修送修标志有哪些？

10. 汽车维修方法有哪些？汽车修理作业形式有哪些？

11. 什么是汽车维修工艺？请叙述汽车维修工艺包含的具体过程。

12. 什么是汽车检测？其分类有哪些？

13. 汽车维修中常见的检测项目有哪些？

14. 什么是技术责任事故？处理技术责任事故的基本原则是什么？

15. 汽车维修企业的科技活动有哪些内容？

16. 什么是科技档案？怎样建立科技档案？

模块七　汽车维修企业的质量管理

任务1　了解汽车维修质量管理

【案例7-1】

　　某汽车维修厂维修了一台严重损坏的奥迪A6L事故车，因作业班组责任心较差，车辆维修出厂后，出现了不是今天这漏油，就是明天那儿异响，尤其让车主头疼的是车架校正不好，车辆总跑偏，三天两头的回厂返修。车主找到经理要讨个说法。针对这件事，经理组织全体员工进行大讨论，大家提出了很多意见。经理给大家讲了海尔质量管理三步曲，要求按海尔管理理念来处理顾客投诉。他们首先组织了现场会，认真分析返修的原因，对责任者进行了处罚。然后对车辆进行全面返修，全面细致地排查故障原因，将发动机吊下，重新校正车架，排除了故障。为了让顾客满意，还免去了这次和前面两次的维修费用，为顾客提出车辆的质量保证期。

　　该维修厂经理以此案为契机，制定了预防返工措施及返工处理流程，并制定了质量管理相关制度，强化企业内部的维修质量管理，狠抓维修质量，通过对这次返工的处理，该企业的质量管理水平上升了一个新的台阶。

　　汽车维修企业的质量既包括维修作业质量又包含维修服务质量，两者相辅相成。从技术角度上讲，汽车维修质量是指汽车维修作业对汽车完好技术状况和工作能力维持或恢复的程度；从服务角度讲，汽车维修质量是指用户对维修服务的态度、水平、及时性、周到性以及收费等方面的满意程度。

　　要做好汽车维修质量管理工作，必须理解质量和质量管理的含义，熟悉汽车维修质量管理机构的组成及其职能。

7.1.1　汽车维修质量管理任务

维修工作和维修质量管理工作都是由人完成的,不同的人完成的质量不同。要想通过维修质量管理工作提高维修服务质量,就应明确汽车维修质量管理的任务。

(1)加强质量管理教育,提高全体员工的质量意识,牢固树立"质量第一"的观念,做到人人重视质量,处处保证质量。

(2)制定企业的质量方针和目标,对企业的质量管理活动进行策划,使企业的质量管理工作有方向、有目标、有计划地进行。

(3)严格执行汽车维修质量检验制度,对维修车辆从进厂到出厂的维修全过程、维修过程中的每一道工序,实施严格的质量监督和质量控制。

(4)积极推行全面质量管理等科学、先进的质量管理方法,建立健全汽车维修质量保证体系,从组织上、制度上和日常工作管理等方面,对汽车维修质量实施系统地管理和保证。

7.1.2　质量管理机构

质量管理机构的设置,应根据企业的性质和规模的大小而定。质量管理机构一般由技术总监负责,其成员还包括专职检验员。质量管理机构的主要职责有如下几项:

(1)认真贯彻执行国家和地方颁布的质量管理法规及汽车维修质量管理的方针政策。

(2)贯彻执行国家和交通部颁布的有关汽车维修技术标准、相关标准以及有关地方标准。

(3)制定汽车维修工艺和操作规程。

(4)根据国家标准、行业标准、地方标准的要求,制定企业汽车维修技术标准。

(5)建立健全企业内部质量保证体系,加强质量检验,掌握质量动态,进行质量分析,推行全面质量管理。

(6)做好维修后的跟踪服务。

7.1.3　汽车维修企业的质量管理制度

汽车维修企业必须建立健全相关的质量管理规章制度,落实岗位责任制和质量责任制,做到检验有标准,操作有规程,优劣有奖罚,不断提高质量管理水平。常见的维修企业质量管理制度有以下几种:

(1)车辆进厂、出厂检验制度和过程检验制度。车辆从进厂、维修过程、直至竣工出厂,每道工序都应通过自检、互检,并做好检验记录,以备查验。

(2)原材料及汽车配件进厂入库检验制度。由于现在汽车维修是以换件为主,汽车维修企业需要大量汽车配件周转,因此要确保汽车配件进货渠道可靠,严防假冒伪劣配件,必须完善和加强入库检验制度。

(3)计量管理制度。在汽车维修过程中,需要大量的检测仪器,每一个测量结果决定着维修方案与维修工艺。因此计量管理工作是维修企业管理中的重要环节,是保证汽车维修质量的重要手段。要加强计量器具和检测设备的管理,明确专人保管、使用和鉴定,确保计量器具和设备的精度。

（4）技术业务培训制度。加强职工的技术业务培训是提高员工素质、保证维修质量、提高工效的重要途径。企业根据生产情况，不断组织员工进行培训，并按不同岗位和级别进行应知应会的考核，以激励员工不断进取的自觉性。

（5）岗位责任制度。工作质量是由全体员工来保证的。因此，必须建立严格的岗位责任制度，以增强每个员工的质量意识，提高岗位技能和责任心。

7.1.4　汽车维修企业的质量管理方法

1. 加强全员质量教育与培训

汽车维修企业的工作质量既包含产品质量又包含服务质量，要做好质量管理，就必须长期坚持不断地对全体员工进行质量教育。

1）质量管理的思想教育

开展质量管理思想教育的目的是要教育员工增强质量意识，树立"用户第一、质量第一"、"客户满意"的思想，明白提高质量与降低成本的关系。让100％的员工成为抓质量的主人。对于技术人员来讲，主要是进行全面质量管理的原理和方法教育。对维修工人则是加强质量意识的教育，因为工人的责任心和操作工艺是保证汽车维修质量的基础。只有工人树立100％合格维修产品的责任感，才会有当问到"谁来负责维修质量"时，回答"我"。

2）质量管理的业务教育

汽车维修质量还取决于员工的业务水平。对于技术管理人员，主要是进行业务培训，以便更新知识，迅速提高其管理水平和业务水平；对于维修工作主要是进行岗位技能培训，使他们能掌握不断更新的汽车维修知识和技能。

质量管理的教育方法通常是让员工进行"换位思维"。如果我是用户，希望得到何种服务和何种质量，如何才能使客户满意等。通过长期不断的质量管理教育，培养员工的主人翁意识，培育员工的团队精神和敬业精神。

2. 制定质量管理目标

考核维修企业产品质量与服务质量的常用指标是返修率、返工率、一次检验合格率。

1）返修率

返修率是指经维修竣工的汽车出厂后，在质量保证期内，由于维修质量或配件质量的原因所造成的返修次数占汽车维修企业同期维修车辆总数的百分率。返修率一般以月、季、年度进行考核。

2）返工率

返工率是指汽车在维修过程中，经上下工序互检不合格而造成的返工数占上下工序总移交次数的百分率。它是用以考核企业内部工序质量的指标。

3）一次检验合格率

一次检验合格率是指维修竣工车辆在最后交付出厂检验时的一次合格所占的百分率。它是考核汽车维修企业全部工作质量的综合性指标。

3. 明确质量责任制

所谓质量责任制是指在明确岗位责任制的基础上明确其在质量管理中的具体任务、职责和权力，并做到职责明确和功过分明，其主要内容如下：

（1）在质量检验中，应由技术总监对汽车维修质量负全面责任，并负责处理职责范围内关于维修质量的重大技术问题和技术责任事故。

（2）质量检验员要坚持汽车维修的质量验收规程、质量验收规范和质量验收标准，坚持原则，做好质量检验工作，抓好关键工序的质量检验及重要总成的装配与验收，并严格执行企业技术标准和工艺纪律，指导和监督维修全过程，做好维修全过程中的技术参谋。

（3）主修车间、主修班组和主修工要严格执行安全技术操作规程、工艺规范和技术标准，认真做好维修过程中的工位自检和工序互检。另外，还要在关键岗位、关键工位或工序设立重点质量控制点，抓住薄弱环节、抓住重大质量事故，分析原因、妥善解决、重点突破。

4. 强化汽车维修过程管理

汽车维修过程涉及到多工种、多工序，其中每个工种或每个工序都可能会影响到维修的最终质量。因此，要严格控制维修过程中的操作规程、工艺规范和技术标准等，加强维修的工艺纪律和劳动纪律，严格执行质量检验制度。

5. 加强对汽车维修辅助环节的管理

维修的最终质量在很大程度上取决于配件质量、维修设备和检测设备的使用质量、外加工质量及库房的管理流程等众多因素。所以，为确保质量，应对全体员工、维修的全过程及维修服务的各个方面进行质量管理。

【知识拓展】

全面质量管理常用的管理方法之一"PDCA 管理循环"

PDCA 循环工作是全面质量管理的工作程序，通过计划（Plan）、执行（Do）、检查（Check）、处理（Action）循环式的工作方式，分阶段、按步骤开展质量管理活动，促进质量管理水平循环不断地提高。全面质量管理的 PDCA 循环如图 7－1 所示。

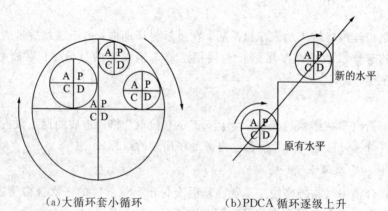

　　　　(a)大循环套小循环　　　　　　(b)PDCA 循环逐级上升

图 7－1　全面质量管理的 PDCA 循环

该工作法用四个阶段、八个步骤来展示反复循环的工作程序。

（1）计划阶段（P）。分为四个步骤：①分析质量现状，找出质量存在的问题；②分析产生质量问题的原因；③从中找出产生质量问题的主要原因；④根据主要原因，制订工作计划和措施。

（2）执行阶段（D）。该阶段只包括一个步骤（接上面计划阶段的步骤排序）：⑤按照制定的计划执行，落实实施。

（3）检查阶段（C）。该阶段也只包括一个步骤：⑥检查计划执行的情况和措施实施的效果。

（4）处理阶段（A）。该阶段包括两个步骤：⑦把有效措施纳入各种标准或规程中加以巩固，无效措施不再实施；⑧将遗留问题转入下一个循环继续进行。

PDCA 循环不仅是全面质量管理的基本方法，也是企业管理的基本方法，它适用于企业生产经营管理的各个环节和各个方面，具有明显的特点。不管是对整个企业，还是企业内的各个部门，不管是工作的全过程，还是工作的各个阶段，都应该应用 PDCA 循环，控制生产质量。在企业内部形成大循环套小循环，如车间、小组或职能部门都有各自的PDCA循环。通过小循环保证大循环，每循环一次，解决一部分问题，取得一部分成果，水平上一个台阶，下一轮循环又在更高的水平上进行。即每转一圈，就上升一步，实现一个新的目标。从而把企业的各项管理工作都有机地组织起来，构成统一的质量保证体系，实现企业预定的总质量目标，也使企业的管理水平、工作质量、产品质量得到步步提高。

工作循环的四个阶段之间紧密衔接，周而复始，不能停顿，不能间断。四个阶段之间又相互联系相互交叉。PDCA 循环实际也是一个永无休止的全面质量提高过程。

任务2　汽车维修企业的质量检验

汽车维修质量检验是指采用一定的检验测试手段和检查方法，测定汽车维修过程中和维修后（含整车、总成、零件、工序等）的质量特性，然后将测定的结果同规定的汽车维修质量评定参数标准相比较，从而对汽车维修质量做出合格或不合格的判断。

7.2.1　汽车维修质量检验的作用

汽车维修质量检验在保证和检验监督汽车维修质量中起着关键的作用。

1. 预防职能

通过对每道工序的检验，以便及时发现问题，找出原因，采取措施，防止进入下一个工序并导致最终维修质量不合格，造成经济上浪费及车辆维修工期的延长。

2. 保证职能

通过对维修过程中的每个环节如配件入库出库、原材料、维修过程、外加工等进行检验，可确保不合格零件不在车辆上使用，确保每道工序合格后方可进入下一个工序，确保出厂检验合格后方可移交给客户。

3. 报告职能

通过对每道工序的检验，可将质量检验的情况及时向企业质量主管部门报告，为加强质量管理和监督提供依据，对重大质量隐患可由厂方及时做出应对方案。

7.2.2　汽车维修质量检验的分类

1. 按维修工艺的分类

按照维修工艺可以分为进厂检验、维修过程检验、出厂竣工检验三级。

1）进厂检验

进厂检验是指根据客户对车辆故障现象的描述及送修车辆技术状况的检查鉴定，与顾客协商最终修理项目、交车时间及预计维修费用。

进厂检验主要内容：对进厂送修车辆进行外观检视，填写进厂预检单；注明车辆装备数量及状况；听取客户的口头反映；查阅该车技术档案和上次维修技术资料；检测或测试车辆的技术状况；确定故障原因及维修方案，签订维修合同。

【案例 7-2】

进厂检验

2004 年初，在一个豪华车连锁店，下午快下班时，一位客户开着一辆法拉利跑车来做保养，自带三滤配件，并且说不急，可以第二天来取车。连锁店已经好几天没业务，服务人员兴奋地在检验施工单上只写了"姓名"和"车号"。等到第二天一大早取车时，车主就直奔前风挡玻璃左下角，说"有裂纹"。经多次长时间调解后，还是让车主"敲诈"了 16 000 元。

2）过程检验

过程检验也称为工序检验，是指从汽车解体、维修、装配与调试，直到汽车维修竣工出厂全过程中的质量检验与质量监督。

汽车维修过程中的质量检验与质量监督目前普遍采用三级质量检验的质量保证制度，即工位自检、工序互检和专职检验相结合的方法。因此，必须建立检验岗位责任制，明确检验分工，严格把握质量关。

【案例 7-3】

维修过程检验

某运输企业的一辆大客车在做二级维护时，维修工忽视了转向横拉杆球形节的检修，检验员也忽视了检查。结果在跑广州的途中，因球形节坚固螺栓锈蚀、松旷，螺纹拉损切断了安全销，球形节脱落，使客车方向失控，造成翻车，酿成严重的机械伤亡事故。

3）出厂检验

出厂检验是指送修的车辆维修竣工后，在交给客户前进行的综合质量验收。竣工出厂检验应由专职总检验员负责，按维修质量要求的动力性、可靠性、安全性、经济性和环保性进行综合性检验，以确保汽车维修的最终质量。

出厂检验的内容如下：

（1）整车检查。在静止状态下对整车进行外观检查，检查内容：汽车外观是否整洁，整车各总成和附件应符合规定技术条件，如装备是否齐全良好，各部连接是否牢固，装配是否齐全正确；油、水、气、电是否加足，有无"四漏"现象；仪表开关、电器设备（包括各种管路、线束和插接器）是否安装正确和卡固良好，各种灯光信号标志是否齐全有效，反应是否灵敏；轮胎气压是否正常；车门启闭轻便，门锁牢固可靠，密封良好，不透风，不漏水，车门铰链、前后盖铰链灵活但不松旷，后视镜安装良好。

（2）发动机在空载情况下的检验。其检验内容：发动机起动迅速，怠速稳定，运转平稳，机油压力正常，无异响；点火正时调整正确，加速时无"回火"、"放炮"现象；水温正常，废气排放符合规定；发动机点火、燃料、润滑、冷却、排气、电器各部件无漏油、漏水、漏电、漏气现象。

（3）路试。主要检查整车在各种行驶工况下（如起步、加减速、换挡和滑行以及紧急制动等）其工作性能是否良好，发动机及底盘各部是否存在异响，操纵机构是否灵敏轻便，百公里耗油、噪声和废气排放是否正常等。

（4）路试后的检验。若在路试中发现了异常现象（如异响和异热），则将车辆交由主修人员负责排除经路试检测所发现的缺陷和不足。在排除故障、重新调试并路试合格后，由路试检验员签字，车辆移交给前台，由服务顾问或前台通知客户取车。

2. 按检验职责分类

1）工位自检

工位自检是指主修工根据工艺规程、工艺规范及技术标准，对自己所承担的维修项目进行自我质量检验。工位自检是维修过程中最直接、最全面、最重要的检验。因为只有主修工在工位自检中实事求是地检验自己的维修质量，才能确保整车维修质量。

2）工序互检

工序互检是指工序交接过程中下道工序对上道工序的检验。互检的形式也可以是班组长对本组工人的抽检，也可以是专职检验员对关键维修部位的质量进行抽检。

3）专职检验

专职检验是由专职检验员对维修质量的检验。专职检验员主要是针对维修过程中关键工序进行检验，以确保维修质量。

要落实自检、互检、专检三级检验制度，关键在于要明确自检、互检、专检的责任范围。工位自检是基础，工序互检或专职检验都必须在主修工工位自检合格的基础上进行。为此要建立各工位与各工序的质量保证制度和岗位责任制，并明确检验方法和检验标准，提供必要的检测手段，做好检验记录和交接签证，严格把握质量关。在车辆维修过程中，派工单应随着工序一起交接，每次交接时各工序的主修工应在派工单上签字，以表示该工序项目完成且自检合格，这样可以保障汽车维修各工序的质量。

【案例7-4】

某维修企业的一个业务接待员辞职了，老板让车间惟一的检验员接替，尽管有几个人提出反对意见，担心影响今后维修质量，老板却坚持已见，认为让维修工增强一下责任心就够了。此后经常有零星的返工发生，老板也没当回事，直到有一天，一个维修工在更换一辆车的机油滤芯时，因为用力过猛，造成滤芯表面变形，维修工照常装上了车，当时也没人发现这种现象。后来车辆在高速路行驶时，滤芯表面变形处破裂，机油漏出，造成发动机烧瓦，返厂维修，企业因此损失了一万多元。

7.2.3　汽车维修质量检验人员的要求

1. 汽车维修质量检验人员应具备的条件

汽车维修质量检验人员应不断钻研汽车维修技术，提高其检验技能。质检人员应具备的条件如下。

（1）具有大专以上文化程度，并掌握全面质量管理的基本知识。

（2）熟悉汽车维修工艺规范和汽车维修技术标准。

（3）会正确使用检测诊断设备和仪器仪表，熟悉和掌握检测诊断技术以及掌握公差配合与技术测量等基本知识。

（4）责任心强，办事公道，身体健康，无色盲，无高度近视。

（5）受过汽车维修质量检验人员专门培训，并取得交通行业主管部门的认可，路试检验员还需有准驾车相符的正式驾驶执照。

2. 汽车维修质量检验人员工作质量的考核

汽车维修质量检验人员工作质量的考核要素有三条：检验工作量；检验准确性；检验数据记录完整性和及时性。

例如，对检验人员检验准确性的考核，一般可用检验人员检或错检所造成的工时损失量来衡量，或者用检验准确率或错判百分率进行考核。

$$检验准确率\ Z = \frac{A-K}{A-K+B} \times 100\%$$

$$错判百分率\ E = (1-Z) \times 100\%$$

式中，A 为其中检出的不合格产品数；经复检时，又从不合格产品中检出合格产品数为 K；从合格中检出的不合格产品数为 B。

例如，某被检产品共 100 件，被某检验员检出 45 个不合格品。后经复核检验，发现在不合格品中有 5 个是合格的，而在合格品中又有 10 个是不合格的。则其检验准确率为80%，或者错判百分率为20%。

任务 3　熟悉汽车修竣出厂规定与验收标准

经汽车维修竣工出厂的汽车或送往装配的附件及总成均应符合汽车装车的技术要求与质量标准。其中，凡经过大修作业的汽车或总成应按国家标准 GB/T 3798《汽车大修竣工技术条件》检验和验收；凡未经过大修作业的汽车或总成，应按 GB 7258—2012《汽车安全运行技术条件》、GB/T 18344—2001《汽车维护、检测、诊断技术规范》检验和验收。汽车出厂检验的结果应填入《汽车维修竣工出厂检验单》，并按规定送交交通管理部门认定的汽车检测线检测。

7.3.1　维修竣工车辆和总成的出厂规定

车辆和总成修竣完工后，要按照出厂规定进行检验、验收和交接。

（1）车辆和总成在修竣出厂前，承修厂必须按照汽车修竣出厂的检验规范和验收标准，做好路试前、路试中和路试后的质量检验，以使修竣出厂的车辆完全符合汽车维修技术标准中的修竣出厂技术要求，确保维修质量。

（2）车辆和总成修竣出厂时，不论送修时装备、附件的状况如何，均应按照原制造厂规定配备齐全，发动机应安装限速装置，并彻底做好车辆维修竣工的收尾工作，做到在交车时不再补修或补装。

（3）接车人员应根据汽车维修合同规定，就车辆或总成的技术状况和装备情况等进行验收。若发现不符合竣工要求的情况时，应由承修单位查明并处理。送修单位可以查阅有关检验记录及换件记录，甚至还可以要求重试。对不符合出厂验收标准的部分可以拒收。

（4）《汽车维修竣工出厂合格证》既是车辆维修质量合格的标志，也是承修方对托修方质量保证的标志。按照规定，凡经过整车大修、总成大修、二级维护后竣工出厂的车辆，在修竣验收合格后，必须由承修方签发《汽车维修竣工出厂合格证》，并间托修方提供相应的维修技术资料。其内容包括：汽车维修过程中的主要技术数据、主要零件更换记录、汽车维修竣工出厂后的走合期规定、汽车维修竣工出厂后的质量保证项目及质量保证期限以及返修处理规定和质量调查等。

（5）送修单位在大修车辆或大修总成修竣出厂后，必须严格执行走合期使用规定。在质量保证期内，若因维修质量所造成的故障或损坏，承修单位都应优先安排、免费修理。倘若发生质量纠纷，可以先行协商；若协商无效，则交由汽车维修行业管理部门进行技术分析或仲裁。

7.3.2　汽车维修竣工出厂验收标准

凡经过汽车大修作业的车辆，应根据国家标准 GB/T 3798.1—2005《汽车大修竣工出厂技术条件 第1部分：载客汽车》，GB/T 3798.2—2005《汽车大修竣工出厂技术条件 第2部分：载货汽车》，GB/T 3799.1—2005《商用汽车发动机大修竣工出厂技术条件第1部分：汽油发动机》，GB/T 3799.2—2005《商用汽车发动机大修竣工出厂技术条件 第2部分：柴油发动机》等规定进行汽车维修竣工出厂验收。凡未经过汽车大修作业的车辆，应按 GB 7258—2012《机动车运行安全技术条件》等规定进行汽车汽车维修竣工出厂验收。

1. 整体要求

（1）凡经过大修修复、送往总装配的零部件、总成和附件应符合相应的技术条件，且各项装备齐全、组装正确、连接可靠、无凹陷残缺、裂损和锈蚀。总装后的汽车主要结构参数应符合原制造厂设计规定。

（2）全车整洁，车徽字迹清楚，各种装备齐全有效；各部机件运行温度正常，各外露部位的螺栓螺母紧固可靠，开口销及锁止装置齐全；各摩擦部位润滑充分，无"四漏"现象。

2. 发动机

本标准适用于国产汽车发动机（汽油机、柴油机），同类型进口汽车发动机参照执行。

（1）经大修修复、送往装配的发动机零部件或附件以及发动机的总装配工艺均应符合原厂规定技术条件。各部机件连接牢固，附件齐全良好，"三滤"（燃油滤清器、机油滤清器和空气滤清器）齐全，且清洁完好。

（2）发动机应在正常启动环境温度（柴油机不低于 5 ℃，汽油机不低于 −5 ℃）下迅速顺利启动。

（3）发动机油电路工作正常。在各种转速下运转正常（包括怠速转速稳定），且加速灵敏，过渡圆滑；急加、减速时不得发生回火放炮，不过热。发动机油耗正常，且排放合格，排气烟色正常。

（4）在正常温度、正常工况和规定转速下，机油压力应符合原设计规定。

（5）经大修的发动机，其最大功率和最大扭矩不低于原设计标定值的 90%，其气缸压缩压力应符合原设计规定，各缸压缩压力差：汽油机应不超过 8%，柴油机不超过 3%。

(6) 发动机启动并运转稳定后，只允许齿轮、机油泵齿轮、喷油泵传动齿轮及气门脚有轻微均匀响声，不允许活塞、连杆轴承、曲轴轴承等有异响。其中，经维护出厂的发动机在走热(工作温度 50 ℃以上)后高速下应无明显敲击；经大修出厂的发动机在走热后任何转速下都应无异常敲击。

(7) 发动机应按规定加注润滑油料，且发动机各处不得有"四漏"现象。

(8) 经大修的发动机在装配后应按规定进行冷拖和热试、拆检和清洗；应按规定加装限速片(汽油机)或限制调速器(柴油机)并加铅封。大修发动机的外表应按规定涂漆，涂层牢固，不得有起泡、剥落和漏涂现象。

3. 底盘

(1) 各操纵机构灵活可靠，各操作踏板行程符合原厂规定。

(2) 传动机构工作正常，无异响。如离合器接合平稳、分离彻底，不打滑、不发抖，操作轻便，工作可靠。变速器换挡轻便灵活，不跳挡、不乱挡，且无异响与异热。传动轴及后桥主传动器等无异热异响等。

(3) 前桥梁及后桥壳不应有变曲、裂缝，前轮定位符合规定。钢板弹簧无断裂、错位，悬架及避震器工作良好。轮胎气压正常，搭配合理，换位适时。

(4) 转向机构操纵轻便灵活，在行驶中无发卡、松旷、跑偏、高速摆头现象，且转向机构各部连接锁卡可靠。转向盘自由行程，大修车应不大于 8°，非大修车中小型车应不大于15°，大型货车应不大于 30°；最大转向角及最小转弯直径应符合原厂规定，其横向侧滑量应不大于 5 m/km。

(5) 制动性能良好，且符合 GB 7258—2012《机动车运行安全技术条件》所述规定。如行车制动反应灵敏、均匀平顺，不单边、不跑偏、不发咬，制动距离符合原厂规定，驻车制动良好可靠(当拉紧手制动后应不能起步及滑溜)。

(6) 底盘各部机件工作正常、调整适当、润滑充分，无异常磨损，且不得有"四漏"现象。

4. 车身

(1) 车身正直，左右对称。驾驶室与客车厢形状正确，蒙皮完整平滑，合缝匀称，且不得漏水或有异响。

(2) 仪表台和车厢内饰紧固、贴服和干净；各操作踏板及其支架符合规定；挡风玻璃视线清晰，不炫目。靠背座垫完整舒适，后视镜及座椅颜色、形状、尺寸、间距及调节装置应符合原厂要求。

(3) 货车车身及货箱坚固(其纵横梁、栏板和地板不应有腐朽破损)，栏板锁钩牢固可靠驾驶室门窗开闭灵活，锁止可靠；翼板和机罩的挂钩牢靠。客车车身平整无凹陷、线条均匀、左右对称，喷漆表面光泽均匀，无裂纹、汗流起泡现象，左右对称，且应有良好通风，地板和车厢密封良好，座垫靠背完整、固定可靠，门窗玻璃齐全，门窗开闭灵活可靠，锁扣可靠，上下踏板完好；车厢内部整洁。

(4) 车身外观油漆颜色协调、色泽均匀光亮、用色与线条等均应与原厂相符，无起泡流痕或皱纹裂纹现象。

(5) 车辆随车工具、牌照、刮水器、反光镜、牵引钩及附件齐全良好。

5. 电器设备

（1）蓄电池清洁完好，电解液密度及液面高度适当，发电机发电正常。

（2）启动可靠，线路完整，包扎及卡固良好，应能保证发动机用起动机启动。

（3）各种照明及信号齐全有效，大灯光度光束符合要求，喇叭清脆洪亮无异声，仪表齐全、指示正确。

6. 汽车动力性能及经济性能

（1）动力性能。大修发动机的最大功率不应小于原机功率的90％，且加速性能应符合原厂要求；爬坡性能可由试车驾驶员以爬坡挡位及使用低挡次数来判断。

（2）滑行性能。在平坦干燥硬质路面上，平地开始拉动车辆的拉力应不大于车辆自重的1.5％；或在平坦干燥硬质路面上，以30 km/h初速开始滑行的滑行距离应不小于230 m。

（3）汽车的制动性能应符合GB 7258—2012《机动车运行安全技术条件》的规定。

（4）汽车转向性能应轻便灵活，无跑偏和摇摆现象，最小转弯半径符合规定。

（5）燃油经济性能。经大修带限速装置的汽车，在以直接挡空载行驶时，在经济车速下，每百千米燃油消耗量应不高于原设计规定值的85％；在汽车走合期满后，每百千米燃油消耗量应不高于原设计规定。其中，凡有条件的应在中速下测定油耗的同时，测定发动机扭矩及比油耗，凡最大扭矩及最低比油耗达不到规定指标的，应视为不合格品。

（6）汽车噪声应符合GB 1495—2002《汽车加速行驶车外噪声限值及测量方法》的规定，排放污染应符合GB/T 18285—2005《点燃式发动机汽车排气污染物排放限值及测量方法（双怠速法及简易工况法）》的规定。

7.3.3　汽车维修竣工出厂后的质量保证

1. 质量保证期

机动车维修实行竣工出厂质量保证期制度，相关内容见《机动车维修管理规定》（2005年9月）中第37～第39条。

车辆在经过维修并竣工出厂后，在用户正常使用（不违章操作、不超载超速）的情况下，承修方承诺其质量保证项目在质量保证期限内不发生维修质量事故。其中，质量保证项目应包括所有承修项目，质量保证期限是指竣工车辆的使用时间或者行驶里程。机动车维修质量保证期，从维修竣工出厂之日起计算。质量保证期中行驶里程和日期指标，以先达到者为准。

汽车和危险货物运输车辆整车修理或者总成修理质量保证期为车辆行驶20 000 km或100日；二级维护质量保证期为车辆行驶5000 km或者30日；一级维护、小修及专项修理质量保证期为车辆行驶2000 km或者10日。

其他机动车整车修理或者总成修理质量保证期为机动车行驶6000 km或者60日；维护、小修及专项修理质量保证期为机动车行驶700 km或者7日。

在质量保证期和承诺的质量保证期内，因维修质量原因造成机动车无法正常使用，且承修方在3日内不能或者无法提供因非维修原因而造成机动车无法使用的相关证据的，机动车维修经营者应当及时无偿返修，不得故意拖延或者无理拒绝。

在质量保证期内，机动车因同一故障或维修项目经两次修理仍不能正常使用的，机动车维修经营者应当负责联系其他机动车维修经营者，并承担相应修理费用。

2. 质量保证范围(大修竣工出厂车辆)

在上述质量保证期内，承修厂应保证车辆技术状况良好，运行正常。其质量保证范围如下：

(1) 发动机走热后运转正常，无拉缸和异响(如严重活塞敲缸、活塞销、曲轴轴承及连杆轴承异响)；在燃料系和点火系调整正常后，气缸压力和真空吸力均符合标准；机油压力及冷却水温正常；发动机无"四漏"；在出厂行驶 2500 km～3000 km 后排气管不冒异烟。

(2) 传动系统。离合器工作正常，不发抖、不打滑、无异响；变速器、分动器、驱动桥的齿轮无恶性磨蚀，运转无异响(允许有磨合声)，无异热(行驶中油温不高于气温 60℃)、不跳挡、不乱挡；传动轴、十字轴轴承及中间支架轴承不松旷和甩动弹响；无因轴颈失圆、封盖与其接合件平面不平而漏油。

(3) 转向与制动。转向轻便，无发哨发响；制动鼓无裂纹和变形；制动鼓与制动蹄片接触正常。

(4) 前后桥与车架。行驶时不摆头、不跑偏、不蛇行；无恶性磨胎现象；轮载轴承不走内外圆；车架铆接处不松动，铆钉饱满，不残缺偏移；焊修部位及拖车钩无裂纹。

(5) 车身。客车车身、货车车厢、驾驶室及车头不摇晃；各部蒙皮平整无凹陷，连接牢靠不漏水；喷漆无开裂、流痕、起泡现象；门窗启闭自如、不晃动发响。

(6) 基础件和重要零件不破裂、变形，所有轴颈和承孔配合正常，焊接件不脱焊。

7.3.4　质量返修的处理

按照汽车维修制度规定，车辆在进厂维修过程中应贯彻"漏报不漏修、漏修不漏检"的原则。经汽车维修竣工出厂的车辆或总成，倘若在质量保证期限内和质量保证范围内发生故障或提前损坏的，不论责任属于谁，应由汽车维修企业的总检验员进行技术鉴定并分清责任，及时安排、尽早修复，并及时处理善后工作。质量返修是汽车修理企业对不合格产品的补救和质量纠正措施，其处理原则如下：

(1) 凡属于承修厂技术责任而引起的返修，应确定为质量返修或维修质量事故。无论所发生的质量返修车辆距厂远近，承修厂都应及时前往处理，并由承修厂承担全部检修和工料费用。承修厂还应填写汽车返修记录，继而分析质量事故，以吸取经验教训，提出改进意见。

(2) 凡属于车主操作不当或使用维护不当而引起的故障或损坏(例如由于不执行汽车大修走合规定而造成的故障或损坏)，应由车主及所属单位自行负责。倘若委托承修厂修理的，其修复的全部工料费用由车主承担。

(3) 倘若涉及双方都有责任的，应根据事故鉴定结果，由双方协商处理。

任务4　汽车维修质量检验管理实例

汽车维修质量的检验方法有两种：人工凭经验检验；利用仪器设备检验。

人工凭经验检验诊断法是指检验人员凭实践经验和理论知识，在汽车不解体的情况下，利用简单工具，用看、听、摸和闻等手段，对汽车技术状况和维修质量进行定性分析判断的一种方法。

仪器设备检测诊断方法是指在汽车不解体的情况下，用仪器或设备测试汽车各系统性能的参数，定量分析汽车的技术状况。

下面以上海大众某 4S 店为例，阐述汽车维修质量检验的企业标准。

7.4.1　自检责任及自检标准

厂方要求每个工作小组在工作结束后，必须要自检。自检以人工检验为主，自检标准如下。

1. 发动机

关于发动机的自检与前面出厂检验的内容中"发动机在空载情况下的检验"内容相同，此处从略。

2. 变速器

各挡位换挡时齿轮啮合灵便；互锁和自锁装置有效，无跳挡、乱挡现象；无渗漏油；运行中无异响。

3. 车身

(1) 车身骨架各处连接牢固，无裂纹或脱焊，覆盖件平整，线条圆硕均匀，焊缝大小一致。

(2) 车体周正，左右对称。

(3) 车门启闭轻便，门锁牢固可靠。

(4) 密封良好，不透风，不漏水。

(5) 车门铰链、前后盖铰链灵活但不松旷。

4. 转向器

(1) 转向轻便，调整准确，连接牢固，转向时与其他部件无干涉。

(2) 助力系统无渗漏。

(3) 防尘套无破损，卡固有效。

(4) 转向后自动回正，性能好。

(5) 前轮前束或侧滑符合规定。

5. 后桥

(1) 后桥不得有变形、翘曲现象，后轮倾角符合定位要求。

(2) 后桥衬套无严重磨损后的松旷。

(3) 后桥短轴不变形。

(4) 后桥固定螺栓紧固。

6. 涂装

(1) 油漆涂装件外表光滑平整，无明显凹坑、点及划痕、无腻子打磨不平引起的接口裂缝，线条清晰，基本与原车一致。

(2) 油漆涂装件外表无明显砂纸打磨痕迹或刷痕。

(3) 油漆外表面无明显流挂、垂痕、流痕，外表无严重桔皮型或明显起皱。

（4）金属漆在阳光照射下无块状疤痕，外表光泽，颜色基本一致，无明显色差。

（5）喷漆厚度符合工艺规范要求。漆面无严重影响外观的气泡孔、针孔或尘点。

（6）油漆涂装件以外的表面无飞溅余漆及打磨流痕（做好清洁工作）。

（7）烤漆房监控记录符合技术要求。

7.4.2　过程检验的责任及检验标准

厂方将常见的保养项目及维修项目的过程检验责任及检验标准做出了详细规定。过程检验的详细规定见表7-1。

表7-1　过程检验规定

序号	维修过程	维修项目	检验项目	检验频次	检验人员	检验方法	判定准则	检验记录
1	机工	首次保养；7500 km保养；15 000 km保养；	由委托书项目按上汽大众《修理手册》执行	抽检	检验员	目测，按上汽大众《修理手册》执行	各维修项目的技术性能指标符合上汽大众的要求	《委托书》
2	电工	30 000 km保养；年检保养；	按《30 000 km竣工检验单》执行	每辆检验	检验员	目测，调试、有关检测仪器	30 000 km保养项目和作业要求	《委托书》
3	钣金	安全件范围的维修项目	由委托书项目按上汽大众《修理手册》执行	每辆检验	检验员	目测，按上汽大众《修理手册》执行	各维修项目的技术性能指标符合上汽大众的要求	《委托书》
4		事故车、大修车、发动机专项修理换短发、换车身	由委托书项目按上汽大众《修理手册》执行	每辆检验	检验员	目测，调试、有关检测仪器	各维修项目的技术性能指标符合上汽大众的要求	《委托书》
5	特殊过程	油漆、钣金、焊接	《汽车油漆修补涂装工艺过程》、《焊接操作规范》	每辆检验	检验员	目测、《油漆修补涂装工艺过程》、《焊接操作规范》	各维修项目的技术性能指标符合上汽大众的要求	《油漆修补涂装工艺过程》、《焊接操作规范》、《委托书》

7.4.3　竣工检验的责任及检验标准

厂方将常见的保养项目及维修项目的竣工检验责任及检验标准做出了详细规定。竣工检验的详细规定见表7-2。

表 7 - 2　竣工检验规定

序号	维修过程	维修项目	检验项目	检验频次	检验人员	检验方法	判定准则	检验记录
1	机工	首次保养（含帕萨特B5）	首次7500 km免费保养服务记录	每辆检验	自检	目测，调试、有关检测仪器	7500 km保养项目检验标准	《首次7500 km免费保养服务记录》、《委托书》
2	电工	7500 km保养	7500 km保养服务记录	每辆检验	自检	目测，调试、有关检测仪器	7500 km保养项目检验标准	《7500 km保养服务记录》、《委托书》
3		15 000 km保养（含B5）	15 000 km保养服务记录	每辆检验	自检	目测，调试、有关检测仪器	15 000 km保养项目检验标准	《15 000 km保养服务记录》、《委托书》
4		30 000 km保养	30 000 km保养服务记录	每辆检验	自检检验员	目测，调试、有关检测仪器	30 000 km保养项目检验标准	《30 000 km保养服务记录》、《委托合同书》
5	钣金	年检保养	年检保养服务记录	每辆检验	自检检验员	目测，调试、有关检测仪器	年检保养项目检验标准	《年检保养服务记录》《委托合同书》
6		一般修理	按委托书	每辆检验	自检	按上汽大众《修理手册》规定	维修项目符合上汽大众的技术要求	《委托书》
7		事故车、大修车、发动机专项修理换短发、换车身	按《委托书》	每辆检验	自检检验员	按上汽大众《修理手册》规定	维修项目符合上汽大众的要求	《委托书》有关检测报告
8	焊接特殊过程	钣金整形中的焊接	委托书、焊接操作规范	每辆检验	检验员	按上汽大众《修理手册》规定	维修项目符合上汽大众的要求	《委托书》《焊接工艺操作记录》
9	油漆特殊过程	表面喷涂	油漆修补涂装工艺过程控制规定	每辆检验	检验员	目测	维修项目符合上汽大众的要求	《委托书》《油漆监控检验记录》

7.4.4　最终检验的责任及检验标准

厂方将常见的保养项目及维修项目的竣工检验责任及检验标准做出了详细规定。竣工检验的详细规定见表 7 - 3。

表 7 - 3 最终检验规定

检验范围	分类	检验对象	检验项目	检验频次	检验量	检验方法	判定准则	检验记录
机修、电器、钣金维修项目最终检验	1	首次保养（含帕萨特 B5）	按首次 7500 km 保养项目	每辆维修车检验	服务顾问按《委托书》项目逐项检验	1. 查看领用材料清单与维修项目是否一致 2. 就车逐项检验	1. 符合上汽大众维修手册技术要求，任务委托书维修项目不漏项 2. 经顾客同意	过程检验、竣工检验合格后，由《委托书》服务顾问按《委托书》进行检验。合格后，在《委托书》第一页上加盖"最终检验合格"章
	2	7500 km 保养	按 7500 km 保养项目					
	3	15 000 km 保养（含 B5）	按 15 000 km 保养项目					
	4	30 000 km 保养	按 30 000 km 保养项目					
	5	年检保养	按年检保养项目					
	6	一般修理	按《大众维修手册》及要求操作					
	7	事故车、大修车、发动机专项修理、换车身	按《大众维修手册》及要求操作					
油漆最终检验	8	油漆喷涂项目	任务委托合同书要求的喷涂项目					

7.4.5 安全项的抽检项目及检验标准

为保证维修质量，确保行车安全，厂方规定了安全项的操作规程、抽检项目及检验标准。安全项的抽检项目及检验标准见表 7 - 4。安全项的操作规程见表 7 - 5。

表 7 - 4 安全项的抽检项目及检验标准

序号	抽检项目	检验要求
1	更换前制动片、盘，后制动片	摩擦表面无油污、无裂损 制动力符合 GB 7258—2012 要求
2	更换后制动分泵	无泄漏、卡滞现象
3	更换制动总泵，加力泵	制动踏板自由行程 10 mm～15 mm 无泄漏、无踏空 接头牢固、可靠 ABS 系统故障灯不亮
4	更换后制动鼓	后制动鼓与后刹车片接触良好 制动力符合 GB 7258—2012 要求
5	更换制动软管	制动管接头紧固可靠 无明显渗漏油现象
6	方向机、横拉杆球头	转向轻便灵活，球头不松旷，螺栓螺母紧固可靠。无摆震跑偏能自动回位 前束角 0～1.6 mm 或侧滑值小于 5 m/km

表 7 - 5 安全项的操作规程

序号	维修作业项目	作 业 要 求
1	更换前制动片、盘	摩擦片、盘表面无油污 更换制动摩擦片之后，需数次用力地把制动器踏板踩到底，以便使制动摩擦片位于正常工作位置 摩擦片底板上粘有薄膜的在安装前必须撕掉 原则上同轴二侧摩擦片同时更换
2	更换后制动分泵	后分泵无泄漏、活塞无卡滞现象 分泵更换后要放空气
3	更换制动总泵，加力泵	总泵、加力泵各油管、真空管连接牢固不泄漏 制动踏板自由行程 10 mm～15 mm 无踏空、无顶脚现象 ABS 系统故障灯不亮
4	更换后制动片、鼓	后制动鼓与摩擦片要有良好的接触面 制动力符合 GB 7258—1997 要求
5	更换制动软管	在制动软管接口安装时，先随手旋入，再用开口扳手紧固 24 N·m 制动软管无扭曲、无渗漏
6	方向机、横拉杆球头	方向转动灵活，球头自锁螺母扭紧力矩为 30 N·m 方向无摆震、跑偏，能自动回位 前束值 0～1.6 mm 或侧滑值小于 5 m/km

任务 5 汽车索赔管理

汽车索赔就是汽车生产企业对所生产的汽车产品为客户提供的一种质量担保形式。在质量担保期内，由于产品质量问题导致的车辆故障，由汽车生产企业委托经销商为客户提供车辆维修服务或者整车退换服务。

索赔管理是汽车售后服务管理中很重要的一部分，经销商可以利用索赔这项售后服务措施满足客户的合理要求，维护汽车生产企业的产品形象和提高经销商的服务满意度。

7.5.1 汽车产品的质量担保

汽车也和其他商品一样，也有质量担保期。所有的汽车生产企业一般都会给出行驶时间和行驶里程两个质量担保期的限定条件，而且还要以先达到者为准。以前，我国的法律法规中并没有对汽车质量担保期限做强制性的规定。汽车的质量担保期限都是各个汽车生产企业自行规定的，从某种角度上说，这是汽车生产企业对客户做出的单方面承诺。目前国家质检总局正在草拟《产品质量担保条例》。让市场去规范质量将会是《产品质量担保条例》的一个方向，《产品质量担保条例》对制造商的基本权利、义务和责任将做出明确的规定。

汽车法律法规正在逐步建立和健全，2012 年 6 月 27 日国家质量监督检验检疫总局局务会议审议通过了《家用汽车产品修理、更换、退货责任规定》，于 2013 年 10 月 1 日正式实行，其中已明确了汽车产品的包修期限和三包规定。

下面以一汽大众汽车有限公司生产的大众品牌汽车为例，了解整车和备件在质量担保方面的要求及质量担保方面的变化。

1. 整车的质量担保要求

（1）整车的质量担保期是从汽车购买之日算起，汽车购买日以购车发票上的日期为起始时间。

（2）对于出租营运用途的新购汽车的质量担保期为 12 个月或者 100 000 km（以先达到者为准）。

（3）除了出租营运用途外的所有其他用途的新购汽车（进口迈腾除外），质量担保期为 24 个月或者 60 000 km（以先达到者为准）；进口迈腾车的质量担保期为 24 个月，没有行驶里程的限制。

（4）在质量担保期内，如果客户变更了所购买轿车的用途，所购买的轿车仍然享受原来的质量担保期，质量担保的期限和里程不做变更。

（5）如果处于质量担保期内的汽车出现了质量问题，对于更换的原装备件，它的质量担保期与整车的质量担保期相同，也就是整车质量担保期结束，更换零件的质量担保也同时结束。

2. 汽车备件的质量担保要求

汽车备件的质量担保期从经销商购买并在经销商处安装之日算起，原装备件的质量担保期为 12 个月或者 100 000 km（以先达到者为准），进口迈腾轿车的进口原装备件的质量担保期为 1 年，无里程限制。对于汽车上的特殊件和易损件，各个汽车生产企业还会根据车辆的实际情况做出特殊的规定。下面以捷达车为例，了解一下捷达车的特殊件和易损件的质量担保期（以先达到者为准），见表 7-6。

表 7-6　捷达车特殊件和易损件的质量担保期

特殊件名称	特殊件的质量担保期	易损件名称	易损件的质量担保期
控制臂球头销	12 个月/60 000 km	灯泡	6 个月/5000 km
前后减振器	12 个月/60 000 km	轮胎	6 个月/5000 km
等速万向节	12 个月/60 000 km	火花塞	6 个月/5000 km
喇叭	12 个月/60 000 km	全车玻璃件	6 个月/5000 km
蓄电池	12 个月/10 000 km	前制动摩擦衬片、后制动蹄片	6 个月/5000 km
氧传感器	12 个月/70 000 km	风窗雨刮片	1 个月/行驶里程超过 1000 km
防尘套（横拉杆、万向节）	12 个月/60 000 km		
三元催化转换器	24 个月/50 000 km		

3. 延长质量担保期的作用

我国的汽车消费市场从 2003 年以后逐渐变为以私人消费为主体，导致各大汽车生产企业之间的竞争也越来越激烈，现在的各大汽车生产企业之间的竞争已经开始由最初的成本竞争转向售后服务领域的竞争。各大汽车生产企业在质量担保期上大做文章，纷纷推出了质量担保期延长的售后服务措施。如广州本田汽车有限公司，对于整车，以前质保期是 2 年/60 000 km，后来对新飞度和新雅阁的质保期延长到 3 年/100 000 km。长安铃木汽车有限公司,对于整车,以前质保期是 2 年/60 000 km,后来延长到 2 年/80 000 km。上海大众汽车有限公司(Passat 领驭车型),对于整车,以前质保期是 2 年/60 000 km,后来延长到 3 年/60 000 km。北京现代汽车有限公司,动力总成质保期由原来的 2 年/60 000 km,延长到 5 年/100 000 km。

各大汽车生产企业纷纷延长汽车的质量担保期,对于汽车消费者来说,有什么作用呢?

(1)采用不同的汽车质量担保期延长形式,对消费者产生的作用也不同。汽车质量担保期的延长可以分为两种不同形式:整车质量担保期的延长和动力总成质量担保期的延长。相对于动力总成的质量担保来说,整车质量担保的范围更广泛,不论是行驶时间的延长还是行驶里程的延长都对消费者益处更大。可以说,广州本田汽车有限公司、上海大众汽车有限公司和长安铃木汽车有限公司对整车进行的质量担保期升级对消费者更有实际作用;动力总成包含的零部件不如整车广泛,所以北京现代汽车有限公司只对发动机、变速器等动力总成件延长质量担保期,对车主所起的实际作用较小。

(2)汽车质量担保期的长短影响客户维修保养的费用。各大汽车生产企业延长整车或者是动力总成件的质量担保期,两者对消费者都是"利好"消息。汽车在最初使用的 2~3 年内,主要部件不会出现严重故障,但 2 年~3 年后车辆随着使用的磨损逐渐进入故障的高发期。对消费者而言,车辆超出质量担保期后所出现的由于零件质量问题而引发的故障将由消费者自行承担,维修保养费用也开始明显增加。因此,各大汽车生产企业延长汽车质量担保期,一方面是出于对生产的产品质量的信赖,另一方面也是为了消除消费者的担忧而推出的一项优惠政策。

7.5.2　索赔条例

索赔的意义:一是使客户对汽车生产企业的产品满意;二是使客户对汽车生产企业的特许经销商的售后服务满意。这两个因素是维护公司和产品信誉以及促销的决定性因素,其中,客户对售后服务是否满意最为重要。因为,如果客户对售后服务仅仅有一次不完全满意,那么无疑就会失去这个客户。相反,如果售后服务能够赢得客户的信任,使客户满意,那么就能够继续推销经销商的产品和服务。

索赔是售后服务部门的有力工具,可以用它来满足客户的合理要求。每个汽车生产企业的特许经销商都有义务贯彻这个制度,要始终积极地进行质量担保而不要把它视为负担,因为执行质量担保也是经销商吸引客户的重要手段。

大多数客户可以理解,尽管在生产制造过程中生产者足够认真,检验手段足够完善,但仍可能出现质量缺陷。重要的是这些质量缺陷能够通过售后服务部门利用技术手段和优质的服务迅速正确地解决。汽车生产企业为客户提供的质量担保正是要展示这种能力,在客户和经销商之间建立一种紧密的联系并使之不断地巩固和加强。

各大汽车生产企业在产品文件上规定的质量担保期基础上,还会提出一系列的条件来限制一些不合理的索赔要求。不同的汽车生产企业或者是相同的汽车生产企业在不同的时期制定的索赔条例可能会有不同,但大的原则不会发生变化。下面是某汽车生产企业所制定的索赔条例和原则。

1. 索赔条例

索赔也是汽车生产企业为消费者提供的一种质量担保，但由于以下原因造成的损坏不在客户向汽车生产企业索赔的范围之内。

（1）由于汽车正常行驶而造成的零部件的正常磨损。

（2）由于客户不遵守《使用说明书》及《保养手册》上的相关规定使用汽车，或超负荷使用轿车（如用作赛车），或驾驶习惯不当给汽车零部件造成的损坏（如捷达车的倒挡齿轮的损坏，都是由于驾驶者的操作不当造成的，一汽大众汽车有限公司不为客户提供索赔服务）。

（3）车辆装上未经汽车生产企业许可使用的零部件，或车辆未经生产企业改装过，汽车生产企业有权拒绝客户的索赔要求。

（4）车辆在非汽车生产企业授权的特许经销商处保养、维修过。

（5）因为发生过交通事故造成汽车的损坏。

（6）由于经销商本身操作不当造成的损伤，经销商应承担责任并进行必要的修复。

（7）汽车生产企业的售后服务网络必须使用汽车生产企业备件部门提供的原装机油（带有专用包装桶），否则不给予首保费用及办理发动机及相关备件的索赔。

2. 索赔原则

（1）索赔期间的间接损失（车辆租用费、食宿费、营业损失等）汽车生产企业不予赔偿。

（2）索赔包括根据技术要求对汽车进行的修复或更换，更换下来的零部件归汽车生产企业所有。

（3）经销商从汽车生产企业的备件部门订购的备件在未装车之前发生故障，可以向汽车生产企业的备件部门提出索赔。

（4）关于常规保养，汽车生产企业或客户已经支付给经销商费用，经销商有责任为客户的车辆做好每一项保养工作。如果客户车辆在经销商保养后，对保养项目提出索赔要求，应由经销商自行解决。

（5）严禁索赔虚假申报，若发生此种情况，责任由经销商承担。

（6）严禁使用非原厂备件办理索赔，若发生此种情况，责任由经销商承担。

（7）空气滤清器、机油滤清器、燃油滤清器不予索赔。

（8）对于汽车使用维护过程中需要进行的调整项目，各汽车生产企业不单独为客户办理索赔项目，具体的调整项目如下：发动机 CO 值调整；发动机正时齿带、压缩机皮带张紧度调整；轮胎动平衡检查调整；发动机控制单元基本设定；发动机燃油消耗测定；需要使用检测仪器进行的检测调整；车轮定位参数的调整（前束、外倾）；大灯光束调整；汽车行驶超过首保里程，如果空调系统需要加注 $R134a$ 的情况。

3. 备件索赔原则

（1）从客户在经销商处购买零件关在经销商处更换之日起（日期以发票为准），如果所购买的备件在 1 年内且里程不超过 100 000 km（这是一汽大众汽车有限公司的规定，对于不同的汽车生产企业可能规定会略有不同），出现质量问题，客户有权向汽车生产企业的特许经销商提出索赔（特殊件和易损件按相关规定执行）。

（2）关于备件索赔的有关规定说明。

① 对于蓄电池的索赔。有的汽车生产企业对于在中转库存储的车辆，需要检查商品车

的出厂日期，如果蓄电池发生故障的日期距离出厂日期超过 1 年的商品车，只有蓄电池断路故障经销商才可以向汽车生产企业提出索赔申请，对于蓄电池电量不足的情况，经销商不能向汽车生产企业提出索赔申请。

②　对于传动轴总成、空调系统及后桥总成的索赔，汽车生产企业原则上不予受理。如果有特殊原因需要索赔，经销商必须做出对索赔原因的书面说明，并传真至售后服务部门的相关负责人，审核批准后，才能办理传动轴总成、空调系统及后桥总成的索赔。

4. 整车退换原则

为了对客户提供优质服务并且力求达到最大限度地满足客户要求，为了巩固和发展汽车生产企业产品的销售市场，汽车生产企业会满足客户合理的退换车要求。

符合以下原则可以为客户退换整车：由于重大产品质量问题引起，故障无法完全排除或者修复达不到有关要求，影响客户的正常使用；重大客户投诉引起的；客户购车 1 周内，就发现重大质量问题，客户不同意维修处理，强烈要求退换车的。

以下情况原则上不同意退换整车：

购车时间超过两年或者行驶里程超过 100 000 km；车辆没有按规定到经销商处保养或者车辆故障是由于客户使用操作不当引起的；车辆故障由于加装、改装引起的（改装未经汽车生产企业允许）；通过经销商维修（或者零部件的索赔）可以达到商品车质量标准的。

7.5.3　索赔程序

客户在汽车生产企业规定的质量担保期内，因为产品质量问题向经销商提出索赔的时候，经销商按照汽车生产企业的规定必须遵循一定的流程完成客户的索赔工作。一般汽车生产企业索赔流程如图 7-2 所示。

1. 零件索赔流程

1）客户向经销商索赔

（1）客户在使用车辆的过程中，发现车辆出现故障或者存在缺陷，应当向汽车生产企业的特许经销商（以下简称经销商）提出索赔要求。

（2）经销商的服务顾问查看客户的《行车证》、《保养手册》，验车校对发动机号、底盘号及行驶里程，对故障车辆进行鉴定。在质量担保期内，符合质量担保条例的车辆给予索赔，维修工时费、材料费不与客户结算。

（3）经销商的服务顾问询问并确定车辆的故障部位、原因。初步确定是不是符合索赔原则。如果判断符合索赔原则，由服务顾问开具《任务委托书》，客户签名，第一联《任务委托书》由客户保存；如果判断不符合索赔原则，则由服务顾问向客户说明原因，经客户同意后开具《任务委托书》，进行正常的维修处理。

（4）对于索赔车辆，服务顾问派工并将《任务委托书》的第二联交给维修技师。维修技师依照《任务委托书》的要求对索赔车辆进行拆修检查，确定损坏的零部件。

（5）经销商的索赔员对待索赔件进行真假件的鉴定，根据索赔原则判断是否符合索赔条件，如果不符合索赔条件则交给服务顾问处理。

（6）如果确定客户车辆符合索赔原则，经销商确认同意为客户索赔，还要视索赔件金额的大小执行不同的索赔程序。不同的汽车生产企业对索赔的管理不同，所以对索赔件金额的限定值也不同。有的汽车生产企业规定索赔金额在 5000 元以下的，由经销商索赔员依

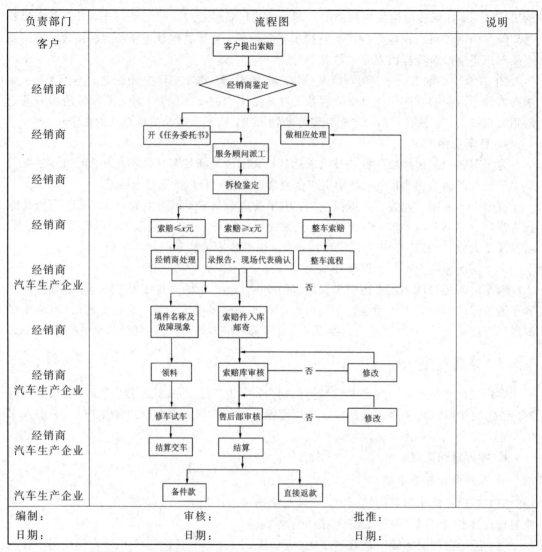

图 7-2　一般汽车生产企业索赔流程图

照索赔原则处理；索赔件价值超过 5000 元，经销商要请示售后服务部门的现场服务代表，并在索赔软件管理系统中录入《车辆故障信息报告》，现场服务代表网上批准后，经销商才可以为客户办理索赔业务。

（7）对于经过索赔员或者是汽车生产企业的现场服务代表确认可以索赔的车辆，索赔员在《任务委托书》上签字，并且要在《任务委托书》上填写索赔件的名称及故障现象。具体程序如下：

① 索赔员对完成索赔的车辆填写《索赔登记卡》并录入索赔软件管理系统（要求距修理日期 20 日内），维修技师将索赔件交给索赔员，索赔员验收索赔件后在《任务委托书》上填写《索赔申请单》，负责粘贴条形码并对索赔件进行管理，将索赔内容录入索赔软件管理系统，同时还要将《索赔申请单》上传到索赔软件管理系统。索赔件每月都要按汽车生产企业的规定按时返回到指定地点（先网上录入再返件）。

② 索赔员将《索赔申请单》录入索赔软件管理系统时，《索赔申请单》的索赔件状态为

"＊1"。汽车生产企业索赔库管理员对经销商邮寄过来的索赔件对照《索赔申请单》进行审核，如果索赔件的状态与《索赔申请单》上的内容相符合，则《索赔申请单》上的索赔件状态为"＊2"。若索赔件的状态与《索赔申请单》上的内容不相符合，则《索赔申请单》上的索赔件状态为"＊0"。如果索赔件未到，则《索赔申请单》上的索赔件状态仍然为"＊1"。对于索赔修理确认合格的索赔件状态为"＊3"。售后服务部索赔员对索赔件状态为"＊2"、"＊3"的《索赔申请单》分别进行审核，合格的《索赔申请单》状态变为"＊2"，错误的拒绝，《索赔申请单》的状态变为"＊0"。

③ 由经销商索赔员对索赔件状态为"＊0"或者《索赔申请单》状态为"＊0"的《索赔申请单》进行修改，修改期限为 20 天。

（8）备件管理员依照《任务委托书》的内容打印领料单，维修技师领料、装车、试车，将车钥匙及《任务委托书》的第二联交给服务顾问，服务顾问再交给结算员。

（9）结算员依照索赔《任务委托书》的内容打印结算单，共两联，客户签名，第一联客户留存，第二联及索赔《任务委托书》的第二联交给索赔员存档。

2）经销商向汽车生产企业索赔

（1）索赔软件管理系统每月分 4 次将确认的《索赔申请单》转入索赔结算库，经销商根据索赔软件管理系统中"经销商月结算"信息开具增值税发票，并将发票按要求录入索赔软件管理系统（请在发票备注栏填写经销商代码），每月按规定为经销商进行索赔结算。

（2）发票经过汽车生产企业的财务人员审核无误后，汽车生产企业的财务部门通过索赔软件管理系统直接将索赔款转为备件款，如果经销商有特殊需求，可以写书面申请直接返款。

3）汽车生产企业向零部件生产企业索赔

（1）汽车生产企业的售后服务部门把审核后的《索赔申请单》按协作厂分类，并打印《售后服务外协件索赔单》。

（2）通知财务部将索赔款从协作厂货款中扣除。

（3）通知协作厂，在规定时间内取回索赔件，如果不按规定领取，将做销毁处理。

2. 整车索赔流程

整车进行索赔、更换的流程如下：

（1）客户提出整车索赔的要求后，经销商服务总监填写《整车索赔申请表》，报汽车生产企业的区域负责人员。

（2）汽车生产企业的现场服务代表初步判断是否符合整车索赔原则，技术经理进行技术鉴定并向售后产品责任部及现场服务代表反馈鉴定结果。

（3）经销商将汽车生产企业区域负责人批复的《整车索赔申请表》和情况说明报给售后产品责任部门。

（4）产品责任部门负责上报各级领导审批并将审批结果反馈给区域相关人员，由现场服务代表和经销商共同为客户办理相关手续。更换整车原则上应该在客户原来购车的经销商处进行，特殊情况可在区域现场服务代表指定的经销商处进行。经销商向客户收取折旧费用（按《整车索赔申请表》中汽车生产企业审批标注的数目）。

（5）经销商凭《整车索赔申请表》到区域商品车中转库提车，同时将旧车送到区域商品车中转库；区域的相关人员将《整车索赔申请表》转给订单管理部门和财务部门；由财务部门负责在经销商的购车款中扣除车辆折旧费用。

（6）经销商负责与客户办理车辆的交接手续。经销商负责支付换车过程中发生的相关费用，准备相关材料，经过区域现场服务代表确认后，传给售后的产品责任部门；客户将原来的购车发票退还经销商，同时经销商为客户开具新购车发票。

3.《索赔登记卡》的填写

为了使各个经销商的索赔申请及时被认可，索赔款迅速转为备件款，并及时准确地将索赔件的质量信息反馈给汽车生产企业质保和产品等相关部门进行质量分析，指导零部件生产企业改进设计或生产工艺，提高产品质量，经销商必须按要求准确填写《索赔登记卡》（各个汽车生产企业会有所不同，但作用和内容大致相同）中的每一个数据，切勿遗漏。

下面以一汽大众汽车有限公司的《索赔登记卡》（表7-7）为例，逐项解释需要填写的内容。

表7-7　《索赔登记卡》模板

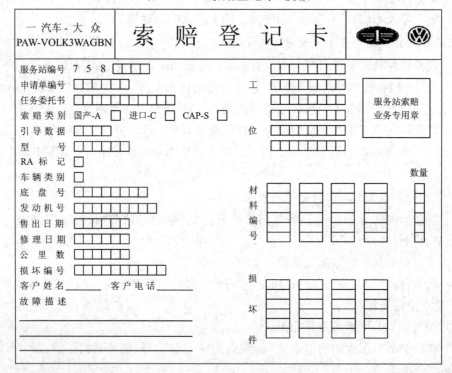

1）服务站编码

对一汽大众汽车有限公司的经销商来说，他的编码有7位数字组成，由售后服务部门提供。其中一汽大众汽车有限公司编号为左起前3位数字758（1、2、3位）；地区编号为中间2位数字（4、5位）；经销商编号为后2位数字（6、7位）。

2）申请单编号

申请单编号由6位数字组成：前2位代表年份，后4位代表序号。每年年底，售后服务部门都会以文件的形式规定下一年度的申请单编号形式。

3）任务委托书

任务委托书由13位数字组成，前2位代表修理类别，后11位分别代表年、月、流水号。此项应注意以下几项：

（1）修理类别的表示形式：0—首保；1—索赔；2—保养；3—小修；4—大修；5—事故车；6—返工。

（2）年、月、流水号的表示形式：当前年4位、当前月2位、流水号5位。

（3）例如，对于2013年1月的第一个索赔申请，它的索赔《任务委托书》可以表示为1—20130100001。

4）索赔类别

索赔类别用一个大写字母表示（由索赔件的来源决定）（国产厂家A、进口厂家C、一汽大众的自制件为S）。对于超出1年发生的进品件索赔，索赔类别为"S"，厂家代码为"CAP"。

5）引导数据

引导数据由4位数字组成，代表各类质量担保形式的可能性。每一位数字都有一定的代表作用，各位数字代表的含义如下：

（1）第1位数字代表保用车型，用3个数字对不同车型加以区分：1为大众轿车；2为大众载重车；4为奥迪轿车。

（2）第2位数字代表记帐形式：1为贷方凭证；2为额外支付款额；3为客户全付款额。

（3）第3位数字代表保用内容，用8个数字分别代表不同的保用内容：1为整车；2为新部件；3为修复件；4为工业用发动机；5为油漆；6为锈蚀；7为返修；8为库存部件。

（4）第4位数字代表合同方式，用4个数字加以区分：1为保用；2为保用期外优惠待遇（根据保用期外优惠待遇有关规定）；3为保用期外优惠待遇（征得有关人员同意）；4为保用期外优惠待遇询问书。

一汽大众汽车有限公司大众品牌现有车型最常用的引导数据见表7-8。

表7-8　一汽大众汽车有限公司现有车型最常用的引导数据

车型	原车索赔/优惠索赔	备件索赔/行动索赔
大众车型	1111/1112	1121/11X1

6）型号

型号由6位数字或字母组成。

（1）第1位、第2位代表车型，例如，Jetta—1G；宝来—1J；开迪—2K；迈腾—9X；速腾—9L；高尔夫—2J；进口迈腾—3C。

（2）第3位代表车身类型。

（3）第4位数字表示车辆的装备。

（4）第5位用字母代表发动机的分类。A为01M自动变速器；S为5挡手动变速器。

7）RA标记

用1位数字表示，对索赔件的修理种类加以区分。对损坏的部件进行修复，填写"1"，对损坏部件进行更换，填写"2"。

（1）对于外出服务、运费、油漆、修复、充R134a及各种油（液）类的补充等RA标记必须为"1"。

（2）为了保证见件索赔的严密性，凡是发生材料费用而没有旧件返回的索赔，像蓄电池、玻璃等的更换，RA 标记为"2"。具体做法为将条形码附在索赔件挂签上，与《索赔件验收清单》一起放在索赔件包装箱内，寄到汽车生产企业的售后服务部指定地点。

8）车辆类别

用 1 个字母表示，T 为出租车，W 为商品车，B 为公务用车，P 为个人用车。

9）底盘号

填写底盘号码的后 8 位。

10）售出日期

对于整车也就是购车日期，以购车发票上的日期为准（一台车只填写一个日期），共 6 位，日、月、年份各 2 位。例如，购车日期为 2013 年 4 月 20 日，则该日期应填写为"200413"。备件索赔的售出日期填写备件购买、安装日期。

11）修理日期

由 6 位数字组成，日、月、年份各两位。如实填写车辆修理日期。

12）里程数

车辆修理时的行驶里程，靠右侧填写。

13）损坏编号

损坏编号必须填写 10 位数，具体编号详见《故障代码》。

14）客户姓名、电话

详细填写客户姓名、电话、公务用车请填写单位名称、电话。

15）故障描述

详细准确地填写故障现象及原因，语言要简练。

16）工位

用 8 位数字表示，工位必须按照相应的《工位工时定额》进行填写。

【知识拓展】

汽车召回制度

汽车召回制度（Recall）就是投放市场的汽车，发现由于设计或制造方面的原因存在缺陷，不符合有关法规、标准，有可能导致安全及环保问题，厂家必须及时向国家有关部门报告该产品存在问题、造成问题的原因、改善措施等，提出召回申请，经批准后对在用车辆进行改造，以消除事故隐患。厂家还有义务让用户及时了解有关情况，对于维护消费者的合法权益具有重要意义。目前实行汽车召回制度的有美国、日本、加拿大、英国、澳大利亚、中国等。

汽车召回制度始于 20 世纪 60 年代的美国，美国的律师拉尔夫发起运动，呼吁国会建立汽车安全法规。他努力的结果就是颁布了《国家交通及机动车安全法》。该法律规定，汽车制造商有义务公开发表汽车召回的信息，且必须将情况通报给用户和交通管理部门，进行免费修理。

美国早在 1966 年就开始对有缺陷的汽车进行召回了[主管部门为美国"国家高速公路交通安全局"（NHTSA），参见美国"国家交通和机动车辆安全法"和美国法典第 49 条第 301 章]，至今美国已总计召回了 2 亿多辆整车，2400 多万条轮胎。涉及的车型有轿车、卡车、大客车、摩托车等多种，全球几乎所有汽车制造厂在美国都曾经历过召回案例。在这些召回案例中，大多数是由厂家主动召回的，但也有一些是因 NHTSA 的影响或 NHTSA 通过法院强制厂家召回的。美国法律规定，如果汽车厂家发现某个安全缺陷，必须通知 NHTSA 以及车主、销售商和代理商，然后再进行免费修复。NHTSA 负责监督厂家的修复措施和召回过程，以保证修复后的车辆能够满足法定要求。

日本从 1969 年开始实施汽车召回制度，1994 年将召回写进《公路运输车辆法》，并在 2002 年做了进一步修改和完善。其中，大多数是由企业依法自主召回。

韩国从 1992 年开始进行汽车召回，当年只召回了 1100 辆，无论是汽车厂家还是车主对召回的认识都不十分清楚。但随着政府对汽车安全的要求更加严格，车主权利意识的不断提高，召回数量在不断增加。

法国实行汽车召回制度也有了相当长的时间，对缺陷汽车召回已经形成了比较成熟的管理制度。在法国，汽车召回属于各种商品召回的一部分，其法律依据是法国消费法的 L221-5 条款。这一条款授权政府部门针对可能对消费者造成直接和严重伤害的产品发出产品强制召回令。

我国于 2004 年 3 月 15 日正式发布《缺陷汽车产品召回管理规定》，2004 年 10 月 1 日起开始实施。这是我国以缺陷汽车产品为试点首次实施召回制度。《缺陷汽车产品召回管理规定》由国家质量监督检验检疫总局、国家发展和改革委员会、商务部、海关总署联合制定发布。

我国汽车召回制度颁布之后，2004 年 6 月 17 日，一汽轿车股份有限公司主动向国家质量监督检验检疫总局递交召回申请，决定于 6 月 18 日开始与日本马自达公司同步召回于 2002 年 12 月 26 日至 2004 年 3 月 25 日期间生产的 Mazda6 轿车，进行燃油箱隔热件加装。此番事件使一汽轿车成为中国汽车召回制度的第一个"吃螃蟹者"，同时更成为尊重中国用户的先行者！

Mazda6 在全球市场并未接到由于上述缺陷所带来的事故报告，该缺陷完全是日本马自达公司通过实验室试验发现的。我国《缺陷汽车产品召回管理规定》的实施日期是 10 月 1 日。在法规还未实施之前，一汽轿车并没有效仿以前诸多厂家的做法，用一个含混隐晦的诸如"免费保养"、"回馈行动"的名义，把问题消弭在无声无息当中。一汽轿车向广大用户提供与全球同步的优秀产品和国际化的售后服务，重视用户生命安全，在成为"第一汽车，第一伙伴"理念忠实践行者的同时，更积极推动了汽车行业的法制建设。这表达了一种经营理念的高尚境界。

汽车召回的程序如图 7-3 所示。

截至 2011 年底，我国共实施 419 次召回，累计召回缺陷汽车产品 621.1 万辆，对保证汽车产品使用安全，促使生产者高度重视和不断提高汽车产品质量，发挥了重要作用。同时，从实践中看，管理规定在召回程序、监管措施等方面也还需要进一步完善，尤其是管理规定作为部门规章，受立法层级低的限制，对隐瞒汽车产品缺陷、不实施召回等违法行为的处罚过低(最高为 3 万元罚款),威慑力明显不足,影响召回制度的有效实施。为此,在认真总结实践经验的基础上,将部门规章上升为行政法规,《缺陷汽车产品召回管理条例》已经于 2012 年 10 月 10 日国务院第 219 次常务会议通过,2013 年 1 月 1 日开始施行。

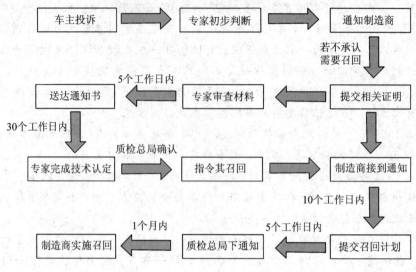

图 7-3 汽车召回的程序示意图

注意:汽车召回对消费者是免费的,具体召回活动由汽车生产企业组织完成并承担相应费用。汽车召回的条件:一是与安全有关;二是普遍存在的同一性质缺陷;三是因设计或制造引起的,而不是使用或维护不当引起的。召回也是汽车生产企业为消费者提供的一种质量提保形式。

【知识拓展】

《家用汽车产品修理、更换、退货责任规定》
(总局令第 150 号)

(已经 2012 年 6 月 27 日国家质量监督检验检疫总局局务会议审议通过。
自 2013 年 10 月 1 日起施行)

第一章 总 则

第一条 为了保护家用汽车产品消费者的合法权益,明确家用汽车产品修理、更换、退货(以下简称三包)责任,根据有关法律法规,制定本规定。

第二条 在中华人民共和国境内生产、销售的家用汽车产品的三包,适用本规定。

第三条 本规定是家用汽车产品三包责任的基本要求。鼓励家用汽车产品经营者做出更有利于维护消费者合法权益的严于本规定的三包责任承诺;承诺一经作出,应当依法履行。

第四条 本规定所称三包责任由销售者依法承担。销售者依照规定承担三包责任后,属于生产者的责任或者属于其他经营者的责任的,销售者有权向生产者、其他经营者追偿。

家用汽车产品经营者之间可以订立合同约定三包责任的承担，但不得侵害消费者的合法权益，不得免除本规定所规定的三包责任和质量义务。

第五条 家用汽车产品消费者、经营者行使权利、履行义务或承担责任，应当遵循诚实信用原则，不得恶意欺诈。

家用汽车产品经营者不得故意拖延或者无正当理由拒绝消费者提出的符合本规定的三包责任要求。

第六条 国家质量监督检验检疫总局(以下简称国家质检总局)负责本规定实施的协调指导和监督管理；组织建立家用汽车产品三包信息公开制度，并可以依法委托相关机构建立家用汽车产品三包信息系统，承担有关信息管理等工作。

地方各级质量技术监督部门负责本行政区域内本规定实施的协调指导和监督管理。

第七条 各有关部门、机构及其工作人员对履行规定职责所知悉的商业秘密和个人信息依法负有保密义务。

第二章 生产者义务

第八条 生产者应当严格执行出厂检验制度；未经检验合格的家用汽车产品，不得出厂销售。

第九条 生产者应当向国家质检总局备案生产者基本信息、车型信息、约定的销售和修理网点资料、产品使用说明书、三包凭证、维修保养手册、三包责任争议处理和退换车信息等家用汽车产品三包有关信息，并在信息发生变化时及时更新备案。

第十条 家用汽车产品应当具有中文的产品合格证或相关证明以及产品使用说明书、三包凭证、维修保养手册等随车文件。

产品使用说明书应当符合消费品使用说明等国家标准规定的要求。家用汽车产品所具有的使用性能、安全性能在相关标准中没有规定的，其性能指标、工作条件、工作环境等要求应当在产品使用说明书中明示。

三包凭证应当包括以下内容：产品品牌、型号、车辆类型规格、车辆识别代号(VIN)、生产日期；生产者名称、地址、邮政编码、客服电话；销售者名称、地址、邮政编码、电话等销售网点资料、销售日期；修理者名称、地址、邮政编码、电话等修理网点资料或者相关查询方式；家用汽车产品三包条款、包修期和三包有效期以及按照规定要求应当明示的其他内容。

维修保养手册应当格式规范、内容实用。

随车提供工具、备件等物品的，应附有随车物品清单。

第三章 销售者义务

第十一条 销售者应当建立并执行进货检查验收制度，验明家用汽车产品合格证等相关证明和其他标识。

第十二条 销售者销售家用汽车产品，应当符合下列要求：

（一）向消费者交付合格的家用汽车产品以及发票；

（二）按照随车物品清单等随车文件向消费者交付随车工具、备件等物品；

（三）当面查验家用汽车产品的外观、内饰等现场可查验的质量状况；

（四）明示并交付产品使用说明书、三包凭证、维修保养手册等随车文件；

（五）明示家用汽车产品三包条款、包修期和三包有效期；

（六）明示由生产者约定的修理者名称、地址和联系电话等修理网点资料，但不得限制消费者在上述修理网点中自主选择修理者；

（七）在三包凭证上填写有关销售信息；

（八）提醒消费者阅读安全注意事项、按产品使用说明书的要求进行使用和维护保养。

对于进口家用汽车产品，销售者还应当明示并交付海关出具的货物进口证明和出入境检验检疫机构出具的进口机动车辆检验证明等资料。

第四章　修理者义务

第十三条　修理者应当建立并执行修理记录存档制度。书面修理记录应当一式两份，一份存档，一份提供给消费者。

修理记录内容应当包括送修时间、行驶里程、送修问题、检查结果、修理项目、更换的零部件名称和编号、材料费、工时和工时费、拖运费、提供备用车的信息或者交通费用补偿金额、交车时间、修理者和消费者签名或盖章等。

修理记录应当便于消费者查阅或复制。

第十四条　修理者应当保持修理所需要的零部件的合理储备，确保修理工作的正常进行，避免因缺少零部件而延误修理时间。

第十五条　用于家用汽车产品修理的零部件应当是生产者提供或者认可的合格零部件，且其质量不低于家用汽车产品生产装配线上的产品。

第十六条　在家用汽车产品包修期和三包有效期内，家用汽车产品出现产品质量问题或严重安全性能故障而不能安全行驶或者无法行驶的，应当提供电话咨询修理服务；电话咨询服务无法解决的，应当开展现场修理服务，并承担合理的车辆拖运费。

第五章　三包责任

第十七条　家用汽车产品包修期限不低于3年或者行驶里程60 000公里，以先到者为准；家用汽车产品三包有效期限不低于2年或者行驶里程50 000公里，以先到者为准。家用汽车产品包修期和三包有效期自销售者开具购车发票之日起计算。

第十八条　在家用汽车产品包修期内，家用汽车产品出现产品质量问题，消费者凭三包凭证由修理者免费修理（包括工时费和材料费）。

家用汽车产品自销售者开具购车发票之日起60日内或者行驶里程3 000公里之内（以先到者为准），发动机、变速器的主要零件出现产品质量问题的，消费者可以选择免费更换发动机、变速器。发动机、变速器的主要零件的种类范围由生产者明示在三包凭证上，其种类范围应当符合国家相关标准或规定，具体要求由国家质检总局另行规定。

家用汽车产品的易损耗零部件在其质量保证期内出现产品质量问题的，消费者可以选择免费更换易损耗零部件。易损耗零部件的种类范围及其质量保证期由生产者明示在三包凭证上。生产者明示的易损耗零部件的种类范围应当符合国家相关标准或规定，具体要求由国家质检总局另行规定。

第十九条　在家用汽车产品包修期内，因产品质量问题每次修理时间(包括等待修理备用件时间)超过5日的，应当为消费者提供备用车，或者给予合理的交通费用补偿。

修理时间自消费者与修理者确定修理之时起，至完成修理之时止。一次修理占用时间不足24小时的，以1日计。

第二十条　在家用汽车产品三包有效期内，符合本规定更换、退货条件的，消费者凭三包凭证、购车发票等由销售者更换、退货。

家用汽车产品自销售者开具购车发票之日起60日内或者行驶里程3000公里之内(以先到者为准)，家用汽车产品出现转向系统失效、制动系统失效、车身开裂或燃油泄漏，消费者选择更换家用汽车产品或退货的，销售者应当负责免费更换或退货。

在家用汽车产品三包有效期内，发生下列情况之一，消费者选择更换或退货的，销售者应当负责更换或退货：

(一)因严重安全性能故障累计进行了2次修理，严重安全性能故障仍未排除或者又出现新的严重安全性能故障的；

(二)发动机、变速器累计更换2次后，或者发动机、变速器的同一主要零件因其质量问题，累计更换2次后，仍不能正常使用的，发动机、变速器与其主要零件更换次数不重复计算；

(三)转向系统、制动系统、悬架系统、前/后桥、车身的同一主要零件因其质量问题，累计更换2次后，仍不能正常使用的；

转向系统、制动系统、悬架系统、前/后桥、车身的主要零件由生产者明示在三包凭证上，其种类范围应当符合国家相关标准或规定，具体要求由国家质检总局另行规定。

第二十一条　在家用汽车产品三包有效期内，因产品质量问题修理时间累计超过35日的，或者因同一产品质量问题累计修理超过5次的，消费者可以凭三包凭证、购车发票，由销售者负责更换。

下列情形所占用的时间不计入前款规定的修理时间：

(一)需要根据车辆识别代号(VIN)等定制的防盗系统、全车线束等特殊零部件的运输时间；特殊零部件的种类范围由生产者明示在三包凭证上；

(二)外出救援路途所占用的时间。

第二十二条　在家用汽车产品三包有效期内，符合更换条件的，销售者应当及时向消费者更换新的合格的同品牌同型号家用汽车产品；无同品牌同型号家用汽车产品更换的，销售者应当及时向消费者更换不低于原车配置的家用汽车产品。

第二十三条　在家用汽车产品三包有效期内，符合更换条件，销售者无同品牌同型号家用汽车产品，也无不低于原车配置的家用汽车产品向消费者更换的，消费者可以选择退货，销售者应当负责为消费者退货。

第二十四条　在家用汽车产品三包有效期内，符合更换条件的，销售者应当自消费者要求换货之日起15个工作日内向消费者出具更换家用汽车产品证明。

在家用汽车产品三包有效期内，符合退货条件的，销售者应当自消费者要求退货之日起15个工作日内向消费者出具退车证明，并负责为消费者按发票价格一次性退清货款。

家用汽车产品更换或退货的，应当按照有关法律法规规定办理车辆登记等相关手续。

第二十五条　按照本规定更换或者退货的，消费者应当支付因使用家用汽车产品所产生的合理使用补偿，销售者依照本规定应当免费更换、退货的除外。

合理使用补偿费用的计算公式为：$[($车价款(元)$\times$行驶里程(km)$)/1000]\times n$。使用补偿系数 n 由生产者根据家用汽车产品使用时间、使用状况等因素在 0.5% 至 0.8% 之间确定，并在三包凭证中明示。

家用汽车产品更换或者退货的，发生的税费按照国家有关规定执行。

第二十六条　在家用汽车产品三包有效期内，消费者书面要求更换、退货的，销售者应当自收到消费者书面要求更换、退货之日起 10 个工作日内，作出书面答复。逾期未答复或者未按本规定负责更换、退货的，视为故意拖延或者无正当理由拒绝。

第二十七条　消费者遗失家用汽车产品三包凭证的，销售者、生产者应当在接到消费者申请后 10 个工作日内予以补办。消费者向销售者、生产者申请补办三包凭证后，可以依照本规定继续享有相应权利。

按照本规定更换家用汽车产品后，销售者、生产者应当向消费者提供新的三包凭证，家用汽车产品包修期和三包有效期自更换之日起重新计算。

在家用汽车产品包修期和三包有效期内发生家用汽车产品所有权转移的，三包凭证应当随车转移，三包责任不因汽车所有权转移而改变。

第二十八条　经营者破产、合并、分立、变更的，其三包责任按照有关法律法规规定执行。

第六章　三包责任免除

第二十九条　易损耗零部件超出生产者明示的质量保证期出现产品质量问题的，经营者可以不承担本规定所规定的家用汽车产品三包责任。

第三十条　在家用汽车产品包修期和三包有效期内，存在下列情形之一的，经营者对所涉及产品质量问题，可以不承担本规定所规定的三包责任：

（一）消费者所购家用汽车产品已被书面告知存在瑕疵的；

（二）家用汽车产品用于出租或者其他营运目的的；

（三）使用说明书中明示不得改装、调整、拆卸，但消费者自行改装、调整、拆卸而造成损坏的；

（四）发生产品质量问题，消费者自行处置不当而造成损坏的；

（五）因消费者未按照使用说明书要求正确使用、维护、修理产品，而造成损坏的；

（六）因不可抗力造成损坏的。

第三十一条　在家用汽车产品包修期和三包有效期内，无有效发票和三包凭证的，经营者可以不承担本规定所规定的三包责任。

第七章　争议的处理

第三十二条　家用汽车产品三包责任发生争议的，消费者可以与经营者协商解决；可以依法向各级消费者权益保护组织等第三方社会中介机构请求调解解决；可以依法向质量技术监督部门等有关行政部门申诉进行处理。

家用汽车产品三包责任争议双方不愿通过协商、调解解决或者协商、调解无法达成一致的，可以根据协议申请仲裁，也可以依法向人民法院起诉。

第三十三条　经营者应当妥善处理消费者对家用汽车产品三包问题的咨询、查询和投诉。

经营者和消费者应积极配合质量技术监督部门等有关行政部门、有关机构等对家用汽车产品三包责任争议的处理。

第三十四条　省级以上质量技术监督部门可以组织建立家用汽车产品三包责任争议处理技术咨询人员库，为争议处理提供技术咨询；经争议双方同意，可以选择技术咨询人员参与争议处理，技术咨询人员咨询费用由双方协商解决。

经营者和消费者应当配合质量技术监督部门家用汽车产品三包责任争议处理技术咨询人员库建设，推荐技术咨询人员，提供必要的技术咨询。

第三十五条　质量技术监督部门处理家用汽车产品三包责任争议，按照产品质量申诉处理有关规定执行。

第三十六条　处理家用汽车产品三包责任争议，需要对相关产品进行检验和鉴定的，按照产品质量仲裁检验和产品质量鉴定有关规定执行。

第八章　罚　　则

第三十七条　违反本规定第九条规定的，予以警告，责令限期改正，处 1 万元以上 3 万元以下罚款。

第三十八　条违反本规定第十条规定，构成有关法律法规规定的违法行为的，依法予以处罚；未构成有关法律法规规定的违法行为的，予以警告，责令限期改正；情节严重的，处 1 万元以上 3 万元以下罚款。

第三十九　条违反本规定第十二条规定，构成有关法律法规规定的违法行为的，依法予以处罚；未构成有关法律法规规定的违法行为的，予以警告，责令限期改正；情节严重的，处 3 万元以下罚款。

第四十条　违反本规定第十三条、第十四条、第十五条或第十六条规定的，予以警告，责令限期改正；情节严重的，处 3 万元以下罚款。

第四十一条　未按本规定承担三包责任的，责令改正，并依法向社会公布。

第四十二条　本规定所规定的行政处罚，由县级以上质量技术监督部门等部门在职权范围内依法实施，并将违法行为记入质量信用档案。

第九章　附　　则

第四十三条　本规定下列用语的含义：

家用汽车产品，是指消费者为生活消费需要而购买和使用的乘用车。

乘用车，是指相关国家标准规定的除专用乘用车之外的乘用车。

生产者，是指在中华人民共和国境内依法设立的生产家用汽车产品并以其名义颁发产品合格证的单位。从中华人民共和国境外进口家用汽车产品到境内销售的单位视同生产者。

销售者，是指以自己的名义向消费者直接销售、交付家用汽车产品并收取货款、开具发票的单位或者个人。

修理者，是指与生产者或销售者订立代理修理合同，依照约定为消费者提供家用汽车产品修理服务的单位或者个人。

经营者，包括生产者、销售者、向销售者提供产品的其他销售者、修理者等。

产品质量问题，是指家用汽车产品出现影响正常使用、无法正常使用或者产品质量与法规、标准、企业明示的质量状况不符合的情况。

严重安全性能故障，是指家用汽车产品存在危及人身、财产安全的产品质量问题，致使消费者无法安全使用家用汽车产品，包括出现安全装置不能起到应有的保护作用或者存在起火等危险情况。

第四十四条　按照本规定更换、退货的家用汽车产品再次销售的，应当经检验合格并明示该车是"三包换退车"以及更换、退货的原因。

"三包换退车"的三包责任按合同约定执行。

第四十五条　本规定涉及的有关信息系统以及信息公开和管理、生产者信息备案、三包责任争议处理技术咨询人员库管理等具体要求由国家质检总局另行规定。

第四十六条　有关法律、行政法规对家用汽车产品的修理、更换、退货等另有规定的，从其规定。

第四十七条　本规定由国家质量监督检验检疫总局负责解释。

第四十八条　本规定自 2013 年 10 月 1 日起施行。

学习资源：

★美国高速公路交通安全管理局：http://www.nhtsa.gov/

★英国车辆与驾驶业务局：http://www.dft.gov.uk/vosa/

★畅易汽车网——维修技术：http://www.car388.com/page_index.html

模块七同步训练

一、填空题

1. 汽车维修质量检验是指_____，然后将测定的结果同_____相比较，从而对汽车维修质量做出_____的判断。

2. 汽车维修质量检验按维修工艺可分为_____、_____、_____三类。

3. 汽车维修质量检验按检验职责可分为_____、_____、_____三类。

4. 机动车维修质量保证期是从_____之日起计算。质量保证期中行驶里程和日期指标，以_____为准。

二、判断题(打√或×)

1. 汽车维修企业的质量既包含维修作业质量也包含维修服务质量。（　　）

2. 服务质量不仅包括在产品售前、售中及售后服务过程中对用户开展的所有服务工作，还包括企业内部开展的，在整个生产经营管理过程中所有服务工作的总和。（　　）

3. 原材料、外协外购零部件进厂入库检验可以有非专业人员进行。（　　）

4. 合格率是一定时期内维修合格的车辆在已维修车辆总数中所占的比例。（　　）

5. 汽车维修质量的好坏一定要有一个明确公开的衡量标准，每个人都可以把自己的

工作结果与之对照，从而知道自己做得是好是坏。　　　　　　　　　　（　　）

 6. 汽车维修质量检验的目的是提为了对汽车维修过程实行全面质量控制。　（　　）

 7. 按照检验职责将质量检验分为入库检验、自检、互检，称为"三检"制度。（　　）

三、问答题

1. 简述汽车维修企业的质量管理任务。

2. 简述汽车维修企业的质量管理方法。

3. 简述汽车汽车维修质量检验的分类。

4. 汽车维修质量检验有哪些作用？

5. 延长汽车的质量担保期对消费者有什么作用？

6. 什么是索赔？索赔的意义是什么？

四、能力训练

1. 针对某汽车维修企业，在了解其质量管理后，制订出汽车维修质量管理改进方案。

2. 针对某汽车维修企业，制定三级质量检验的责任制度。

3. 模拟维修情景，做一次更换制动总泵后的维修质量检验。

4. 根据下面所给的内容完成《索赔登记卡》相关内容的填写。

用户名称：张晓军（个人）；任务委托书号：1—20130100001

用户电话：13501191234；故障描述：水泵漏水更换水泵并加防冻液

底盘号：13050102；发动机号：ATK234450

型号：豪华 2V 电喷（GiX）；购车日期：2012 年 6 月 1 日；

修理日期：2013 年 6 月 20 日；公里数：16 000

材料编号：L06A 121 011 E

   LG 012 A8D A1

损坏件编号：L06A 121 011 E

模块八　汽车维修设备及配件管理

> **知识目标：**
>
> 　　了解维修设备的分类和选购仪器设备的原则；
>
> 　　清楚设备的维护、检查和管理的评价指标；
>
> 　　了解汽车配件的特点和分类；
>
> 　　熟悉配件各岗位设置及岗位职责；
>
> 　　熟悉配件的采购各种业务流程；
>
> 　　了解配件盘点内容和方式。
>
> **能力目标：**
>
> 　　能够对配件进行订购和制订配件的保管方案；
>
> 　　能够计算标准库存量与安全库存量；
>
> 　　能够进行配件的入库验收、配件的保管、配件的出库操作。

【案例 8 - 1】

　　纪先生是一家小型建筑装潢公司的老板，生意十分繁忙。这两天他感觉他开的桑塔纳轿车加速时有些发抖，于是他开车到他经常光顾的一家维修站。刚一进门就看见业务接待桌前围了很多人，他等了半天才排上队，开好了派工单。纪先生将车开进维修车间，看到车间车辆满满的，车间主任告诉他来的不是时候，再有半个小时才能给他检修，什么时候能修好，车间主任也说不清楚。这期间不停地有人打电话找纪先生有事，纪先生有点不耐烦了，决定不修了，就这样，他开着带病的车返回了单位。一连几天，他都开着这辆车办事，虽然有点不舒服，也只好勉强这样。忽然有一天，他接到一个电话，是原来他曾经去过的另外一家修理厂的服务顾问打给他的，问他车辆状况怎么样。他把一肚子委屈一股脑儿向服务顾问倾诉，服务顾问问他什么时候方便，可以与我们预约，提前给他留出工位，准备好可能用到的配件和好的修理工。纪先生想了想，决定次日早晨 9:00 去。第二天早晨 8:00 服务顾问就给纪先生打电话，说一切工作准备就绪，问纪先生什么时间赴约，纪先生说准时到达。当纪先生 9:00 开车到达修理厂时，服务顾问热情地接待他，并拿出早已准备好的维修委托书，请纪先生过目签字，领他来到车间。

　　车间业务虽然很忙，但早已为他准备好了工位和维修工。维修工是一位很精明的小伙子，他熟练地操作仪器检查故障，最后更换了 4 个火花塞，故障就排除了，前后不到半小时。纪先生非常高兴，从此成为这家修理厂的老顾客。

任务 1　设备管理

　　良好的设备管理水平，可以保证高质量、高效率地维修作业。良好使用状态的设备工具是开展维修作业的基础前提，也是安全生产的先决条件。

8.1.1　汽车维修企业设备的分类

汽车维修设备种类和品种繁多，严格分类比较困难，但目前维修行业主流的分类方法是将汽车维修设备分为汽车诊断设备、检测分析设备、养护清洗补给设备、钣金烤漆设备、保养用品、维修工具、轮胎设备、机械设备等。

（1）汽车诊断设备。主要指汽车解码器（电脑检测仪）。

（2）检测分析设备。主要包括试验台、检测线、四轮定位仪、检测仪、检漏仪、灯光检测仪、废气分析仪、内窥镜、示波器、烟度计、各种压力表以及其他检测设备。

（3）养护清洗补给设备。主要包括自动变速器清洗换油机、动力转向换油机、黄油加注机、冷媒回收加注机、喷油嘴清洗检测设备、抛光机、打蜡机、吸尘器、清洗机、起动充电机、空气压缩机等。

（4）钣金烤漆设备。包括烤漆房、烤漆灯、调漆设备、车身校正仪、焊枪、喷枪、电焊机、剪板机等。

（5）轮胎设备。主要指轮胎动平衡机、扒胎机、补胎机等。

（6）维修工具。主要指用于手工操作的各类维修工具，如成套的开口扳手、成套环形扳手、成套套筒扳手及套筒、气动扳手、扭矩扳手、专用工具、工具车、工具箱等。

（7）机械设备。如举升机、千斤顶等举升、搬运及装卸设备。

8.1.2　仪器设备的选购

现代汽车维修不仅需要有完备的技术资料，而且还需要有齐全的检测仪器及设备。正确使用先进、高品质、实用性强的专用仪器设备，对于现代维修企业来说十分重要。

1. 选购仪器设备的基本原则

汽车4S店或特约维修站的所有仪器设备都是由汽车生产厂家指定或提供的，不需要企业对仪器设备配套选型。而对于普通汽车维修厂，由于维修车辆复杂，对仪器设备的选型要充分规划。选购设备的基本原则如下。

1）生产上适用

所选购设备应与所维修的主流车型、企业规模与发展、使用维修能力以及动力和原材料供应等相适应，并具有较高的生产率和利用率。

2）技术先进、经济合理

所选购设备的基本性能应能满足提高工效和保证质量的基本要求。售价低、性价比高。

3）使用上安全

具有较好的安全性、可靠性、维修性、环保性和较长的使用寿命。另外应尽可能就近购置，优先选购国产设备或本地设备，且要求设备供应商具有良好的售后服务。

2. 汽车维修检测诊断专用仪器设备的选型

现代汽车维修检测诊断主要的专用仪器有解码器、示波器、分析仪、万用表、压力表、温度表、转速表、频率表、四轮定位仪、ABS检测仪、制动试验台、灯光测试仪等。下面阐述以上主要检测诊断仪器的选型。

1）解码器

解码器也称为电脑检测仪，可读数据流、执行器测试，分为原厂专用和通用型两大类。

原厂专用是汽车生产厂家为 4S 店提供的专用检测诊断仪器，如奔驰轿车专用的 HHT、宝马专用的 GT1、大众专用的 VAG1551、克莱斯勒专用的 DRB-Ⅲ、通用轿车专用的 MDI 等。原厂仪器适用单一车型，价格昂贵，特约维修中心专用，一般综合性维修中心没有必要购买。

通用型解码器多用途、多功能、兼容性强，适用于欧美日几十种车型，能调码、清码、进行数值分析及执行元件测试，对于发动机、自动变速器、ABS 和 SRS 等系统的电控单元、传感器及执行器都能进行数值分析，这给维修带来很大方便。这种解码器通过更新软件可不断升级。目前国内修理工使用最多的是美国 SNAP-ON 公司的 MT2500（红盒子）解码器、美国 OTC-4000 型解码器和博世 KTS-670。国产的解码器有"电眼睛"、"修车王"、"金奔腾"等。这类通用型解码器，车型覆盖面广，功能齐全，升级方便，价格便宜，是普通汽车修理厂的首选仪器。

2）万用表的选型

测试电控单元或电子元件时，一般指针式万用表阻抗低，易损坏电子元件，已不适用。必须使用高阻抗汽车专用数字万用表，这种万用表阻抗大、精度高、误差小，使用时不会损坏电子元件。特别是选用集测量压力、温度、频率、转速、电流、电压、电阻、占空比、二极管、三极管、电容等于一体的多功能表，非常实用。

3）示波器

对于某些故障进行检测诊断时，只有解码器的数据流不够，还需要从另一角度，即波形的角度对发动机的点火、进气、排气、喷油和传感器等电子元件的工况进行分析，这时就应使用发动机综合分析仪。发动机综合分析仪是一般维修厂必备的专用示波器类仪器，根据示波器类型可分为大型发动机综合分析仪和小型手提汽车专用示波器。

大型发动机综合分析仪（带废气分析仪的），如德国的 BOSCH、美国的 SNAP-ON、SUN 等，这种分析仪图像清晰，但价格也高。

小型手提汽车专用示波器，如泰克的 THM570U、SNAP-ON 的 MT2400 等，也能进行波形分析，只是界面小，但使用方便，价格便宜，对于中小维修厂非常适用。

4）压力测试组

燃油压力、气缸压力、转向助力泵压力、自动变速器油压、ABS 压力、机油压力的测试都离不开压力测试，压力测试也是现代维修厂必不可少的专用仪器。

5）四轮定位仪

四轮定位仪是方向跑偏、转向沉重、方向盘抖动、轮胎不规则磨损等故障的检测诊断必不可少的专用仪器。

6）喷油器清洗机

由于燃油的品质原因，汽车使用一段时间后，喷油器可能发生堵塞，这时可用喷油器清洗机来清洗。

7）冷媒回收加注机

汽车空调系统维修需要使用冷媒回收加注机进行回收、抽真空、加注、加注冷冻油等操作。冷媒回收加注机品牌较多，常用的有 ROBINAIR 牌冷媒回收加注机。

8.1.3　设备管理的基本原则

为了保证汽车维修设备始终处于良好的技术状况，充分发挥设备潜力，提高工作效率，维修企业的设备管理应遵守如下基本原则：

（1）专人负责，实行定人定机，岗位责任制。

（2）设备操作人员必须经培训合格后方可上岗。

（3）定期保养，强制维护，视情修理。

（4）建立设备技术档案。

8.1.4　设备管理制度

（1）厂部设立设备管理员，负责本厂全部机具设备登记入册，建立设备档案，定期进行维修保养，做好记录。保养完毕后，要履行签字、验收手续。

（2）设备管理员要根据实际需要做好机具设备、仪器、仪表的购置计划。经主管领导审批后方能购买。

（3）新购进的设备、工具、仪器仪表，要先经设备管理员、仓库管理员验收，调试合格后方能交付使用。

（4）所有的机具设备、工具、仪器和仪表，要确定使用年限，根据价值大小列入固定资产或低值易耗品。在使用年限内如有丢失、损坏，应予以赔偿，经管理员检验，确属于质量问题，可减免赔偿。

（5）精密仪器指定专人保管、使用，其他人不能随便使用。

（6）固定不能移动的专用维修设备，由专门操作人员保管、维修、保养。所有操作人员需要经过培训合格后，才可使用设备。

（7）一般公用的工具，如铰刀等，由仓库保管员保管，使用、借出、归还要详细登记，输交接验收手续。

（8）每个维修小组使用的成套维修工具、仪器仪表使用寿命到期后，经设备管理员审核检验，可以更换新的。

（9）公司每季度要对机具、设备、工具、仪器和仪表进行一次检查，平时要进行抽查，发现问题要及时处理。

（10）日常例行保养。对机器设备进行清洁、润滑、紧固，检查设备有无腐蚀、碰伤、漏油、漏气，以及易损易脱落的零件是否损坏、脱落等。此项工作由设备工承担。

（11）重点保养。按保养计划进行具体内容：对设备的润滑系统、电器控制系统和易损件进行保养和检查，发现超过磨损范围和故障隐患等情况应及时排除，并填写设备维修记录单。

（12）设备的修理。当设备出现故障时，由公司技术部门负责组织进行修理，凭设备维修记录单进行维修。若自己无能力对设备进行维修，可外请有关厂家专业人员到厂修理或送出修理。

（13）对长期搁置或因技术无法更新而淘汰的设备，由设备管理人员报公司经理批准后进行封存停用。对于无法修复的仪器、设备或由于使用年限已到，由管理人员报请公司批准后,办理报废手续。

(14)公司设备仪器的状态分为完好设备、停用设备、待修设备、报废设备 4 种状态。由设备管理员负责标识,做好状态标识的维护工作。

(15)对于检测式仪器设备应制定相应的检定周期,以保证检测的准确度和精确度,检定周期的确定一般依据计量检测部门的要求而定,若无具体规定要求的,可根据公司实际情况和使用说明书进行确定。

(16)检测式仪器设备的周期检定工作应由国家承认的计量检测部门完成。对于国家尚无具体检定标准和办法的个别仪器设备,应根据使用说明书中的有关要求,采用自行检定或请销售商来检定的办法来完成,并将此形成报告,经公司批准后执行。对于所有的检定记录应分类进行保存。

(17)根据检测式设备仪器的使用要求,应做好防潮、防震、防磁和环境温度适宜性等工作。需固定放置进行工作的,应规定其安放地点,可携带搬运的,应注意轻拿轻放,以保证检测设备的正常工作,平时应有专人负责维护保养并确定专人保管检测式仪器。

8.1.5 设备的合理使用和维护保养

1. 设备的合理使用

设备的正确使用是设备管理中的一个重要环节。正确使用设备,可以在节省费用的条件下减轻设备的磨损,保持其良好的性能和应用的精度,延长设备的使用寿命,充分发挥设备的效率和效益。

(1)做好设备的安装、调试工作。设备在正式投入使用前,应严格按质量标准和技术说明安装、调试设备,安装调试后要经试验运转验收合格后才能投入使用。这是正确使用设备的前提和基础。

(2)合理安排生产任务。使用设备时,必须根据工作对象的特点和设备的结构、性能特点来合理安排生产任务,防止和消除设备无效运转。使用时严禁超负荷,也要避免"大马拉小车"现象。

(3)切实做好机械操作人员的技术培训工作。一定要做好上岗前培训,经过考核合格后,方可上岗,严禁无证操作。

(4)建立一套健全科学的设备管理制度。

(5)创造使用设备的良好工作条件和环境。保持设备作业条件和环境的整齐、清洁,并根据设备本身的结构、性能等特点,安装必要的防护、防潮、防尘、防腐、防冻、防锈等装置。有条件的企业还应该配备必要的测量、检验、控制、分析及保险用的仪器、仪表安全保护装置。

2. 设备的维护保养

设备的保养维护包括清洁、润滑、紧固、调整、防腐等。目前,实行比较普遍的维护是"三级保养制",即日常保养(日保)、一级保养(一保)、二级保养(二保)。

1)日常保养

日常保养重点进行清洗、润滑、紧固易松动的部位,检查零件的状况,大部分工作在设备的表面进行。由操作人员负责执行日常保养。

2）一级保养

一级保养除普遍地对设备进行紧固、清洗、润滑和检查外，还要部分地进行调整。它是在专职维修工人的指导下，由操作工人承担的定期进行保养的职责。

3）二级保养

二级保养主要是对设备内部进行清洁、润滑、局部解体检查和调整以及修复和更换易损零件。该项工作定期进行，应由专职检修人员承担，操作人员协作配合。

8.1.6 设备的检查与修理

1. 设备的检查

设备的检查是指在掌握设备磨损规律的条件下，对设备的运行情况、技术状态和工作稳定性等进行检查和校验。主要是针对维修设备的精度、性能及磨损情况进行检查，具体分为以下四种方法。

1）日常检查

日常检查是由操作工人利用人的感官、简单的工具或安装在设备上的仪表或信号标志，每天对设备进行的全面检查。日常检查的作用在于及时发现设备运行的不正常情况并予以排除。

2）定期检查

定期检查是以专业维修人员为主、操作人员参加的定期对设备进行的全面检查。定期检查目的在于发现和记录设备异常、损坏及设备磨损情况，以便确定修理的部位、更换的零件、修理的种类和时间，从而制订维修计划。

3）精度检查

精度检查是对设备的实际加工精度有计划地进行定期检查和测定，以便确定设备的实际精度，检查目的在于为设备的调整、修理、验收和更新提供依据。

4）机能检查

机能检查是对设备的各项机能进行检查和测定，如零件耐高温、高压、高速的性能如何等。

2. 设备的修理

按照设备性能恢复的程度、修理范围的大小、修理间隔期的长短以及修理费用的多少等，设备修理可以分为小修、中修、大修三类。

1）小修

小修是指工作量最小的局部修理。它通常只需在设备所在地点更换和修复少量的磨损零件或调整设备、排除障碍，以保证设备能够正常运转。小修费用直接计入企业当期生产费用。

2）中修

中修是指更换与修理设备的主要零件和数量较多的各种磨损零件，并校正设备的基准，以保证设备恢复和达到规定的精度、功率和其他技术要求。中修需对设备进行部分解体，通常由专职维修人员在设备作业现场或机修车间内完成。中修费用也直接计入企业的生产费用。

3）大修

大修是指通过更换、修复重要部件，以消除有形磨损，恢复设备原有精度、性能和生产效率而进行的全面解体修复。设备大修后，质检部门和设备管理部门应组织有关单位和人员共同检查验收，合格后办理交接手续。大修一般是由专职检修人员进行的。大修工作量大、修理时间长、修理费用高，因此进行大修前要精心计划好，大修费用由企业大修基金支出。

3. 设备维修与管理的评价指标

企业为评价和促进设备的经济效益和综合管理水平，必须建立健全设备维修和管理的考核指标体系。

1）反映设备技术状态的指标

该指标主要包括设备完好率、设备故障率、设备待修率。计算公式分别如下：

$$设备完好率=\frac{完好设备总台数}{设备总台数}$$

$$设备故障率=\frac{故障停机时间}{生产运转时间}$$

$$设备待修率=\frac{完好平均待修设备台数}{平均实有设备台数}$$

2）表示设备维修与管理的经济性的指标

该指标主要包括维修费用效率、单台设备费用效率、单位工作量（或产值）维修费用及维修人数等。计算公式如下：

$$维修费用效率=\frac{作业工作量}{维修费用总额}$$

$$单位工作量（产值）维修费用=\frac{维修总费用}{总工作量（产值）}$$

3）反映设备利用情况的指标

该指标包括设备台数利用率、设备时间利用率和设备能力利用率等，计算公式如下：

$$设备台数利用率=\frac{使用设备总台数}{在册设备总台数}$$

$$设备时间利用率=\frac{设备实际工作总台时数}{设备日历总台时数}$$

$$设备能力利用率=\frac{单位台时的实际工作量}{单位台时额定工作量}$$

任务 2　汽车配件管理

【案例 8-2】

某维修厂修理了一辆离合器打滑的车辆，经检查离合器压盘和摩擦片都需要更换。维修工到仓库领了配件并进行了更换。装车后，发现离合器不能分离，经检查离合器的其他部件正常，怀疑是新更换的离合器压盘质量不好。经查询知，该离合器压盘曾装到其他车上使用过，但因同样的故障被拆下。该件本应放在索赔区，但由于保管员的疏忽，将该件放在了配件货区，而仓库出库时也没认真检查，导致此次事故的发生。因此，仓库的新件和旧件、合格和不合格的配件，一定要严格区分，以免在出库时产生问题，影响整个维修质量，造成客户不满意。

汽车配件是指能直接用于汽车装配或维修的零部件物品，是进行维修服务的重要物质条件。汽车配件管理具体包括配件的采购管理、配件的入库管理、配件的库存管理、配件的盘点管理、配件的呆废品管理、配件的退货管理、配件的账务登记管理、配件的安全维护管理、配件出库管理、配件的资料保存管理等内容，以及配件采购、入库、库存及出库每一个主要环节之间搬运的管理。

车辆配件管理是车辆维修业务管理的内容之一，车辆维修所使用的配件直接影响车辆维修后的质量、安全、企业信誉和经济效益。因此，车辆维修企业须加强对配件的管理，建立和健全包括采购、保管、使用等过程的质量管理体系，有效压缩库存量，降低成本，不断改进管理方法、提高企业信誉和经济效益。

8.2.1　汽车配件的特点、分类、编号

1. 汽车配件的特点

（1）品种繁多。只要是有一定规模的汽配商或者修理厂，其经营活动涉及的配件都很多，一般都有上万种，甚至几十万种。

（2）代用性复杂。很多配件可在一定范围内代用，不同配件的代用性是不一样的，例如，轮胎、灯泡的代用性很强，但是集成电路芯片(IC)、传感器等的代用性较差。掌握汽车配件的代用性，也是管好汽车配件的重要条件。

（3）识别体系复杂。一般汽车配件都有原厂图号（或称原厂编号），而且通常经营者还会为其配件进行自编号。

（4）价格变动快。整车的价格经常变动，而汽车配件的价格变动就更加频繁。

2. 汽车配件的分类

汽车配件通常可以分为以下几种。

1）易耗件

在对汽车进行二级维护、总成大修和整车大修时，易损坏且消耗量大的零部件称为易耗件。其主要包括发动机易耗件、底盘易耗件以及密封件。常用的易耗件有灯泡、继电器、火花塞、刹车蹄片、减震器、全车皮带、轴承及各种滤芯等。

2）一般配件

一般配件是指在维修过程中必须更换的零件，如活塞、气门、空气流量计、怠速阀、喷油器、汽油泵、灯具总成、雨刮器电机、冷却风扇电机、门锁电机、各类传感器及电控单元等。

3）基础件

基础件如气缸体、曲轴、凸轮轴、飞轮壳、后桥等。

4）重要总成

重要总成如发动机总成、变速器总成、车架总成、空调泵总成、转向器总成、发电机总成、起动机总成等。

5）辅料

辅料是指在汽车维修过程中使用的辅助性材料，辅料通常包括以下几种：

（1）通配料。各种标准件，如气缸盖紧固螺栓及螺母、连杆螺栓及螺母、发动机悬挂装置中的螺栓及螺母、主销锁销及螺母、轮胎螺栓及螺母、开口销等。

（2）油润料。指燃油、清洗油及各类润滑油（脂）。

（3）漆料。指填料、溶剂、涂料与面漆等。

另外还有一种汽车配件的标准化分类方法，将汽车零部件总共分为发动机零部件、底盘零部件、车身及饰品零部件、电器电子产品和通用件共五大类。根据汽车的术语和定义，零部件包括总成、分总成、子总成、单元体、零件。

例如，上海大众汽车配件分为 9 个系统，即发动机系统，油箱、消音器及制冷系统，变速箱系统，前悬挂及转向系统，后桥及后悬挂，制动系统，操纵系统，车身系统，电器系统。

3. 附件

附件也称汽车用品或汽车装潢品，是指汽车在使用过程中延伸功能的系列产品，汽车附件主要包括以下几类：

（1）舒适类汽车电子产品。如车载导航仪、车载影音、车载冰箱等。

（2）汽车安全类电子产品。如防盗器、倒车雷达及倒车影像、胎压监测系统。

（3）汽车美容养护及装饰用品。如车蜡、轮毂、座垫、清洁剂、汽车香水、装饰类工艺品等。

4. 纯正件

在汽车配件中，还有一个重要概念，那就是"纯正部品"（纯正件）。纯正部品是进口汽车配件中的一个常用名称，指的是各汽车厂原厂生产的配件，而不是副厂或配套厂生产的协作件。纯正部品虽然价格较高，但质量可靠，坚固耐用，故用户均愿意采用。凡是国外原厂生产的纯正部品，包装盒上均印有英文"GENUINE PARTS"，或中文"纯正部品"字样。

5. 纯正附件

纯正附件是指由汽车制造企业根据新车特点，专门为客户设定并与新车同步开发、销售的附件。纯正附件的作用在于满足客户日益发展的个性化需求。

6. 汽配市场上的零配件种类

目前正规的汽配市场上出售的零配件大致可以分为三大类：原厂件、配套厂件、副厂件。

1）原厂件

原厂件也称正厂件。国际上大部分整车厂和主机厂大都不自己生产配件，而采用委托生产的方式进行配套采购，这就是 OEM 配套。这些装车的配件被称为原厂件，可以打上整车厂的标记，在整车厂进行售后服务时，这些原厂件被分送到各地特约维修服务站，不在市场上零售流通。当然，也有少数汽车生产厂家直接生产零配件（这样的零配件也称原厂件）。

不过目前一般认为不管配件是谁生产的，只要通过了整车厂质量检验的认可，并在包装上打上整车厂的标记，通过整车厂售后服务渠道供应的就是原厂件。

2）配套件

配套件是指由汽车生产厂家授权的、生产"原厂配件"的零部件厂家生产的配件，这些配件不通过整车厂服务渠道，厂家主要是通过自己的销售渠道向汽车维修市场提供产品，但它们不标记主机厂的标识，与原厂件相比，仅包装上有区别，质量难分高下，但价格较原厂件低 30% 左右。

3）副厂件

副厂件是指非汽车生产厂家授权的厂家生产的配件，它标有自己的厂名，也有自己的商标，但没有汽车品牌的 LOGO（否则为违法），上面会写上"适用于××、××车型"。它们是专业零部件生产厂商按照行业标准或企业标准生产的。

7. 汽车零部件的编号

为了便于对汽车零部件的检索、流通和供应，我国汽车行业有 QC/T 265-2004《汽车零部件编号规则》，把汽车零部件分为 64 个大组，规定完整的汽车零部件编号表达式由企业名称代号、组号、分组号、源码、零部件顺序号和变更代号构成。汽车零部件的编号表达式如图 8-1 所示，根据其隶属关系可按以下三种方式进行选择，其中的代码使用规则如下：

（1）企业名称代号。由 2 位或 3 位汉语拼音字母表示。一般企业内部使用时，可省略。

（2）源码。用 3 位字母、数字或字母与数字混合表示，描述设计来源、车型系列和产品系列，由生产企业自定。

（3）组号。用 2 位数字表示汽车各功能系统分类代号，按顺序排列。

（4）分组号。用 4 位数字表示各功能系统内分系统的分类顺序代号，按顺序排列。

（5）零部件顺序号。用 3 位数字表示功能系统内总成、分总成、子总成、单元体、零件等顺序代号。

（6）变更代号。用 2 位字母、数字或字母与数字混合组成，由生产企业自定。

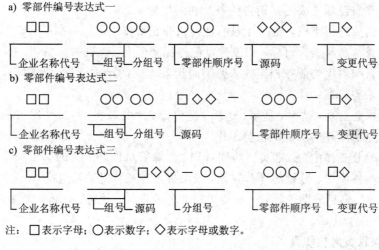

图 8-1　汽车零部件的编号表达式

8.2.2　汽车配件岗位设置及责任

根据经营规模，汽车维修企业配件部门的岗位设置人员有配件主管、计划员、采购员、库房保管员、配件销售员等职位。

1. 配件主管岗位职责

（1）负责完成配件销售任务及利润指标。

（2）根据公司的经营目标及整体运作方式，合理制定配件的营销政策，并付诸实施。

（3）督促工作人员做好配件的经营和管理，合理调整库存，加快资金周转，减少滞销品种。

（4）协调计划、采购、调度、入库、配送和库管岗位之间的工作关系，明确工作流程，保证各环节的畅通，不断提高配件供应的满足率、准确率、完好率。

（5）协调同其他部门关系，负责处理由于配件质量引起的投诉事宜。

（6）负责配件员工的业绩考核及业务培训。

（7）组织定期召开周例会，总结成绩，克服不足。

2. 计划员岗位职责

（1）配合部门经理完成配件销售任务及利润指标。

（2）与厂家、供货商保持良好供求关系，了解掌握市场信息。

（3）掌握配件的现在库存和保险储备量，适时做出配件的采购计划和呆滞配件的处理方案，熟悉维修业务对配件的要求，确保企业正常开展。

（4）A类件占用资金量大，要"货比三家"，通过分析比较，制定出最佳定货单。保证不断档，积压量最小。

（5）根据供应和经营情况，适时调整库存计划，负责做好入库验收工作。对于购入配件质量、数量、价格上存在的问题，做出书面统计，并监督采购人员进行异常处理。

（6）负责供货商应付账目，及时做好微机账目。

（7）及时做好配件的入库工作，以实收数量为准，打印入库单。负责配件相关的财务核算及统计工作。

3. 采购员岗位职责

（1）配合部门经理完成配件销售任务及利润指标。

（2）对计划量进行审核，做好计划的延续和补充工作。

（3）以低成本高品质为目标，积极开发配件配套厂家，降低采购费用，提高采购效率。

（4）建立采购供应的业务档案，掌握不同运输方式的运输天数、费用等，进行定时分析，确定最佳采购方案。

（5）加强采购管理，适时、适量、适质、适价，按计划采购，特殊情况有权做临时调整。

（6）认真完成配件的第一次检验工作。

（7）入库验收工作中，采购员要协同计划员、库管员作好配件的第二次检验工作。

（8）负责配件质量、数量的异常处理，及时做好索赔、退货及退换。

（9）对急件、零星采购件，采购员要进行充分的询价、比价、议价，并按采购程序优先办理。

4. 库房保管员岗位职责

（1）入库前要整理库房，为新到配件的摆放提供空间。

（2）入库验收时，认真清点货物的数量、检查质量，同时填写实收货物清单，签字确认。对于有质量问题的货物，保管员有权拒收。

（3）负责配件上架，按号就座，严格执行有关配件的保管规定。

（4）负责填写卡片账，做到账物相符。

（5）在配件发放中，保管员要严格履行出库手续，照单取货，严禁先出货后补手续，严禁白条发货。

（6）出库后，应根据出库单认真填写卡片账，保证做到账、卡、物相符。

（7）做好配件的盘点工作。

（8）因质量问题退换的配件，要另建账单单独管理，并督促采购员尽快做出异常处理。

（9）适时向计划员提出配件库存调整的书面报告。

（10）保管全部配件的业务单据、入库清单、出库清单，并归类存档。

5. 配件销售员岗位职责

（1）熟悉和掌握各类配件品名、编号、价格、性能和用途，对客户周到热情，及时准确满足每一名客户需求。

（2）严格执行配件销售价格，不得私自提价或降价。

（3）维修领料必须严格执行维修领料流程，维修工领料必有接车单方可领取配件，且必须交旧领新。

（4）积极收集客户及维修工反馈回的配件信息，以便调整配件计划和采购方式。

（5）负责柜台物品和及时补充适销的配件库存，及时做出销售业务的配件需求计划。

（6）出库和入库的配件要及时入账。

汽车配件管理部门的具体管理项目及目标见表8-1。

表8-1　汽车配件部门的主要管理项目及目标

	管理项目	目　标	内　容
顾客服务	纯正性	100%	进货渠道
	价格	执行规定价格	零部件
			其他
	满足率	一次工单	零部件
			其他
	紧急订单时间	天数	零部件
			其他
企业内部	订货和销售计划	总值	零部件
			附件
	利润	总值	零部件
			附件
	库存	周转率、周转周期	库存周转次数
	6S管理	每日检查	标识、货位、卫生、单据、文件

8.2.3　汽车配件的采购管理

1. 配件的计划流程

计划员收集缺料信息→分析汇总信息→编制期货计划或临时计划→配件主管审核→计划员出具一式三联计划单。

2. 配件的采购管理一般程序

（1）采购员依据计划单采购。

（2）选择供应商，并建立合格供应商名册。当然整车厂家的特约维修单位，如一汽大众、上海大众、奥迪等4S店的维修配件一律应从原厂进货。

（3）订货。在目前网络技术发达的条件下，维修企业对长期供货单位可尽量采用快速电子订货。

（4）订货跟踪。主要指订单发出后的进度检查、监督、联络等日常工作，目的是为了防止到货的延误或出现数量、质量上的差错。

（5）接货查收。这也是采购部门的职责。

3. 采购的原则

（1）汽车配件采购工作必须有计划地进行，防止盲目无计划地采购。

（2）采购的配件和辅助材料要保证质量，用途不明不购，质量不符合标准不购，规格不清不购。

（3）副厂件的采购需经服务经理的同意，以免影响生产，造成配件和物资积压。

（4）采购计划是进行采购定货的依据，对有疑问的地方，应事前查明，不能擅自变更。

4. 采购的方式

（1）对于需要量大的配件，应尽量选择定点供应直达供货的方式。

（2）尽量采用与配件商签订合同直达供货方式，以减少中转环节，加速配件周转。

（3）对需要量少的配件，宜采取临时采购方式，以减少库存积压。

（4）采购形式有现货与期货。现货购买灵活性大，能适应需要的变化情况，有利于加速资金周转。对需要量较大，消耗规律明显的配件，采用期货方式，签订期货合同，有利于供应单位及时组织供货。

5. 配件订货管理

订货管理就是通过各种订单类型的合理搭配，以最低的订货成本达到客户满意和资本占用的最佳平衡。订货管理是库存管理的核心内容，主要有以下几个方面的内容。

1）订货时间

订货时间选择恰当，既不能造成过多配件库存，也不能因配件不足而影响生产。合理的订货点计算方法如下：

$$订货点＝安全库存＋预测值×（到货周期＋订货周期）$$

预测值可以是某种配件的月（日）需要量，也可是一个订货周期内的需求量。

在标准库存达到最小库存时，就是订货的时间点。

【案例 8 - 3】

某配件平均每日需用量为 20 件，到货周期和订货周期的总长为 10 天，安全库存为 200 件，则订货点＝200＋20×10＝400 件。即当实际库存量超过 400 件时，不考虑订货；当库存量下降到 400 件时，就及时按预先规定的订货批量提出订货。

2）订货数量

在确定订货数量时，基本原则是保证库存量大于需求量，考虑各种订货因素，标准库存量的确定方法如下。

公式一

$$标准库存量＝每周期需求量＋每周期需求量×订发货天数/每周期天数＋安全库存量$$

$$安全库存量＝每周期需求量×\left(\frac{订发货天数}{每周期天数＋1}\right)×经验系数$$

注：每周期指每个订货周期。

公式二

$$标准库存量＝月均需求量×（订货时间＋到货时间＋安全库存时间）$$
$$安全库存量＝月均需求量×安全库存时间$$
$$安全库存时间＝（订货时间＋到货时间）×经验系数$$

订货时间指相邻的两次订货所间隔的时间，单位为月。

到货时间指从订单发出、到达、订单处理、配件装箱、运输、到货拆箱、上架，录入系统等这一系列过程的时间总和，单位为月。

安全库存经验系数一般在 0.4～1.1 之间，是一个市场经验值，与配件价格、消耗数量、到货时间等因素有关。流动速度快和流动速度慢的配件安全时间经验系数小于中等流动速度配件安全时间经验系数。

【案例 8 - 4】

某 4S 店前 6 个月，月均需要 11 个雨刷器片，6 天订一次货，到货周期为 2 天，安全库存时间经验系数为 0.7，求雨刷器片标准库存量是多少？

解法一：

$$标准库存量＝11×\frac{6}{30}+\left(11×\frac{6}{30}\right)×\frac{2}{6}+\left(11×\frac{6}{30}\right)×\left(\frac{2}{6}+1\right)×0.7＝5 个$$

解法二：

$$标准库存量＝11×\left[\frac{6}{30}+\frac{2}{30}+\left(\frac{6}{30}+\frac{2}{30}\right)×0.7\right]＝5 个$$

3）订购品种的确定

汽车零件的流通等级是指汽车配件在流通过程中周转速度的快慢程度，根据汽车零件寿命周期长短可以把它们分为快流件、中流件、慢流件。各种级别的配件订货比例衡量标准如图 8-2 所示，标准主要有三个方面：订货品种比例；订货金额比例；快流件比例。

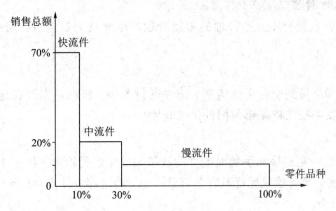

图 8 - 2　订货品种管理的衡量标准

快流件。指连续三个月经常使用的消耗性零件及周转性较高的产品。这类配件订货批量较大，库存比例较高，在任何情况下，都不能断档脱销。应重点管理，尽量缩短进行进货间隔，做到快进快出，加速周转。

中流件。指连续六个月内所发生，但又属于周转性较高的产品。只进行一般管理，主要是做到进销平衡，避免积压。

慢流件。指一年内属偶发性产品或产品库存金额单价过高不利于周转的产品，一般按客户需求予以定购。

【案例 8 - 5】

订货合同初稿明细表(见表 8 - 2)和订货询价单(见表 8 - 3)

表 8 - 2　订货合同初稿明细表

配件编号	配件名称	车型/发动机型号	参考订量	安全库存	单价/元	现存量	平均月销量
22401-40Y05	火花塞	Y31/VG30(S)	335	345	125.00	10	46
92130-G5701	雪种杯	C22/Z20(S)	1	2	5450.00	1	0.34
82342-G5103	窗扣	C22/Z20(S)	5	9	675.00	4	1.68

表 8 - 3　订货询价单

询价单

公司名称：＿＿＿＿＿＿＿　　　编号：＿＿＿＿＿　日期：＿＿＿＿＿

联系电话：＿＿＿＿＿＿＿　　　总页数：＿＿＿＿＿

项　目	数　量	零件编号	零件名称	单价/元	金额/元

订货人：＿＿＿＿＿　　　联系电话：＿＿＿＿＿　　　FAX：＿＿＿＿＿

×××汽车服务有限公司

8.2.4　汽车配件库房管理业务

1. 配件的入库验收

配件的入库验收是仓库业务管理的重要阶段，此阶段主要包括到货接运、配件验收、办理入库。

1) 到货接运

对照货物运单，做到交接手续清楚、证件资料齐全。材料首先放在进货待查区，准备验收，避免将已发生损失或差错的配件带入仓库。

2) 配件验收

配件验收是按一定程序和手续对配件的数量和质量进行检查。其程序如下：

(1) 验收准备。准备验收凭证及有关订货资料，确定存货地点，准备装卸设备、工具及人力。

(2) 核对资料。包括入库通知单、质量证明书、发货明细表、装箱单、运货单及必要的证件。

(3) 实物检验。配件进仓库实行质检员、保管员、采购员联合作业，依据进货发票、进货合同、装箱单等对备件品种、质量、数量进行严格检查。此环节品种验收、点验数量、质量验收及进口配件的辨认。针对进口配件，主要从外部包装、内部包装、产品标签、包装封签、内包装纸、外观质量、产品标记、配件编号等几个方面仔细辨认。

3）办理入库

经过验收，对于质量完好、数量准确的汽车备件，要及时填写和传递《汽车备件验收入库单》，同时办理入库。如有数量、品种、规格错误，包装标签与实物不符、备件污损、质量不合格的，均应做好记录，判明责任联系供应商解决。对于外包装破损的邮件由运输及押运人员在场的情况下打开包装，检查货物数量及损坏情况；若开箱后发现单据与实物不符或货损坏，应当场写明情况，请当事人签字，向领导汇报，由有关部门处理。

2. 配件的保管

现代汽车备件管理大部分采用汽车零部件仓库条码管理系统。各大汽车厂都有自己的零备件管理软件供给 4S 店。

汽车配件的管理系统主体是建立在 IT 基础上，是结合客户具体的业务流程、整合无线条码设备的系统，运用条形码自动识别技术，在仓库无线作业环境下，适时记录并跟踪产成品入库、出库，以及销售整个过程的物流信息，为成品销售管理及客户服务提供支持，进一步提高企业整个仓库管理及销售的质量和效率。

配件在仓库保管期间，应保证库存配件的准确，节约仓位，便于操作，配件保管中应注意做到以下几点：

（1）配件分区分类放置。快流件靠近收发货区，在货架的底层；中流件一般位于货架的中部区域；慢流件离收发货区较远，或在货架的最高层。

（2）遵照五五摆放规则。即根据配件的性质、形状，以五为计量基数做到"五五成行，五五成方，五五成串，五五成包，五五成层"。使其摆放整齐，便于过目成数和盘点、发放。

（3）四号定位。按库号、架号、层号、位号对配件实行统一架位号，并与配件的编号一一对应。

（4）建签立卡。对已定位和编制架位号的配件建立架位签和卡片账。架位签标明到货日期、进货厂家、进出数量、结存数量及标志记录。

（5）凡出入库的配件，应当天进行货卡登记，结出库存数，以便实货相符。

（6）库存配件要采取措施进行维护保养，做好防锈、防水、防尘等工作，防止和减少自然损耗。有包装的尽量不要拆除包装。

（7）因质量问题退换回的配件，要另建账单单独管理，保证库存配件的准确、完好。

另外，需要说明的是，企业还必须设置索赔仓库（或在仓库设置单独封闭的索赔件区），存放索赔零件。

3. 配件的出库管理

配件出库必须有正式的单据，所以第一步就是审核汽车配件出库单据，主要审核汽车配件调拨单或提货单，查对其名称有无错误，必要的印鉴是否齐全和相符，配件品名、规格、等级、牌号、数量等有无错填，填写字迹是否清楚，有无涂改痕迹，提货单据是否超过了规定的提货有效日期。如发现问题，应立即退回，不能先行发货。

1）凭单记账

出库凭单经审核无误，仓库记账员即可根据出库单所列各项办理配件出库，并对照填写卡片账，做到账实相符，并记录发货后应有的结存数量。

2）据单配货

配件管理员根据出库单所列的项目核实，并进行配货。属于自提出库的配件，管理员需要将货配齐，经复核后，再逐项点付给提货人，当面交接，分清责任；属于需要送货的汽车配件，如整件出库的，应按分工规定，由保管员或包装员在包装上刷写或粘贴各项发运必要的标识，然后集中待运；必须拆装取零拼箱的，保管员则从零货架提取或拆箱取零（箱内的余数要点清），发往包装场所进行编配装箱。

4. 配件盘点

汽配行业维修行业的管理软件有很多。目前 4S 店中有使用 4S 店综合管理软件的，这种软件包括配件管理子系统。也有的企业使用的是专用汽配管理软件。大多数软件流程涵盖汽修、汽配、保险、索赔等汽车售后常用的全部业务，可以对配件的销售、进货、退货、库存管理等进行记录、统计、盘点。在使用系统的配件管理前，需要先对仓库的配件库存信息进行初期的盘库建档处理，以建立与实际仓库库存相符的真实配件库存管理。只需把汽车配件的名称、数量信息录入相应仓库中即可。配件的盘点有了计算机管理系统也变得很简单。

汽车配件盘点是保证储存货物达到账、货、卡完全相符的重要措施之一。盘点作业的目的：可以查找并纠正账、物不一致的现象；可以为企业计算损益提供一个真实的依据；也可以检讨仓储管理的绩效。

1）盘点的内容

盘点的内容：盘点数量、盘点重量、核对账与货、进行账与账核对。

汽车配件仓库保管账簿应定期与业务部门的汽车配件账簿互相进行核对。

在盘点时若发现问题或对盘点工作有意见，应及时做出记录，并及时追查原因。若在盘点时发现汽车配件霉烂、变质、残损等情况，应采取积极的挽救措施。

2）盘点方式

常用的盘点方式有以下几种：

（1）日常盘点。又称为永续性盘点或动态盘点。指保管人员每天对有收发动态的配件盘点一次，并汇总成表。

（2）定期盘点。又称全面盘点。这是库存盘点的主要方式。由仓库主管领导会同仓库保管员按月、季、年度，对库存商品进行一次全面的清查盘点，故亦称为期末盘点，通常多用于清仓查库或年终盘点。盘点时必须两人进行，采取以货找账的方法，要求对全部库存商品逐垛、按品种核对。账、货相符的，要在账页上和货垛上做出盘点标识；账、货不相符的，逐笔做出记录。盘点完毕，需把账页从头到尾仔细检查一遍，如发现无盘点标识的账页，应立即查明原因，及时处理。盘点结束后，保管员应做出盘点记录，注明账、货相符情况，在规定时间内向上级报告。

（3）临时盘点（又称为突击性盘点）。这种盘点是指根据工作需要或在台风、梅雨、严寒等季节而进行的临时性突击盘点。

（4）循环盘点。循环盘点也称连续盘点，是指按照商品入库的先后顺序，不论是否发生过进出库业务，都要有计划地循环进行盘点的一种方法。每天、每周按顺序对部分商品进行盘点，到月末或期末则每项商品至少完成一次盘点。

（5）重点盘点。重点盘点是指对进出动态频率高、易损耗、价值昂贵商品的一种盘点方法。由于库存配件品种多、数量大，每次盘点都要花费大量时间。为了提高盘点效率，平时必须要做到货垛标识清楚，货位号准确，分层分批拆垛，零头尾数及时进行倒并。

3）盘点后的处理工作

（1）将盘点表上的盘点结果输入计算机，与系统账核对后，生成《盘点结果报告》。

（2）《盘点结果报告》应由配件经理审阅签字认可，并交财务部备案。

（3）研究盘点结果中差异产生的原因，并做出相应的整改措施。

（4）经上级领导确认后，及时更新库存信息。

（5）保存好盘点资料。

5. 配件库存管理

1）库存管理的目标和原则

库存管理的目标就是在确保仓储安全的前提下，通过综合分析，使库存费用、订货费用、缺货损失总和最小。因为从保管的角度去分析，订货次数多，就可以减少库存量，从而减少库存费用；从订货的角度去分析，订货次数减少就能节省订货费用，因而每次的订货量应大些；从缺货的角度去分析，为了减少缺货损失，就应增加库存。因此，库存管理既要满足消费者的需要，又要面对这些损益背后的问题，必须综合考虑以上三个因素，找出库存量最佳点，使库存总费用减少到最低程度，这就是库存管理的目标。

库存管理的原则：不待料、不断料；不呆料、不滞料；不囤料、不积料。

评价库存合理性的指标包括库存周转率、工单一次满足率、周转周期。

（1）库存周转率 $= \dfrac{\text{前 12 月的销售成本总和}}{\text{前 12 月月平均库存成本}} \times 100\%$

（2）工单一次满足率 $= \dfrac{\text{一次完全供应了配件的施工单}}{\text{所有有配件需要的施工单}} \times 100\%$

（3）周转周期 $= \dfrac{\text{平均库存成本}}{\text{平均销售成本}} \times 100\%$

2）库存管理的基本方法

（1）ABC 管理法。在库存管理中，将库存的每种物资按其单位价值、消耗数量及其重要程度进行分类的方法称为 ABC 管理法。其中必须严格加以控制单位价值较高而消耗量较少的 A 类物资（如汽车重要基础件及贵重总成等）以尽可能少的库存量（宁可缩短采购期或增加采购次数）；适当控制价值中等、消耗量中等的 B 类物资（即适当缩短采购期或增加采购次数）；而对于价值较低而消耗量很大的 C 类物资由于其占用资金较少，可在资金控制和采购周期上适当放宽，适当减少采购次数。

（2）最佳经济批量法。它是侧重企业本身的经济效益来确定物资经常储备的一种方法。

（3）定期订购法。定期订购控制法是指按预先确定的订货间隔期订购商品，以补充库存的一种控制方法。

8.2.5　索赔件的管理

根据索赔政策，索赔件必须按时、准确、全部运回总公司，零件的错运、漏运将直接导致 4S 企业索赔款的抵扣。索赔件的保管和运输由仓储部负责，索赔员直接参与管理。

1. 经销商索赔件库管理规定

(1) 汽车生产企业的特许经销商的索赔件库为独立库房(或独立区间),不得与其他厂家产品混放。

(2) 索赔件应分区、分类存放,国产、进口件分开存放。

(3) 索赔件库存放的索赔件应为近 1 个月以内的索赔件。

(4) 索赔件必须粘贴或拴挂相应的条形码。

(5) 索赔件库货架上应粘贴相应的分类、分组标签。

2. 索赔件的管理

1) 索赔件条形码

索赔件要粘贴或拴挂条形码,方便"见件索赔"。

2) 索赔件操作规范

(1) 索赔件条形码粘贴要求。对于有平整表面的索赔件,条形码可以直接粘贴在索赔件平面的空白处。为便于条形码扫描,还要注意以下要求:

① 条形码不能粘贴在索赔件的外包装盒上。

② 条形码不能粘贴在索赔件有油污或灰尘的面上。

③ 条形码不能折着或弯曲粘贴在索赔件上。

④ 条形码不能粘贴在索赔件上有文字、数字、字母和图形处。

适合这种要求的索赔件:门锁、电脑、轮辋、收放机、发动机、变速器、保险杠、仪表台、蓄电池(条形码不能粘贴在上面,必须粘贴在侧面)、后桥、制动摩擦片、制动盘、制动鼓、空调等。

(2) 索赔件条形码拴挂要求。对于不能直接粘贴条形码的索赔件,需要先将条形码粘贴在索赔挂签上,再将索赔挂签牢固地拴挂在索赔件上。索赔挂签拴挂位置选择如下:

① 索赔件上有小孔处。

② 拴挂在闭环处、柱型的凹处。

③ 在索赔件上用胶带、绳、铁丝人为制成闭环来拴挂索赔挂签。

(3) 多个索赔件的捆绑要求。一张《索赔申请单》对应有两件或两件以上索赔件时,索赔件必须都捆绑在一起,而且要保证扫描人员能直接看到厂家代码、厂家标识、生产日期等标记。对于轻、软、钝的索赔件可以使用绳或胶带捆绑,对于重、硬、锐的索赔件必须用铁丝捆绑。

(4) 索赔件清洗要求。

① 存有机油、汽油、冷却液等液体的索赔件必须将残液倒放干净。适合这种要求的索赔件有发动机、变速器、汽油箱、汽油泵、水箱、冷却液罐、动力转向机、转向助力泵、转向助力油罐、制动分泵等。

② 索赔件粘有油污、泥土等污物,必须清洗干净。适合这种要求的索赔件有发动机总成及散件、变速器总成及散件、汽油箱、减振器、内外等速万向节及护套、转向机、消音器等。

3. 索赔件返件方法

(1) 各经销商将贴好条形码或拴挂好条形码挂签的索赔件,分类装箱(不同车型零件单独装箱并贴好标签,有"原包装"的索赔件单独装箱),并附有《经销商索赔件验收清单》,

装箱单一式三份，中心库、中转库、经销商各一份。要求用申铁快运的方式，如距离较近的也可用其他方式运送，但必须有专人负责。

（2）蓄电池、玻璃件的特殊说明：非铁路运输必须送到；如通过铁路运输可不返回，销毁处理须征得售后服务部有关人员同意。

（3）索赔件返件原包装说明：备件原包装的，按备件包装标准独立包装索赔件，同时按要求拴挂索赔件挂签，用胶带封好包装盒，粘牢即可；装备件元包装的索赔件，直接按要求拴挂索赔件挂签即可；有塑料堵的备件，拆下后必须堵到索赔件上，防止索赔件漏油；对于空气流量计、电子控制单元（发动机、自动变速器、ABS、安全气囊）、节流阀体及氧传感器，索赔件返件时需附上打印出来的故障诊断结果，同时将底盘号打印（或手写）上去。

4. 索赔件运费的结算方法

邮寄索赔件的运费采取实报实销的方法，服务站索赔员将运费发票复印件寄往售后服务部门索赔组，要求在运费发票复印件上填写申请申请单编号，以此作为结算依据；经销商索赔员将索赔件运费以《索赔申请单》的形式录入索赔软件管理系统。

5. 损坏件拒绝索赔的原因说明

01—假件；

02—《索赔申请单》厂家代码与损坏件不符；

03—《索赔申请单》与损坏件不符；

04—《索赔申请单》填报数量与损坏件不符。

05—损坏件缺损；

06—非正常损坏件；

07—经私自改装件；

08—损坏件号不符；

09—里程数不符；

10—生产日期不符；

11—特殊件超期索赔；

12—待鉴定是否索赔；

13—损坏件未清洗；

14—条形码粘贴不合格。

注意：当《索赔申请单》厂家代码与损坏件不符时，可以修改《索赔申请单》。

【知识拓展】

宝马汽车零件编号

宝马汽车零件编号有11位数字组成。前两位数字表示该零件所属的主分组（也称为设计分组）。因此可以通过主分组得到零件分配的大致情况。宝马汽车零件的主分组编号说明见表8-4。

表 8 - 4　宝马汽车零件的主分组编号说明

编号	说　明	编号	说　明
01	技术资料	46	车架
07	标准件和一般性工作油液	51	车身配置
10	整个动力传动总成	52	座椅
11	发动机	54	滑动/外翻式天窗和折叠式车顶
12	发动机电气系统	61	普通车辆电气系统
13	燃油混合气制备和调节	62	仪表
14	氢气混合气制备和调节	63	车灯
16	燃油供给系统	64	暖风和空调系统
17	冷却系统	65	音响、导航、信息系统
18	排气装置	66	车距控制系统、定速巡航控制系统、遥控器
21	离合器	67	电气驱动
22	发动机和变速箱支撑	70	用于政府部门的部件和附件
23	手动变速箱	71	用于发动机和底盘的部件和附件
24	自动变速箱	72	用于车身的部件和附件
25	换挡操纵机构	73	用于工业发动机的部件和附件
26	传动轴	74	用于发动机的部件和附件
27	分动器	80	附件
31	前桥	81	投资设备
32	转向系统	82	选装附件
33	后桥	83	工作油液和辅助材料
34	制动器	84	通信系统
35	踏板机构	85	整个车轮、轮辋、轮胎
36	车轮和轮胎	86	挂车
37	整体式悬架系统	87	维修和保养
41	白车身		

　　例如，零件编号 13 71 7 536 006，表明该零件是空气滤清器芯，用于宝马 130i 轿车。前两位数字"13"表示该零件属于燃油混合气制备和调节系统，紧接着的两位数"71"表示该零件属于进气消声器部分。前四位数字表示设计分组号的分配，最后 7 位数用于确定具体的某个零件，这组数字在这里表示用于宝马 130i 轿车的空气滤清器滤芯。

学习资源：

★中国汽车维修网：http://www.motors-cn.cn/

★汽修汽保网：http://www.qixiu.net/

★汽车维修与保养：http://www.motorchina.com/

模块八同步训练

一、填空题

1. 选购仪器设备的基本原则是：_____ 、_____ 、_____ 。

2. 设备的检查具体分为_____ 、_____ 、_____ 、_____ 。

3. 设备修理的种类有_____ 、_____ 、_____ 。

4. 配件的入库验收包括_____ 、_____ 、_____ 。

5. 奥迪 A6 的气缸垫放在"01081225"这个位置，即它放在____库____区____架____层。

二、判断题(打√或×)

1. 中修和大修发生的费用，由企业大修理基金支出。　　　　　　　　（　　）

2. 空气压缩机属于汽车养护清洗补给设备。　　　　　　　　　　　（　　）

3. 为了保证汽车维修过程的顺利进行，库存配件越多越好。　　　　（　　）

三、问答题

1. 目前维修行业主流的分类方法是将汽车维修设备分为几种？

2. 维修企业的设备管理应遵守的基本原则是什么？

3. 简述设备的保养维护级别？

4. 简述汽车配件的特点和分类？

5. 简述配件采购的原则？配件采购的方式？

6. 常用的配件盘点方式是什么？

7. 简述库存管理的目标？

四、能力训练题

1. 某零件平均每日需用量为 10 件，如果计算出的经济订购批量为 285 件，则该零件订购间隔期为 285/10＝28.5 天，为方便起见，该物资的订购间隔期可定为一个月。如果计算出的经济订购批量为 185 件，相当于多少天的需用量？则订购间隔期为多少天？（即多少天订购一次）。

2. 针对某一汽车维修企业的常用配件，计算标准库存量与安全库存量。

3. 针对某一汽车维修企业，制定配件管理或设备管理方面的改进方案。

附录1　机动车维修管理规定

第一章　总　　则

第一条　为规范机动车维修经营活动，维护机动车维修市场秩序，保护机动车维修各方当事人的合法权益，保障机动车运行安全，保护环境，节约能源，促进机动车维修业的健康发展，根据《中华人民共和国道路运输条例》及有关法律、行政法规的规定，制定本规定。

第二条　从事机动车维修经营的，应当遵守本规定。

本规定所称机动车维修经营，是指以维持或者恢复机动车技术状况和正常功能，延长机动车使用寿命为作业任务所进行的维护、修理以及维修救援等相关经营活动。

第三条　机动车维修经营者应当依法经营，诚实信用，公平竞争，优质服务。

第四条　机动车维修管理，应当公平、公正、公开和便民。

第五条　任何单位和个人不得封锁或者垄断机动车维修市场。

鼓励机动车维修企业实行集约化、专业化、连锁经营，促进机动车维修业的合理分工和协调发展。

鼓励推广应用机动车维修环保、节能、不解体检测和故障诊断技术，推进行业信息化建设和救援、维修服务网络化建设，提高机动车维修行业整体素质，满足社会需要。

第六条　交通部主管全国机动车维修管理工作。

县级以上地方人民政府交通主管部门负责组织领导本行政区域的机动车维修管理工作。县级以上道路运输管理机构负责具体实施本行政区域内的机动车维修管理工作。

第二章　经营许可

第七条　机动车维修经营依据维修车型种类、服务能力和经营项目实行分类许可。

机动车维修经营业务根据维修对象分为汽车维修经营业务、危险货物运输车辆维修经营业务、摩托车维修经营业务和其他机动车维修经营业务四类。

汽车维修经营业务、其他机动车维修经营业务根据经营项目和服务能力分为一类维修经营业务、二类维修经营业务和三类维修经营业务。

摩托车维修经营业务根据经营项目和服务能力分为一类维修经营业务和二类维修经营业务。

第八条　获得一类汽车维修经营业务、一类其他机动车维修经营业务许可的，可以从事相应车型的整车修理、总成修理、整车维护、小修、维修救援、专项修理和维修竣工检验工作；获得二类汽车维修经营业务、二类其他机动车维修经营业务许可的，可以从事相应车型的整车修理、总成修理、整车维护、小修、维修救援和专项修理工作；获得三类汽车维修经营业务、三类其他机动车维修经营业务许可的，可以分别从事发动机、车身、电气系统、自动变速器维修及车身清洁维护、涂漆、轮胎动平衡和修补、四轮定位检测调整、供油系统维护和油品更换、喷油泵和喷油器维修、曲轴修磨、气缸镗磨、散热器(水箱)、空调维修、车辆装潢(蓬布、坐垫及内装饰)、车辆玻璃安装等专项工作。

第九条　获得一类摩托车维修经营业务许可的,可以从事摩托车整车修理、总成修理、整车维护、小修、专项修理和竣工检验工作;获得二类摩托车维修经营业务许可的,可以从事摩托车维护、小修和专项修理工作。

第十条　获得危险货物运输车辆维修经营业务许可的,除可以从事危险货物运输车辆维修经营业务外,还可以从事一类汽车维修经营业务。

第十一条　申请从事汽车维修经营业务或者其他机动车维修经营业务的,应当符合下列条件:

(一)有与其经营业务相适应的维修车辆停车场和生产厂房。租用的场地应当有书面的租赁合同,且租赁期限不得少于1年。停车场和生产厂房面积按照国家标准《汽车维修业开业条件》(GB/T16739)相关条款的规定执行。

(二)有与其经营业务相适应的设备、设施。所配备的计量设备应当符合国家有关技术标准要求,并经法定检定机构检定合格。从事汽车维修经营业务的设备、设施的具体要求按照国家标准《汽车维修业开业条件》(GB/T16739)相关条款的规定执行;从事其他机动车维修经营业务的设备、设施的具体要求,参照国家标准《汽车维修业开业条件》(GB/T16739)执行,但所配备设施、设备应与其维修车型相适应。

(三)有必要的技术人员:

1.从事一类和二类维修业务的应当各配备至少1名技术负责人员和质量检验人员。技术负责人员应当熟悉汽车或者其他机动车维修业务,并掌握汽车或者其他机动车维修及相关政策法规和技术规范;质量检验人员应当熟悉各类汽车或者其他机动车维修检测作业规范,掌握汽车或者其他机动车维修故障诊断和质量检验的相关技术,熟悉汽车或者其他机动车维修服务收费标准及相关政策法规和技术规范。技术负责人员和质量检验人员总数的60%应当经全国统一考试合格。

2.从事一类和二类维修业务的应当各配备至少1名从事机修、电器、钣金、涂漆的维修技术人员;从事机修、电器、钣金、涂漆的维修技术人员应当熟悉所从事工种的维修技术和操作规范,并了解汽车或者其他机动车维修及相关政策法规。机修、电器、钣金、涂漆维修技术人员总数的40%应当经全国统一考试合格。

3.从事三类维修业务的,按照其经营项目分别配备相应的机修、电器、钣金、涂漆的维修技术人员;从事发动机维修、车身维修、电气系统维修、自动变速器维修的,还应当配备技术负责人员和质量检验人员。技术负责人员、质量检验人员及机修、电器、钣金、涂漆维修技术人员总数的40%应当经全国统一考试合格。

(四)有健全的维修管理制度。包括质量管理制度、安全生产管理制度、车辆维修档案管理制度、人员培训制度、设备管理制度及配件管理制度。具体要求按照国家标准《汽车维修业开业条件》(GB/T16739)相关条款的规定执行。

(五)有必要的环境保护措施。具体要求按照国家标准《汽车维修业开业条件》(GB/T16739)相关条款的规定执行。

第十二条　从事危险货物运输车辆维修的汽车维修经营者,除具备汽车维修经营一类维修经营业务的开业条件外,还应当具备下列条件:

（一）有与其作业内容相适应的专用维修车间和设备、设施，并设置明显的指示性标志；

（二）有完善的突发事件应急预案，应急预案包括报告程序、应急指挥以及处置措施等内容；

（三）有相应的安全管理人员；

（四）有齐全的安全操作规程。

本规定所称危险货物运输车辆维修，是指对运输易燃、易爆、腐蚀、放射性、剧毒等性质货物的机动车维修，不包含对危险货物运输车辆罐体的维修。

第十三条　申请从事摩托车维修经营的，应当符合下列条件：

（一）有与其经营业务相适应的摩托车维修停车场和生产厂房。租用的场地应有书面的租赁合同，且租赁期限不得少于1年。停车场和生产厂房的面积按照国家标准《摩托车维修业开业条件》(GB/T18189)相关条款的规定执行。

（二）有与其经营业务相适应的设备、设施。所配备的计量设备应符合国家有关技术标准要求，并经法定检定机构检定合格。具体要求按照国家标准《摩托车维修业开业条件》(GB/T18189)相关条款的规定执行。

（三）有必要的技术人员：

1. 从事一类维修业务的应当至少有1名质量检验人员。质量检验人员应当熟悉各类摩托车维修检测作业规范，掌握摩托车维修故障诊断和质量检验的相关技术，熟悉摩托车维修服务收费标准及相关政策法规和技术规范。质量检验人员总数的60%应当经全国统一考试合格。

2. 按照其经营业务分别配备相应的机修、电器、钣金、涂漆的维修技术人员。机修、电器、钣金、涂漆的维修技术人员应当熟悉所从事工种的维修技术和操作规范，并了解摩托车维修及相关政策法规。机修、电器、钣金、涂漆维修技术人员总数的30%应当经全国统一考试合格。

（四）有健全的维修管理制度。包括质量管理制度、安全生产管理制度、摩托车维修档案管理制度、人员培训制度、设备管理制度及配件管理制度。具体要求按照国家标准《摩托车维修业开业条件》(GB/T18189)相关条款的规定执行。

（五）有必要的环境保护措施。具体要求按照国家标准《摩托车维修业开业条件》(GB/T18189)相关条款的规定执行。

第十四条　申请从事机动车维修经营的，应当向所在地的县级道路运输管理机构提出申请，并提交下列材料：

（一）《交通行政许可申请书》；

（二）经营场地、停车场面积材料、土地使用权及产权证明复印件；

（三）技术人员汇总表及相应职业资格证明；

（四）维修检测设备及计量设备检定合格证明复印件；

（五）按照汽车、其他机动车、危险货物运输车辆、摩托车维修经营，分别提供本规定第十一条、第十二条、第十三条规定条件的其他相关材料。

第十五条　道路运输管理机构应当按照《中华人民共和国道路运输条例》和《交通行政许可实施程序规定》规范的程序实施机动车维修经营的行政许可。

第十六条　道路运输管理机构对机动车维修经营申请予以受理的，应当自受理申请之日起15日内作出许可或者不予许可的决定。符合法定条件的，道路运输管理机构作出准予行政许可的决定，向申请人出具《交通行政许可决定书》，在 10 日内向被许可人颁发机动车维修经营许可证件，明确许可事项；不符合法定条件的，道路运输管理机构作出不予许可的决定，向申请人出具《不予交通行政许可决定书》，说明理由，并告知申请人享有依法申请行政复议或者提起行政诉讼的权利。

机动车维修经营者应当持机动车维修经营许可证件依法向工商行政管理机关办理有关登记手续。

第十七条　申请机动车维修连锁经营服务网点的，可由机动车维修连锁经营企业总部向连锁经营服务网点所在地县级道路运输管理机构提出申请，提交下列材料，并对材料真实性承担相应的法律责任：

（一）机动车维修连锁经营企业总部机动车维修经营许可证件复印件；

（二）连锁经营协议书副本；

（三）连锁经营的作业标准和管理手册；

（四）连锁经营服务网点符合机动车维修经营相应开业条件的承诺书。

道路运输管理机构在查验申请资料齐全有效后，应当场或在 5 日内予以许可，并发给相应许可证件。连锁经营服务网点的经营许可项目应当在机动车维修连锁经营企业总部许可项目的范围内。

第十八条　机动车维修经营许可证件实行有效期制。从事一、二类汽车维修业务和一类摩托车维修业务的证件有效期为 6 年；从事三类汽车维修业务、二类摩托车维修业务及其他机动车维修业务的证件有效期为 3 年。

机动车维修经营许可证件由各省、自治区、直辖市道路运输管理机构统一印制并编号，县级道路运输管理机构按照规定发放和管理。

第十九条　机动车维修经营者应当在许可证件有效期届满前 30 日到作出原许可决定的道路运输管理机构办理换证手续。

第二十条　机动车维修经营者变更许可事项的，应当按照本章有关规定办理行政许可事宜。

机动车维修经营者变更名称、法定代表人、地址等事项的，应当向作出原许可决定的道路运输管理机构备案。

机动车维修经营者需要终止经营的，应当在终止经营前 30 日告知作出原许可决定的道路运输管理机构办理注销手续。

第三章　维　修　经　营

第二十一条　机动车维修经营者应当按照经批准的行政许可事项开展维修服务。

第二十二条　机动车维修经营者应当将机动车维修经营许可证件和《机动车维修标志牌》（见附件 1）悬挂在经营场所的醒目位置。

《机动车维修标志牌》由机动车维修经营者按照统一式样和要求自行制作。

第二十三条　机动车维修经营者不得擅自改装机动车，不得承修已报废的机动车，不得利用配件拼装机动车。

托修方要改变机动车车身颜色，更换发动机、车身和车架的，应当按照有关法律、法规的规定办理相关手续，机动车维修经营者在查看相关手续后方可承修。

第二十四条　机动车维修经营者应当加强对从业人员的安全教育和职业道德教育，确保安全生产。

机动车维修从业人员应当执行机动车维修安全生产操作规程，不得违章作业。

第二十五条　机动车维修产生的废弃物，应当按照国家的有关规定进行处理。

第二十六条　机动车维修经营者应当公布机动车维修工时定额和收费标准，合理收取费用。

机动车维修工时定额可按各省机动车维修协会等行业中介组织统一制定的标准执行，也可按机动车维修经营者报所在地道路运输管理机构备案后的标准执行，也可按机动车生产厂家公布的标准执行。当上述标准不一致时，优先适用机动车维修经营者备案的标准。

机动车维修经营者应当将其执行的机动车维修工时单价标准报所在地道路运输管理机构备案。

机动车生产厂家在新车型投放市场后1个月内，有义务向社会公布其维修技术资料和工时定额。

第二十七条　机动车维修经营者应当使用规定的结算票据，并向托修方交付维修结算清单。维修结算清单中，工时费与材料费应分项计算。维修结算清单格式和内容由省级道路运输管理机构制定。

机动车维修经营者不出具规定的结算票据和结算清单的，托修方有权拒绝支付费用。

第二十八条　机动车维修经营者应当按照规定，向道路运输管理机构报送统计资料。道路运输管理机构应当为机动车维修经营者保守商业秘密。

第二十九条　机动车维修连锁经营企业总部应当按照统一采购、统一配送、统一标识、统一经营方针、统一服务规范和价格的要求，建立连锁经营的作业标准和管理手册，加强对连锁经营服务网点经营行为的监管和约束，杜绝不规范的商业行为。

第四章　质量管理

第三十条　机动车维修经营者应当按照国家、行业或者地方的维修标准和规范进行维修。尚无标准或规范的，可参照机动车生产企业提供的维修手册、使用说明书和有关技术资料进行维修。

第三十一条　机动车维修经营者不得使用假冒伪劣配件维修机动车。

机动车维修经营者应当建立采购配件登记制度，记录购买日期、供应商名称、地址、产品名称及规格型号等，并查验产品合格证等相关证明。

机动车维修经营者对于换下的配件、总成，应当交托修方自行处理。

机动车维修经营者应当将原厂配件、副厂配件和修复配件分别标识，明码标价，供用户选择。

第三十二条　机动车维修经营者对机动车进行二级维护、总成修理、整车修理的，应当实行维修前诊断检验、维修过程检验和竣工质量检验制度。

承担机动车维修竣工质量检验的机动车维修企业或机动车综合性能检测机构应当使用符合有关标准并在检定有效期内的设备，按照有关标准进行检测，如实提供检测结果证明，并对检测结果承担法律责任。

第三十三条　机动车维修竣工质量检验合格的，维修质量检验人员应当签发《机动车维修竣工出厂合格证》(见附件 2)；未签发机动车维修竣工出厂合格证的机动车，不得交付使用，车主可以拒绝交费或接车。

机动车维修竣工出厂合格证由省级道路运输管理机构统一印制和编号，县级道路运输管理机构按照规定发放和管理。

禁止伪造、倒卖、转借机动车维修竣工出厂合格证。

第三十四条　机动车维修经营者对机动车进行二级维护、总成修理、整车修理的，应当建立机动车维修档案。机动车维修档案主要内容包括：维修合同、维修项目、具体维修人员及质量检验人员、检验单、竣工出厂合格证(副本)及结算清单等。

机动车维修档案保存期为 2 年。

第三十五条　道路运输管理机构应当加强对机动车维修专业技术人员的管理，严格执行专业技术人员考试和管理制度。

机动车维修专业技术人员考试及管理具体办法另行制定。

第三十六条　道路运输管理机构应当加强对机动车维修经营的质量监督和管理工作，可委托具有法定资格的机动车维修质量监督检验中心，对机动车维修质量进行监督检验。

第三十七条　机动车维修实行竣工出厂质量保证期制度。

汽车和危险货物运输车辆整车修理或总成修理质量保证期为车辆行驶 20000 公里或者 100 日；二级维护质量保证期为车辆行驶 5000 公里或者 30 日；一级维护、小修及专项修理质量保证期为车辆行驶 2000 公里或者 10 日。

摩托车整车修理或者总成修理质量保证期为摩托车行驶 7000 公里或者 80 日；维护、小修及专项修理质量保证期为摩托车行驶 800 公里或者 10 日。

其他机动车整车修理或者总成修理质量保证期为机动车行驶 6000 公里或者 60 日；维护、小修及专项修理质量保证期为机动车行驶 700 公里或者 7 日。

质量保证期中行驶里程和日期指标，以先达到者为准。

机动车维修质量保证期，从维修竣工出厂之日起计算。

第三十八条　在质量保证期和承诺的质量保证期内，因维修质量原因造成机动车无法正常使用，且承修方在 3 日内不能或者无法提供因非维修原因而造成机动车无法使用的相关证据的，机动车维修经营者应当及时无偿返修，不得故意拖延或者无理拒绝。

在质量保证期内，机动车因同一故障或维修项目经两次修理仍不能正常使用的，机动车维修经营者应当负责联系其他机动车维修经营者，并承担相应修理费用。

第三十九条　机动车维修经营者应当公示承诺的机动车维修质量保证期。所承诺的质量保证期不得低于第三十七条的规定。

第四十条　道路运输管理机构应当受理机动车维修质量投诉，积极按照维修合同约定和相关规定调解维修质量纠纷。

第四十一条　机动车维修质量纠纷双方当事人均有保护当事车辆原始状态的义务。必要时可拆检车辆有关部位，但双方当事人应同时在场，共同认可拆检情况。

第四十二条　对机动车维修质量的责任认定需要进行技术分析和鉴定，且承修方和托修方共同要求道路运输管理机构出面协调的，道路运输管理机构应当组织专家组或委托具有法定检测资格的检测机构作出技术分析和鉴定。鉴定费用由责任方承担。

第四十三条　对机动车维修经营者实行质量信誉考核制度。机动车维修质量信誉考核办法另行制定。

机动车维修质量信誉考核内容应当包括经营者基本情况、经营业绩（含奖励情况）、不良记录等。

第四十四条 道路运输管理机构应当建立机动车维修企业诚信档案。机动车维修质量信誉考核结果是机动车维修诚信档案的重要组成部分。

道路运输管理机构建立的机动车维修企业诚信信息，除涉及国家秘密、商业秘密外，应当依法公开，供公众查阅。

第五章 监督检查

第四十五条 道路运输管理机构应当加强对机动车维修经营活动的监督检查。

道路运输管理机构的工作人员应当严格按照职责权限和程序进行监督检查，不得滥用职权、徇私舞弊，不得乱收费、乱罚款。

第四十六条 道路运输管理机构应当积极运用信息化技术手段，科学、高效地开展机动车维修管理工作。

第四十七条 道路运输管理机构的执法人员在机动车维修经营场所实施监督检查时，应当有2名以上人员参加，并向当事人出示交通部监制的交通行政执法证件。

道路运输管理机构实施监督检查时，可以采取下列措施：

（一）询问当事人或者有关人员，并要求其提供有关资料；

（二）查询、复制与违法行为有关的维修台账、票据、凭证、文件及其他资料，核对与违法行为有关的技术资料；

（三）在违法行为发现场所进行摄影、摄像取证；

（四）检查与违法行为有关的维修设备及相关机具的有关情况。

检查的情况和处理结果应当记录，并按照规定归档。当事人有权查阅监督检查记录。

第四十八条 从事机动车维修经营活动的单位和个人，应当自觉接受道路运输管理机构及其工作人员的检查，如实反映情况，提供有关资料。

第六章 法律责任

第四十九条 违反本规定，有下列行为之一，擅自从事机动车维修相关经营活动的，由县级以上道路运输管理机构责令其停止经营；有违法所得的，没收违法所得，处违法所得2倍以上10倍以下的罚款；没有违法所得或者违法所得不足1万元的，处2万元以上5万元以下的罚款；构成犯罪的，依法追究刑事责任：

（一）未取得机动车维修经营许可，非法从事机动车维修经营的；

（二）使用无效、伪造、变造机动车维修经营许可证件，非法从事机动车维修经营的；

（三）超越许可事项，非法从事机动车维修经营的。

第五十条 违反本规定，机动车维修经营者非法转让、出租机动车维修经营许可证件的，由县级以上道路运输管理机构责令停止违法行为，收缴转让、出租的有关证件，处以2000元以上1万元以下的罚款；有违法所得的，没收违法所得。

对于接受非法转让、出租的受让方，应当按照第四十九条的规定处罚。

第五十一条 违反本规定，机动车维修经营者使用假冒伪劣配件维修机动车，承修已报废的机动车或者擅自改装机动车的，由县级以上道路运输管理机构责令改正，并没收假冒伪劣配件及报废车辆；有违法所得的，没收违法所得，处违法所得 2 倍以上 10 倍以下的罚款；没有违法所得或者违法所得不足 1 万元的，处 2 万元以上 5 万元以下的罚款，没收假冒伪劣配件及报废车辆；情节严重的，由原许可机关吊销其经营许可；构成犯罪的，依法追究刑事责任。

第五十二条　违反本规定，机动车维修经营者签发虚假或者不签发机动车维修竣工出厂合格证的，由县级以上道路运输管理机构责令改正；有违法所得的，没收违法所得，处以违法所得 2 倍以上 10 倍以下的罚款；没有违法所得或者违法所得不足 3000 元的，处以 5000 元以上 2 万元以下的罚款；情节严重的，由许可机关吊销其经营许可；构成犯罪的，依法追究刑事责任。

第五十三条　违反本规定，有下列行为之一的，由县级以上道路运输管理机构责令其限期整改；限期整改不合格的，予以通报：

（一）机动车维修经营者未按照规定执行机动车维修质量保证期制度的；

（二）机动车维修经营者未按照有关技术规范进行维修作业的；

（三）伪造、转借、倒卖机动车维修竣工出厂合格证的；

（四）机动车维修经营者只收费不维修或者虚列维修作业项目的；

（五）机动车维修经营者未在经营场所醒目位置悬挂机动车维修经营许可证件和机动车维修标志牌的；

（六）机动车维修经营者未在经营场所公布收费项目、工时定额和工时单价的；

（七）机动车维修经营者超出公布的结算工时定额、结算工时单价向托修方收费的；

（八）机动车维修经营者不按照规定建立维修档案和报送统计资料的；

（九）违反本规定其他有关规定的。

第五十四条　违反本规定，道路运输管理机构的工作人员有下列情形之一的，由同级地方人民政府交通主管部门依法给予行政处分；构成犯罪的，依法追究刑事责任：

（一）不按照规定的条件、程序和期限实施行政许可的；

（二）参与或者变相参与机动车维修经营业务的；

（三）发现违法行为不及时查处的；

（四）索取、收受他人财物或谋取其他利益的；

（五）其他违法违纪行为。

第七章　附　　则

第五十五条　外商在中华人民共和国境内申请中外合资、中外合作、独资形式投资机动车维修经营的，应同时遵守《外商投资道路运输业管理规定》及相关法律、法规的规定。

第五十六条　机动车维修经营许可证件等相关证件工本费收费标准由省级人民政府财政部门、价格主管部门会同同级交通主管部门核定。

第五十七条　本规定自 2005 年 8 月 1 日起施行。经商国家发展和改革委员会、国家工商行政管理总局同意，1986 年 12 月 12 日交通部、原国家经委、原国家工商行政管理局发布的《汽车维修行业管理暂行办法》同时废止，1991 年 4 月 10 日交通部颁布的《汽车维修质量管理办法》同时废止。

附录2　中华人民共和国交通运输行业标准
——机动车维修服务规范

(JT/T 816—2011)

(注：2011 年 10 月 8 日发布，2012 年 1 月 10 日实施)

1. 范围

本标准规定了机动车维修服务的总要求、维修服务流程、服务质量管理及服务质量控制等内容。

本标准适用于汽车整车维修企业和发动机、车身、电气系统、自动变速器专项维修业户，其他的机动车维修企业可参照执行。

2. 规范性引用文件

下列文件对于本文件的应用是必不可少的。凡是注日期的引用文件，仅注日期的版本适用于本文件。凡是不注日期的引用文件，其最新版本(包括所有的修改单)适用于本文件。

GB/T 3798.1　汽车大修竣工出厂技术条件　第 1 部分：载客汽车

GB/T 3798.2　汽车大修竣工出厂技术条件　第 2 部分：载货汽车

GB/T 3799.1　商用汽车发动机大修竣工出厂技术条件　第 1 部分：汽油发动机

GB/T 3799.2　商用汽车发动机大修竣工出厂技术条件　第 2 部分：柴油发动机

GB/T 5624　汽车维修术语

GB/T 16739.1　汽车维修业开业条件　第 1 部分：汽车整车维修企业

GB/T 16739.2　汽车维修业开业条件　第 2 部分：汽车专项维修业户

GB/T 18344　汽车维护、检测、诊断技术规范

GB/T 21338　机动车维修从业人员从业资格条件

3. 术语和定义

GB/T 5624 所界定的以及下列术语和定义适用于本文件。

3.1　客户 customer

接受机动车维修服务的组织或个人。

3.2　机动车维修服务 service for motor vehicle maintenance and repair

机动车维修经营者(以下简称经营者)向客户提供机动车维护和修理及相关活动的总称。

3.3　整车修理 whole motor vehicle

通过修复或更换机动车零部件(包括基础件)，恢复机动车完好技术状况和完全(或接近完全)恢复机动车寿命的修理。

3.4　原厂配件 original equipment manufacturer parts

纳入车辆生产厂家售后服务体系和配件供应体系的配件。

3.5　副厂配件 aftermarket parts

未经车辆生产厂家授权的车辆配件生产厂家生产并符合相关技术标准的配件。

3.6 修复配件 refurnished parts

修复后，经过检验达到相应技术标准要求的配件。

4. 总要求

4.1 经营者应按照 GB/T16739.1 和 GB/T16739.2 的规定，根据维修车型种类、服务能力和经营项目，具备相应的人员、组织管理、安全生产、环境保护、设施、设备等条件，并取得机动车维修经营许可等相关证件。

4.2 经营者应依法经营、诚实守信、公平竞争、优质服务，在经营场所的醒目位置悬挂全国统一式样的机动车维修标志牌。

4.3 经营者应将主要维修项目收费价格、维修工时定额、工时单价报所在地道路运输管理机构备案。发生变动时，应在变动实施前重新报备。

4.4 经营者应在业务接待室等场所醒目位置公示以下信息：

a) 机动车维修经营许可证、工商营业执照、税务登记证明；

b) 业务受理程序；

c) 服务质量承诺；

d) 客户抱怨受理程序和受理电话(邮箱)；

e) 所在地道路运输管理机构监督投诉电话；

f) 经过备案的主要维修项目收费价格、维修工时定额、工时单价，常用配件现行价格；

g) 维修质量保证期；

h) 企业负责人、技术负责人及业务接待员、质量检验员、维修工(机修、电器、钣金、涂漆)、价格结算员照片、工号以及从业资格信息等；

i) 提供汽车紧急维修救援服务的，应公示服务时间、电话、收费标准。

4.5 汽车整车维修企业应建立维修服务信息化管理系统，对客户信息、维修流程、配件采购与使用、费用结算等进行管理。

4.6 经营者对原厂配件、副厂配件和修复配件应明码标价，并提供常用配件的产地、生产厂家、质量保证期、联系电话等相关信息资料，供客户查询。有条件的经营者可配备计算机、触摸屏等自助电子信息查询设备。

5. 维修服务流程

5.1 建立服务流程

机动车维修服务流程见图 1。经营者可依据自身规模、作业特点建立适用本企业的维修服务流程。

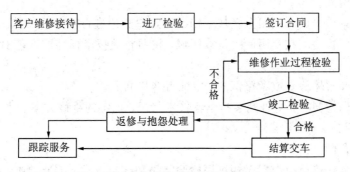

图 1 机动车维修服务流程

5.2   客户维修接待

5.2.1   客户接待

5.2.1.1   客户接待主要包括进厂维修接待、预约维修接待、紧急维修救援接待。

5.2.1.2   业务接待员应遵守礼仪规范，主动热情，真诚友好，仪表端庄，语言文明，自报工号，认真听取客户关于车况和维修要求的陈述，并做好记录。

5.2.1.3   业务接待员应能及时为客户提供咨询服务。

5.2.2   维修接待

5.2.2.1   进厂维修接待

5.2.2.1.1   车辆进厂时，业务接待员应查验车辆相关证件，与客户一起进行环车检查，并办理交接手续．检查时，对于可能造成污损的车身部位，应铺装防护用品。

5.2.2.1.2   客户寄存随车物品，应在车辆交接单上详细记录，并妥善保管。车辆交接单经客户签字确认。

5.2.2.1.3   业务接待员应安排需要等待维修车辆的客户休息。

5.2.2.2   预约维修接待

5.2.2.2.1   经营者可通过电话、短信、网络等渠道受理预约维修服务，可采用回访、告示等方式提示客户采用预约维修服务。

5.2.2.2.2   业务接待员应根据客户意愿和企业条件，合理确定维修车辆维修项目和进厂时间。经双方确认后，做好人员、场地、设备、配件准备，按时安排车辆维修。

5.2.2.2.3   车辆进厂时，按 5.2.2.1 的要求进行。

5.2.2.3   紧急维修救援接待

5.2.2.3.1   经营者可通过电话、短信、网络等渠道受理紧急维修救援业务。

5.2.2.3.2   业务员、接待员接到求救信息后，应详细记录求救客户姓名、车牌号码、品牌型号、故障现象、车辆所在地、联系电话等。

5.2.2.3.3   经营者应区别不同情况实施救援：

——与客户对话可以解决的，应详细解答，具体指导，及时帮助处理；

——确需现场救援的，应提出最佳救援方案，主动告知救援收费标准，组织救援人员在规定时间内赶到救援现场；

——现场不能修复的车辆，经客户同意可拖车入厂，及时安排修理。车辆进厂时，按5.2.2.1的要求进行。

5.3   进厂检验

5.3.1   质量检验员应根据车辆技术档案和客户陈述进行技术诊断。

5.3.2   进厂检验应在专用的工位或区域，按照相关技术标准或规范对车辆进行检验，并做好进厂检验记录。

5.3.3   需要解体检查或者路试的，应征得客户同意。

5.3.4   进厂检验后，应告知客户车辆技术状况、拟定的维修方案、建议维修项目和需要更换的配件。

5.4   签订合同

5.4.1   业务接待员应根据车辆进厂检验结果和客户需求，本着自愿、合法、适用的原则，与客户协商签订汽车维修合同。

5.4.2 维修合同应包含以下主要内容：

a) 经营者、客户的名称

b) 签约日期；

c) 车辆基本信息；

d) 维修项目；

e) 收费标准、预计维修费用及费用超出的解决方式；

f) 交车日期、地点、方式；

g) 质量保证期。

5.4.3 经营者对机动车进行二级维护、总成修理、整车修理的，宜使用当地主管部门推荐的汽车维修合同示范文本。

5.4.4 维修过程应严格按照合同约定进行。确需增加维修项目的，经营者应及时与客户沟通，征得同意后，按规定签订补充合同。

5.4.5 经营者应将维修合同存入机动车维修档案。

5.5 维修作业与过程检验

5.5.1 经营者根据维修合同确认的维修项目，开具维修施工单。维修施工单应详细注明维修项目、作业部位、完成时间和注意事项。

5.5.2 视情对待维修车辆进行车身清洁。

5.5.3 维修过程中，应采用合理措施保护车身内外表面等部位。

5.5.4 维修人员应执行相关的技术标准，使用技术状况良好的设备，按照维修施工单进行操作。不应擅自扩大作业范围，不应以次充好换用配件。作业后，应进行自检，并签字确认。

5.5.5 质量检验员应核查配件更换情况，并依据车辆维修标准或维修手册的技术要求实施车辆维修过程检验，按规定填写并留存过程检验记录。

5.5.6 维修过程检验不合格的作业项目，不应进入下一道工序，应重新作业。

5.5.7 经营者宜采用可视窗或视频设备等方式，供客户实时查看在修车辆。

5.5.8 业务接待员应掌握车辆维修情况，及时向客户反馈维修进度。

5.5.9 车辆维修完工后，维修人员应对车辆外表和内饰进行清洁，将车辆停放在工区域。

5.6 竣工检验

5.6.1 质量检验员应核查维修项目完成情况，按 GB/T 3798.1、GB/T 3798.2、GB/T 3799.1、GB/T 3799.2 和 GB/T 18344 等标准进行竣工检验，并填写维修竣工检验记录。对竣工检验中发现的不合格项目，应填写返工单，由维修人员返工作业。

5.6.2 经营者应执行《机动车维修竣工出厂合格证》制度。

5.7 结算交车

5.7.1 检验合格的车辆，业务接待员应查看外观，清点随车物品，做好交车准备，通知客户验收接车，并将维修作业项目、配件材料使用、维修竣工检验情况，以及出厂注意事项、质量保证期等内容以书面记录形式告知客户。

5.7.2 业务接待员应配合客户验收车辆，填写验收交接单，并引导客户办理结算手续。

5.7.3 价格结算员应严格按照公示并备案的维修工时定额及单价、配件价格等核定维修费用，开具机动车维修结算清单、维修发票。维修结算清单应将维修作业的检测诊断费、材料费、工时费、加工费及其他费用分项列出，并注明原厂配件、副厂配件或修复配件，由客户签字确认。

5.7.4 客户对维修作业项目和费用有疑问时，业务接待员或价格结算员应认真听取客户的意见，做出合理解释。客户完成结算手续后，业务接待员为客户办理出门手续，交付车辆钥匙、客户寄存物品、客户支付费用后剩余的维修材料，以及更换下的配件。

5.8 返修与抱怨处理

5.8.1 经营者应严格执行车辆返修制度，建立车辆返修记录，对返修项目进行技术分析。

5.8.2 在质量保证期内，因维修质量原因造成车辆无法正常使用，且经营者在三日内不能或无法提供因非维修原因而造成车辆无法使用的相关证据的，经营者应当优先安排，无偿返修，不应故意拖延或无理拒绝。

5.8.3 在质量保证期内，车辆因同一故障或者维修项目经两次修理仍不能正常使用的，经营者应当负责联系其他机动车维修经营者修理，并承担相应修理费用。

5.8.4 经营者应严格执行客户抱怨处理制度，明确受理范围、受理部门或人员、处理部门或人员及其职责、受理时限、处理时限等。

5.8.5 经营者应留存抱怨办理的记录，定期进行分析、总结。

5.9 跟踪服务

5.9.1 车辆维修竣工出厂后，经营者可通过客户意见卡、电话、短信或登门等方式回访客户，征询客户对车辆维修服务的意见，并做好记录。对客户的批评意见，应及时沟通并妥善处理。

5.9.2 跟踪服务应覆盖所有客户。回访人员应统计分析客户意见，并及时反馈给相关部门处理。对返修和客户抱怨处理后的结果应继续跟踪。

6. 服务质量管理

6.1 人员管理

6.1.1 企业负责人、技术负责人及质量检验员、业务接待员、价格结算员，以及从事机修、电器、钣金、涂漆、车辆技术评估(含检测)作业的技术人员条件应符合 GB/T21338 的规定。机动车维修技术人员配备应满足有关要求。

6.1.2 维修从业人员应按照作业规范进行维修作业。

6.1.3 经营者应根据维修服务活动和从业人员能力，制定和实施培训计划，做好培训记录。

6.2 设施设备管理

6.2.1 厂区环境清洁，各类指示标志清楚，重要区域和特种设备设立警示标志。

6.2.2 维修作业区应合理布局，划分工位，有充足的自然采光或人工照明。

6.2.3 维修、检测设备的规格和数量应与维修车型、维修规模和维修工艺相适应。

6.2.4 经营者应依据设备使用书，制定设备操作工艺规程。

6.2.5 经营者应制定设备维护计划，并认真实施。特种设备应重点维护。

6.2.6 检测设备、量具应按规定进行检定、校准。

6.2.7 经营者应建立设备档案,做好设备购置、验收、使用、维修、检定和报废处理记录。

6.3 配件管理

6.3.1 经营者应向具有合法资质的配件经销商采购配件。

6.3.2 经营者应建立采购配件登记制度,组织采购配件验收,查验产品合格证等相关证明,登记配件名称、规格型号、购买日期及供应商信息。

6.3.3 经营者应建立配件质量保证和追溯体系。原厂配件和副厂配件按制造厂规定执行质量保证。经营者与客户协商约定的原厂配件和副厂配件的质量保证期不得低于上述规定。修复配件的质量保证期,按照经营者与客户的约定执行。

6.3.4 经营者应制定配件检验分类制度,保留配件的更换、使用、报废处理的记录。

6.3.5 客户自带配件,经营者应与客户做好约定,使用前查验配件合格证明,提出使用意见,由客户确认签字,并妥善保管配件合格证明和签字记录,保存期限不得低于该配件质量保证期和维修质量保证期。

6.4 安全管理

6.4.1 经营者应建立安全生产组织机构和安全生产责任制度,明确各岗位人员安全职责。

6.4.2 经营者应制定安全生产应急预案,内容包括应急机构组成、责任人及分工应急预案启动程序、应急救援工作程序等。

6.4.3 经营者应开展安全生产教育与督促检查,为员工提供国家规定的劳动安全卫生条件和必要的劳动防护用品

6.4.4 经营者应确保生产设施、设备安全防护装置完好,按照规定配置消防设施和器材,设置消防、安全标志。有毒、易燃、易爆物品,腐蚀剂,压力容器的使用与存放应符合国家有关规定的要求。

6.4.5 机动车维修作业场所相应位置应张贴维修岗位与设备安全操作规程及安全注意事项。

6.5 环保管理

6.5.1 经营者应对维修产生的废弃物进行分类收集,及时对有害物质进行隔离、控制,委托有合法资质的机构定期回收,并留存废弃物处置记录。

6.5.2 维修作业环境应按环境保护标准的有关规定配置用于处理废气、废水的通风、吸尘、消声、净化等设施。

6.6 现场管理

经营者应制定现场管理规范,作业场所实行定置管理,工具、物料摆放整齐,标识清楚,做到工作台、配件、工具清洁,工具、配件、废料油污不落地,废油、废液、固体废弃物分类存放。

6.7 资料档案管理

6.7.1 经营者应了解并收集与维修服务相关的技术文件,具备有效的车辆维修标准和承修车型的技术资料。必要时,应制定车辆维修所需的各种工艺、检验指导文件。

6.7.2 经营者应建立机动车维修档案,并妥善保存。

6.7.3 车辆二级维护、总成修理、整车修理档案主要应包括:维修项目、维修合同、

具体维修人员及质量检验员、进厂检验记录、过程检验记录、竣工检验记录、出厂合格证副本、结算清单等。保存期限不应少于两年。

7. 服务质量控制

7.1　经营者应按规定建立维修服务质量管理体系，制定服务质量方针，加以实施并持续改进。

7.2　经营者应开展客户满意度调查，收集、整理客户反馈信息。

7.3　经营者应定期对维修服务实际成果进行检查，并记录检查结界。对检查中发现的问题，应采取有效的整改措施。

附录 3　习 题 答 案

（注：这里只给出每个学习模块的填空题、判断题、选择题的答案，问答题的答案都可在教材中找到。）

模块一　部分习题参考答案

一、判断题

1、2、5 题√，3、4 题✕。

模块二　部分习题参考答案

一、填空题

1. 计划、组织、领导、激励、控制、协调、创新

2. 企业理念识别系统、企业行为识别系统

3. 管理；人力资源；市场；资金；技术；设备；配件；信息

4. 市场渗透战略；市场开发战略；产品开发战略；多样化经营战略

5. 核心层；中间层；外围层

6. 企业环境；企业价值观；模范人物；企业礼仪；文化网络

7. 工作划分　建立部门　确定管理层次　确定职权关系

模块三　部分习题参考答案

一、填空题

1. 人员　组织管理　质量管理　安全生产　环境保护　设施　设备

2. 省　市　县

3. 经营资质的评审　经营行为的评审　规费缴纳的情况

4. 800　200

5. 市场调研　确定企业位置类型　确定厂址和企业规模

6. 市效孤立汽车服务经营区域　半饱和汽车服务经营区　汽车城或汽车服务中心

二、判断题

3、4 题√，1、2、5、6、7 题✕

模块四　部分习题参考答案

一、填空题

1. 能位匹配原理　互补优化原理　动态适应原理　激励强化原理　公平竞争原理

2. 外部招聘　内部提升

3. 民意测验法　共同确定法　配对比较法　等差图表法　要素评定法　欧德伟法　情景模拟法

4. 完成某项工作应得到的回报

5. 通过高水平的努力实现企业目标的意愿,而这种努力以能够满足员工个体的某些需要为条件

二、判断题

1、2、3 题√,4、5、6 题×

模块五　部分习题参考答案

一、填空题

1. 承修　托修　民事法律

2. 省工商行政管理部门　省交通厅(局)

3. 国家工商行政管理局和地方各级工商行政管理局

4. 赔偿

5. 汽车大修;汽车总成大修;汽车二级维护;维修预算费用在 1000 元以上的汽车维修作业。

二、判断题

1、2、4、5、6√,3、7×

模块六　部分习题参考答案

一、填空题

1. 清洁　补给　润滑　紧固　检查　调整

2. 预防为主　定期检测　强制维护

3. 日常维护　一级维护　二级维护　走合期维护　季节维护　环保检查维护(I/M)

4. 一级维护作业　检查　调整

5. 安全环保检测　综合性能检测　故障检测

6. 整理　整顿　清扫　清洁　素养

7. 工时费用　材料费用　其他费用

二、选择题

1. D　2. A　3. B　4. C　5. C　6. C

7. A、C　8. A、B、C、D　9. A、B、C、D、E　10. A、B、C

三、判断题

1、4、5、6、8、9 题√;2、3、7、10 题×

模块七　部分习题参考答案

一、填空题

1. 采用一定的检验测试手段和检查方法,测定汽车维修过程中和维修后(含整车、总成、零件、工序等)的质量特性　规定的汽车维修质量评定参数标准　合格或不合格

2. 进厂检验　过程检验　出厂检验

3. 工位自检　工序互检　专职检验

4. 维修竣工出厂　先达到者

二、判断题

1、2、4、5、6 题√；3、7 题×

模块八 部分习题参考答案

一、填空题

1. 生产上适用 技术先进 经济合理 使用上安全

2. 日常检查 定期检查 精度检查 机能检查

3. 小修 中修 大修

4. 到货接运 配件验收 办理入库

5. 01 08 12 25

二、判断题

1×；2√；3×

四、能力训练题

1. 18.5 天，半月

参 考 文 献

[1] 胡建军.汽车维修企业创新管理.3 版.北京：机械工业出版社，2011.

[2] 丁卓.汽车售后服务管理.北京：机械工业出版社，2011.

[3] 王生昌.汽车服务企业管理.北京：人民交通出版社，2007.

[4] 赵晓宛，马骊歌，夏英慧.汽车售后服务管理.北京：北京理工大学出版社，2010.

[5] 王一斐.汽车维修企业管理.北京：机械工业出版社，2011.

[6] 朱刚，王海林.汽车服务企业管理.北京：北京理工大学出版社，2008.

[7] 栾琪文.现代汽车维修企业管理实务.2 版.北京：机械工业出版社，2011.

[8] 毛峰.汽车维修管理实务.北京：北京大学出版社，2011.

[9] 张铠锋，高维.汽车维修企业管理.北京：科学出版社，2009.

[10] 倪勇，吴汶芪.汽车 4S 企业管理制度与前台接待.北京：机械工业出版社，2011.

[11] 董小平.汽车维修企业管理.北京：机械工业出版社，2011.

[12] 高玉民.汽车特约销售服务站营销策略.北京：机械工业出版社，2005.

[13] 杨建良.汽车维修企业管理.北京：人民交通出版社，2005.

[14] 骆孟波，钱淑丽.汽车维修企业管理.北京：清华大学出版社，2011.

[15] 鲍贤俊.汽车维修业务管理.2 版.北京：人民交通出版社，2012.

[16] 栾琪文.汽车维修企业管理.北京：人民邮电出版社，2013.

[17] 庞远智.汽车维修企业管理实务.重庆：重庆大学出版社，2011.

[18] 许平.汽车维修企业管理基础.北京：电子工业出版社，2010.

[19] 夏志华.汽车维修企业管理.北京：中国劳动社会保障出版社，2007.